U0162396

从一到无穷大

——科学中的事实和臆测

（美）乔治·伽莫夫◎著
蔡红霞 龚庆华◎译

应急管理出版社
·北 京·

图书在版编目（CIP）数据

从一到无穷大：科学中的事实和臆测／（美）乔治·伽莫夫著；蔡红霞，龚庆华译．-- 北京：应急管理出版社，2020

ISBN 978-7-5020-8081-5

Ⅰ．①从…　Ⅱ．①乔…　②蔡…　③龚…　Ⅲ．①自然科学—普及读物　Ⅳ．①N49

中国版本图书馆 CIP 数据核字（2020）第 075552 号

从一到无穷大

——科学中的事实和臆测

著　　者　（美）乔治·伽莫夫
译　　者　蔡红霞　龚庆华
责任编辑　陈棣芳
封面设计　华夏视觉

出版发行　应急管理出版社（北京市朝阳区芍药居 35 号　100029）
电　　话　010-84657898（总编室）　010-84657880（读者服务部）
网　　址　www. cciph. com. cn
印　　刷　天津文林印务有限公司
经　　销　全国新华书店

开　　本　710mm×1000mm $^{1}/_{16}$　**印张**　19 $^{1}/_{4}$　**字数**　165 千字
版　　次　2020 年 11 月第 1 版　2020 年 11 月第 1 次印刷
社内编号　20200230　**定价**　46.00 元

有个来自（剑桥）三一学院的年轻人，

他想知道$\sqrt{\infty}$的大小。

但是答案的数位之多，

令他坐立不安，

于是他放弃数学，崇尚神学。

献给的我的儿子伊戈尔
他想成为一个牛仔

序言

……原子、恒星和星云，熵和基因，能否弯曲空间，以及火箭为何收缩，这是本书将探讨的话题，当然除此之外还有许多其他同样有趣的话题。

本书旨在收集现代科学中最有趣的事实和理论，进而使读者对宇宙的微观及宏观表现形式有一个大致了解，力求使它的呈现方式与当今科学家的认知一致。在执行这个宏大计划时，我不打算让本书面面俱到，成为百科全书式的鸿篇巨著。与此同时，我选择主题的标准是：尽量覆盖整个基础科学知识领域，不留任何死角。

本书的主题筛选并非依据难易程度，而是更关注主题的重要性和趣味性，这样不至于导致在讲述上的不均衡。某些章节简单到足以让孩童理解，而另一些章节则需要读者集中精力方能完全理解。无论如何，希望普通读者在阅读本书时不会遇到太大的困难。

值得注意的是，本书后半部分讨论“宏观世界”比前面讨论“微观世界”的部分短得多。 这主要是因为我已经在《太阳的诞生和死亡》和《地球传记》[1] 两书中详细讨论了宏观世界的许多问题，在这里进行重复赘述显得多余。因此，在本书中，我只大体描述了行星、恒星和星云世界的物理学常识以及它们遵循的规律。我会尽量详细地介绍科技带来的最新发现。依此原则，我将笔墨重点放在了由“中微子”引起的“超新星”的巨大恒星爆炸，中微子是物理学中已知的最小粒子；以及新的行星理论，该理论推翻了当前被认可的观点：行星起源于太阳与其他恒星之间的碰撞，重建了康德和拉普拉斯的古老观点。

衷心感谢诸位艺术家和插画家，他们的作品经过拓扑转换后为本书

[1] 两书分别于 1940 年和 1941 年由纽约维京出版社出版。

的插图提供了基础素材。我最想感谢的是我的年轻朋友玛丽娜·冯·诺依曼[1]，她宣称自己各方面的知识都超越了她那知名的父亲，当然除了数学以外，她说她所知与父亲相仿。她阅读了本书某些章节后告诉我，本书中有很多内容她亦无法理解，我方才意识到本书并不像我的初衷那样适合孩子阅读。

乔治·伽莫夫

1946 年 12 月 1 日

[1] 文中提到的无所不知的小姑娘玛丽娜·冯·诺依曼（Marina von Neumann）是著名匈牙利裔美籍数学家，物理学家和“计算机之父”冯·诺依曼之女。——译者

1961 年版序言

所有关于科学的书籍出版几年后就会过时，尤其那些发展极其迅猛的学科更是如此。我 13 年前首次出版的《从一到无穷大》是个幸运儿，有幸躲过了这个魔咒。本书恰好将许多重大的科学进步囊括其中，时至今日，只需稍加改动和添加便能与时俱进。

重要成果之一便是原子能的释放，它是基于热核反应的氢弹爆炸，科学界下一个目标是实现热核过程的可控能量释放。因为在本书第一版的第十一章中我已经对热核聚变原理和它在天体物理学领域的应用进行了描述，要囊括最新的进展，只需在第七章末尾添加新内容。

其他变化有：我们估算的宇宙年龄从二三十亿年提高到五十亿年以上，以及在加利福尼亚帕洛玛尔山上的 200 英寸海尔望远镜的最新探测结果，也被应用于天文距离尺度的修订。

生化领域的最新进展使我不得不重新绘制图 101，并改变它的说明文字，并在第九章末尾添加有关简单生物的合成反应方面的新内容。在本书的第一版中，我写道："是的，生命的和非生命的物质之间有一个过渡阶段，也许在不久的将来，一些有才华的生化学家用普通的化学元素合成病毒分子，他一定会惊呼：我赋予了一件死物以生命！"好吧，几年前，加利福尼亚的科学家几乎完成了这一壮举，读者可以在第九章的末尾找到这项工作的简短介绍。

还有一个变化：本书第一版题词为："献给我的儿子伊戈尔，他想成为牛仔。" 许多读者给我写信问他是否真的实现了这一理想，答案是"没有"；他今年夏天毕业，主修生物学，并打算从事遗传学工作。

乔治·伽莫夫

科罗拉多大学 1960 年 11 月

目　录

第一部分 数字游戏

第二部分 空间、时间与爱因斯坦

第三部分
微观世界

第四部分
宏观世界

第一部分

数字游戏

第一章
大数

1.
你最大能数到几？

有这样一个故事，讲的是两位匈牙利贵族决定玩个游戏，说出最大数的人获胜。

“这样，”其中一位说，“你先说出你的数。”

经过几分钟的冥思苦想，另一位贵族终于说出他能想到最大的数。

“3。”他说道。

现在轮到第一位思考了，但在一刻钟之后，他决定放弃，他说道：“你赢了。”

当然，这两位匈牙利贵族的智力水平不算高，而这个故事本身可能也只是某种讽刺。但如果此事发生在南非原始部落霍屯督人身上，这个场景就完全有可能出现。实际上，许多非洲探险家证实，许多霍屯督部落的语言中都没有大于 3 的数。你可以找一个当地土著，问他有多少个儿子或曾杀过多少敌人，如果该数字大于 3，那他就会回答“很多”。因此，就数数水平而言，霍屯督的勇猛战士比美国幼稚园年龄的孩子还要弱，这些孩子起码能数到 10。

如今，有一种我们习以为常的想法：你想写多大的数字就能写多大，无论是用美分来表示战争支出，还是用英寸来表示恒星距离，只要在某个数字的右边放置足够多的零就可以了。你可以不停地放置零直到手累，甚至眨眼之间你就能得到一个比宇宙总原子数[1]还要大的数，顺带提一下，这个数字是300,000,000,000,000,000,000,000,000,000,000,000,000,000,000,000,000,000,000,000,000,000,000,000,000,000。

或者你也可以写成这种简略形式：3×10^{74}。

位于10右上角的小数字74表明必须写多少个0，换句话说，3必须被10乘74次。

但这种“简明算术”系统在古代并不为人所知。实际上它是由某位不知名的印度数学家，在距今不到2000年时发明的。尽管我们通常意识不到，但这的确是一项伟大的发明！在此项发明出现前，人们对各数位上的数字，是以现今称为十进制的单位制书写的，该位上有几个单位就把特定的符号重复几次。例如数字8732古埃及人是这么写的：

而恺撒手下的书记官则会以这种形式来表示它：

MMMMMMMMDCCXXXII

后一种计数方式你一定很熟悉，因为至今有时仍会用罗马数字表示一本书的卷数或章节数，或在宏伟的纪念牌上用来注明历史事件的日期。然而，由于古代所用计数最大也不过几千，因此根本用不着更高位的单位符号，所以一个古罗马人无论多么精通算数，当你要求他写“一百万”时他都会非常为难。如若你坚持，他只好花几个小时连续写一千个M（图1）。

对古人而言，诸如天上的星星、海里的鱼、海滩上的沙粒，这样巨大的数字都是“数不清的”；就像“5”对霍屯督人而言是数不清的，只好

[1] 以目前最大望远镜的观测范围计算。

简单地表示为“很多”！

图1　一个古罗马人，比如恺撒时代的，试着用罗马数字写出“一百万”。但那块墙板估计连“十万”都写不下

公元前3世纪，著名科学家阿基米德开动他那非凡的大脑，提出过写出真正大数字的方法，他在专著《沙粒计算》（或《诗篇》）中写道：

有人认为沙粒的数量是数不清的。我说的是不仅在叙拉古和西西里其他地区的沙粒，还包括地球上所有地区的沙粒，无论是聚居区还是无人区。再者，有些人并不认为沙粒数量是数不清的，只是人们说不出一个足够大数字来描述地球沙粒总量。显然持这种观点的人，如果面对一个大小与地球一般大的沙堆，而且所有的海洋和空洞都被沙子填满，直到最高的山脉，他们将更加确信没有任何数字可以表达如此堆积起来的沙粒的数目。但我将尝试证明，我说出的数字，不仅可大过充满地球体积的沙粒数量，甚至超过与宇宙同尺寸的沙堆的沙粒数量。

阿基米德在其著名著作中提出记录大数的方法，与现代科学中科学计数法类似。

他从古希腊算术中存在的最大的数字开始：“万”，或十千。

他引入了一个新的数，“万万”（一百兆），他称为“octade”（亿）

或者“第二级单位”。

“octade octades”（或亿亿）称为“第三级单位”，“octade, octade, octades”（亿亿亿）为“第四级单位”，以此类推。

用数页的篇幅介绍大数字的书写似乎过于啰唆，但在阿基米德时代，找到写大数字的方法是一个伟大的发现，这是数学科学进步的重要一步。

要计算填满整个宇宙所需要的沙粒数量，阿基米德得知道宇宙的大小。在他所处的时代，人们认为宇宙被镶嵌着群星的水晶球包围，与他同时代的著名天文学家，萨摩斯的阿里斯塔克斯，推算从地面到宇宙水晶球外围的距离约为 10,000,000,000 希腊里（Stadia），或者说大约 1,000,000,000 英里。[1]

阿基米德比较完宇宙球和沙粒的尺寸后做了一系列令高中生做噩梦的计算，最终得出如下结论：

“显然，填满阿里斯塔丘斯推算的宇宙球空间所需沙粒不超过一千万个第八级单位。”[2]

需要注意的是，阿基米德估算的宇宙半径比现代科学家观测的小得多。10 亿英里的距离还不够我们走到土星轨道。稍后我们会了解到目前望远镜所能观测到的宇宙距离现在已达 5,000,000,000,000,000,000,000 英里，要填满可观测宇宙，所需要的沙粒数量将超过 10^{100}（1 后面 100 个 0）粒。

这显然比本章开头提到的宇宙总原子数 3×10^{74} 大得多，但是别忘了，宇宙并非充满原子，实际上，平均每立方米空间只有大约 1 个原子。

但是完全没有必要这么麻烦，用将整个宇宙填满沙粒的方法来获取真正的大数。实际上大数经常出现在那些乍看上去非常简单的问题中，很多

[1]stadia 是古希腊的长度单位，1stadia 为 606 英尺 6 英寸，或 188 米。

[2] 用我们的符号表示，这个数字是：

一千万	第二阶	第三阶	第四阶	第五阶	第六阶	第七阶	第八阶
(10,000,000)	X(100,000,000)	X(100,000,000)	X(100,000,000)	X(100,000,000)	X(100,000,000)	X(100,000,000)	X(100,000,000)

或简写为：10^{63}（即 1 后面有 63 个 0）。

情况下你可能以为用到的最大数也就几千而已。

印度的舍罕王（Shirham）是大数的受害者之一。相传，宰相大维齐尔西萨·本·达希尔（Sissa Ben Dahir）发明了象棋并将其进献给国王，舍罕王打算奖赏他。这位聪明宰相的要求似乎不高，“陛下，”他跪在国王面前说，“请在棋盘的第一格放一粒麦子，第二格放二粒，第三格放四粒，第四格放八粒，以此类推，我的王，后一格比前一格加倍，您就赏我摆满64格棋盘的麦子吧！”

“我忠实的臣子，你要的并不多！”国王感叹道，同时暗自窃喜，给神奇游戏的发明者的奖励花费不太多。“你当然会如愿以偿。”然后他命人将一袋小麦搬进大殿。

图2　娴熟的数学家大维齐尔西萨·本·达希尔宰相正在向印度舍罕王请求赏赐

计数开始了，第一格放一粒麦子，第二格放二粒，第三格四粒，第四格八粒，一直这样放下去，但是还没等放到第二十格，一袋麦子已经用完了。

更多的麦子被搬到国王面前，但每往前一格，所需的麦粒数量迅速增长，大家很快明白,即便用完印度所有的麦子,国王也无法兑现他许给西萨·本·达希尔的奖励,填满64个格子需要18,446,744,073,709,551,615粒麦子![1]

这个数不像宇宙原子总数那么大，但也是非常可观的。假定1蒲式耳小麦大约是5,000,000颗，满足西萨·本的要求需要大约4万亿蒲式耳小麦。世界小麦产量大约每年2,000,000,000蒲式耳，宰相要的麦子总量需要全世界生产2000年!

于是，舍罕王发现他欠了宰相好大一笔债，要么忍耐西萨·本·达希尔不断地要债，要么干脆砍掉他的脑袋。我猜国王应该选择了后者。

另一个大数唱主角的故事也来自印度,这是个关于"世界末日"的问题。热爱数学的历史学家鲍尔（W. W. R. Ball）讲述了一个这样的故事：[2]

在标志着世界中心的贝拿勒雷斯大神庙的圆屋顶之下，放置着一块黄铜板，板上固定了三根钻石针，每根针高一肘（大约20英寸），如蜜蜂身体般粗细。创世之时，上帝在其中一根针上放置了64个纯金圆盘，最大的圆盘位于黄铜板上，其他圆盘逐渐缩小，直至最顶上的一个。这就是梵天塔。根据梵天固定不变的法则，值班的僧侣日夜不停地将圆盘从一根针转移到另一根针，按规则，僧侣们一次只能移动一个圆盘，并且针上不允许出现小圆盘在大圆盘下面的情况。当64个圆盘都因此从创世时神所放置的针上转移到另一根针上时，塔、庙宇和婆罗门都将碎裂成尘土，随着一声霹雳，整个世界都将消失。

图3是根据故事情节作的画，不过它显示的圆盘数量较少。你可以使

---

[1] 聪明宰相所要求的麦子粒数可以表示为：$1+2^1+2^2+2^3+2^4+\cdots+2^{62}+2^{63}$。在数学上，这类每一个数都是前一个数的固定倍数的数列叫作等比数列（在我们这个例子里，这个倍数为2）。可以证明，这种等比数列的所有各项之和，等于固定倍数（在本例中为2）的项数次幂（在本例中为64）减去第一项（此例中为1）所得到的差除以上述固定倍数减1。可以这样表示：

$$\frac{2^{63}\times 2-1}{2-1}=2^{64}-1$$

答案即：18,446,744,073,709,551,615。

[2]《数学拾零》W. W. R. 鲍尔（麦克米伦公司，纽约，1939）。

用硬纸板代替黄金圆盘，用长铁钉代替印度传说中的钻石针，自行制作这个益智玩具。不难找到移动圆盘的规律：你会发现转移每个圆盘的所需移动量是上一个圆盘移动量的两倍。第一个圆盘仅需移动一次，但随后的每个圆盘所需的移动次数都会以几何级数增长，因此，到达第 64 个圆盘时，移动次数便与西萨·本·达希尔要求的小麦粒数一样多！[1]

图 3　梵天的巨型雕像前一位僧侣在处理“世界末日”问题。此处显示的黄金圆盘少于 64 个，因为很难绘制这么多

将梵天塔中的所有 64 个圆盘从一根针转移到另一根针需要多长时间？假设僧侣昼夜不息，节假日不休，每秒移动一次。由于一年包含大约 31,558,000 秒，完成这项工作将需要 5,800 亿年多一点。

将纯粹传说的宇宙持续时间预言与现代科学的预测相比较，结果非常有趣。根据当前的宇宙演化理论，恒星、太阳和包括我们地球在内的行星

[1] 如果只有 7 个圆盘，则需要移动的次数为：

$$1 + 2^1 + 2^2 + 2^3 + \cdots\cdots，即$$

$$2^7 - 1 = 2\times2\times2\times2\times2\times2\times2 - 1 = 127。$$

如果你移动圆盘的速度够快，不出任何错误，完成任务大约需要花费你一个小时。对于 64 个圆盘，所需的移动总次数为：

$$2^{64} - 1 = 18,446,744,073,709,551,615$$

这与西萨·本·达希尔要求的小麦粒数相同。

是在约 30 亿年前由无形物质形成的。我们还知道，给恒星特别是我们的太阳提供能量的“原子燃料”可以再持续 100 亿或 150 亿年。（请参阅《创世日》一章。）因此，我们宇宙的总生命周期肯定短于 200 亿年，而不像从印度传说中推算的 5800 亿年那么长！但是，毕竟，这仅仅是一个传说！

文学作品中提到的最大数字可能与著名的“印刷行问题”有关。假设我们建造了一台印刷机，它能够一行接一行地连续印刷，并且自动为每一行选择字母和印刷符号的组合。这样的机器将由许多单独的圆盘组成，这些圆盘的整个边缘都带有字母和符号，这些圆盘彼此之间的啮合方式与汽车的里程表中的编号盘相同，因此每个圆盘转一圈将使下一个向前移动一个位置，每次移动后，来自卷筒的纸张将自动被压到滚筒上，这样的自动印刷机制造起来不会有太大的困难，其外观将如图 4 所示的那样。

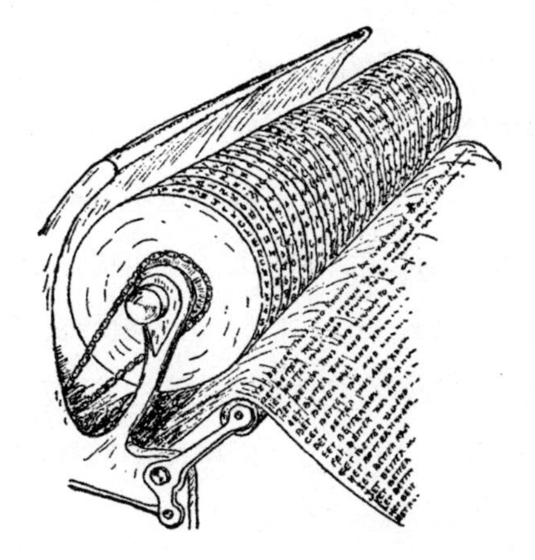

图 4　一台自动印刷机，刚刚正确打印了一行莎士比亚诗句

现在让我们开动机器，检查印出来的那些无穷无尽的行。大多数行根本没有意义。他们看起来像这样

“aaaaaaaaaaa…… ”

或者：

"booboobooboobooboo……"

再或者：

"zawkporpkossscilm……"

但是由于机器会打印所有可能的字母和符号组合，所以我们在无意义的垃圾中发现了各种有意义的句子。当然，有很多无意义的句子，例如

"horse has six legs and……"（马有六条腿，并且……）

或者：

"I like apples cooked in terpentin……"（我喜欢松节油煎苹果……）

莎士比亚（William Shakespeare）写的每个句子都会被找到，甚至包括他丢入废纸篓的草稿！

实际上，这样的自动印刷机可以打印出人们学会书写后写下的一切：所有的散文和诗歌，报纸上所有的社论和广告，每一篇烦琐的科学论文，每封情书，每条给送牛奶人的留言……

此外，该机器还可以打印出未来数个世纪将要打印的所有内容。从来自滚筒的纸张上，我们可以找到 30 世纪的诗歌，未来的科学发现，在美国第 500 届国会上的演讲，以及 2344 年的星际交通事故记录。一篇又一篇人类尚未创作出来的短篇小说和长篇小说。拥有这台机器的出版商们可以将其安装在地下室里，只需从大量垃圾中选择好的作品进行编辑即可——反正他们现在差不多也是这么做。

为什么没人这么做？

好吧，让我们算一下机器要打印的行数，以展示字母和其他印刷符号的所有可能组合。

英文字母表中有 26 个字母，10 个数字（0、1、2 … 9）和 14 个常用符号（空格、句号、逗号、冒号、分号、问号、感叹号、破折号、连字符、引号、方括号、圆括号、大括号），总共 50 个符号。我们还假设该机器

有 65 个轮子，对应于平均每行 65 个位置。印刷行可以以任意符号开头，因此有 50 种可能。对于这 50 种可能中的每一种，行中的第二个位置都有 50 种可能；也就是说总共有 $50 \times 50 = 2500$ 种可能性。对于前两个字母的每个给定组合，我们可以在第三位的 50 个可能的符号之间进行选择，依此类推。整行可能的排列总数可以表示为：

$$\overbrace{50 \times 50 \times 50 \times \cdots \times 50}^{65\text{个}}$$

或者：50^{65}

这等于：10^{110}

为了感受到这个数字的到底有多大，假设宇宙中的每个原子都是一台单独的印刷机，因此我们有 3×10^{74} 台同时工作。进一步假设，自宇宙诞生以来，所有这些机器一直在工作，时至今日它们已经运转了 30 亿年，或 10^{17} 秒。如果这些印刷机以原子振动的频率打印，即每秒 10^{15} 行。到现在为止，它们已经打印了

$$3 \times 10^{74} \times 10^{17} \times 10^{15} = 3 \times 10^{106}$$

行，仅为所需总数的三千分之一。

没错！从所有自动打印的材料中挑出点什么确实需要非常非常多的时间！

2.
怎样计算无穷大

在上一节中，我们讨论了数字，其中许多是相当大的。但是，尽管这

些数字大到几乎令人难以置信（像西萨·本·达希尔所要求的小麦粒数之类的），但它们仍然是有限的，并且如果有足够的时间，人们可以将每一位数都写出来。

但是一些真正“无穷大”的数字，无论我们花多长时间，都不可能写完。因此，“所有数字的个数”显然是无穷大的，同样“一条线上所有几何点的个数”也是如此。关于这些数字，除了说它们是无穷大的之外，还有什么方法来描述这些数字呢？或者可以比较两个不同的无穷大，看看哪个“更大”？

“所有数字的个数和一条线上所有点的个数哪个更大？”诸如此类的问题，乍看之下似乎很荒诞，著名数学家康托尔（Georg Cantor）首先研究了这个问题，他称得上是“无穷大数算术”的奠基人。

如果我们要讨论无穷大的大小，我们将面临一个问题：比较无法说出、也无法写下的数字，这或多或少类似于原始部落霍屯督人查看自己的宝箱，想知道自己的财产中玻璃珠或铜币哪个更多。但是，您应该还记得，原始的霍屯督人最多只能数到 3。因为无法计数，他是否应该放弃比较珠子和硬币数量的所有尝试呢？完全不必。如果他够聪明，把珠子和硬币逐一对比就能得到答案。他会把一枚硬币和一个珠子放在一起，另一枚硬币和另一个珠子放在一起，依此类推……如果剩下硬币但珠子用光了，他就知道自己的硬币比珠子多。如果硬币用光了剩下一些珠子，他就知道自己的珠子比硬币多，如果都用光了，就是硬币与珠子数量一样多。

与康托尔比较两个无穷大的方法完全相同。如果我们能将两个无穷大集合中的对象配对，使一个无穷大集合的每个对象与另一个无穷大集合的每个对象配对，并且任何一个集合都没有剩下对象，则两个无穷大相等。但是，如果其中一个集合中留下了一些未配对的对象，那么我们说这个无穷大集合中的对象比另一个无穷大集合中的对象更多或者说更强。

这显然是用来比较两个无穷大数最合理、事实上也是唯一可行的法则。但是当我们开始实际应用的时候，可能还是会大吃一惊。例如，所有偶数的无穷数列和所有奇数的无穷数列都是无穷大的。让我们先来比较这两个无穷数。当然，你可以直观地感觉到偶数和奇数一样多，这与上述规则完全一致，因为些数字可以建立一一对应关系：

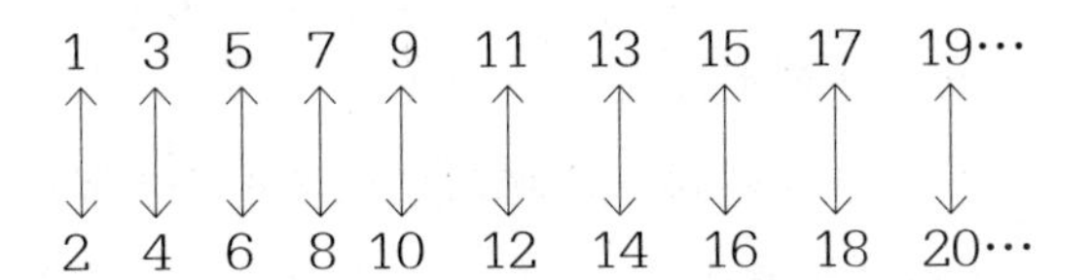

该表中每个偶数与每个奇数相对应，反之亦然；因此，偶数的无穷数列等于奇数的无穷数列。看起来确实很简单自然！

但是，且等一下！所有整数，包括奇数和偶数的数量和仅仅所有偶数的数量相比，你认为哪一个更大呢？你当然会认为所有整数的数量更大，因为它不仅仅包含了所有偶数的数量，还包含了所有奇数的数量。但这只是你个人的印象而已。你只有运用上述法则将两个无穷数列进行逐一比较，方可得到准确答案。当你用了该法则，你就会惊讶地发现你的判断是错的。实际上，所有的整数与所有的偶数也可以建立一一对应的关系，正如下表所示：

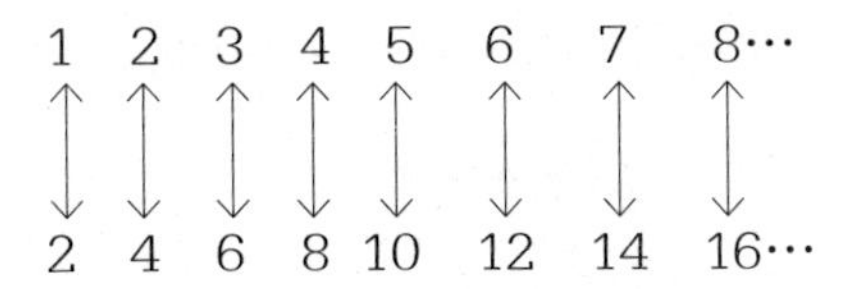

根据我们的无穷大比较法则，我们必须承认所有偶数的数量与所有整数的数量是相等的。当然，这听起来很矛盾，因为偶数代表所有整数的一部分，但是，别忘了我们这里所处理的是无穷大数，所以必须准备碰到不同的特性。

实际上，在无穷大的世界中，部分可能等于整体！证明这一点最好的例子便是关于德国著名数学家戴维・希尔伯特（David Hilbert）的一个故事。他们说，在他关于无穷大的演讲中，他将无穷数的这种自相矛盾的性

质用以下词句表示：[1]

我们假设有一个旅馆，其房间数量是有限的，而且所有客房都已住满。这时新来了一个客人要求入住。店主说："对不起，我们已经客满了。"现在，让我们想象一个有无穷多个房间的旅馆，所有房间都已住人。一个新客人来到这家酒店，并要求入住。

"当然没问题！"业主喊道，他把以前住在 1 号房间的房客搬到 2 号房间，2 号房间的搬到了 3 号房间，3 号房间的搬到了 4 号房间，依此类推。新房客住进了经过上面一番移动而腾空的 1 号房间。

"我们再想象一个有无穷多个房间的旅馆，且都已住满，此时来了无数新客人要求入住。

'当然可以，先生们，'店主回答，'稍等一下。'

"他把 1 号的房客搬到 2 号，2 号的搬到了 4 号，3 号的搬到了 6 号，等等，等等。"

"现在奇数号的房间都腾出来了，可以轻松安置无穷多的新房客。"

然而，由于希尔伯特讲这个故事时正值战争时期，即便是在华盛顿，他所描述的情形也很难被人理解。但这个例子显然说到了点子上：无穷大数的特性与我们在普通算术中所遇到的大不一样。

按照康托尔比较两个无穷数的法则，我们现在能证明，所有的像$\frac{3}{7}$或$\frac{375}{8}$这样的所有分数的数量与所有整数的数量是相等的。事实上，我们可以将所有的普通分数按以下规则排成一列：先写下所有分子与分母之和为 2 的分数，这样的分数只有一个，即$\frac{1}{1}$；然后写下两者之和为 3 的分数：$\frac{2}{1}$和$\frac{1}{2}$；接着写出其和为 4 的分数：$\frac{3}{1}$，$\frac{2}{2}$，$\frac{1}{3}$。以此类推，我们会得到一个无穷的分数序列，其中包含了所有能想得到的分数（图 5）。现在，在

[1] 摘自从未出版的但广为流传的册子《希尔伯特故事全集》，该书甚至不是 R. 康托尔写的。

这个分数序列上面写下整数序列，这样你就得到了无穷分数序列与无穷整数序列之间的一一对应关系，可见它们的数量是相等的！

图 5 非洲土著和康托尔（Georg Cantor）教授在比较超出他们计数能力的数字

你可能会说“是啊，这一切都很妙，不过，这是否干脆意味着，所有的无穷大数都是相等的呢？如果真是这样，比较它们到底有什么用呢？”

不，事实不是这样的，我们可以轻松地找到比所有整数或所有分数构成的无穷大数还大的无穷数。

实际上，本章前面提到关于一条线段上点的数量与所有整数数量相比的问题，经研究我们会发现这两个无穷大是不相同的。线段上点的数量要比整数或分数数量多得多。为了证明这一命题，让我们尝试建立直线上的点（例如 1 英寸）和整数序列之间的一一对应关系。

线段上的每个点都可以描述为它与某一端点间的距离，并且该距离可以用无穷小数的形式表示，例如 0.7350624780056…或 0.38250375632…[1] 现在，我们需要比较所有整数数目与所有可能存在的无穷小数的数量。那

[1] 因为假定这条线段的长度为 1，所以这些小数都小于 1。

么上面给出的无穷小数与像$\frac{3}{7}$或$\frac{8}{277}$这样的普通分数之间有什么区别呢？

你肯定记得算术课讲过，任意普通分数都可以转换为无限循环小数。因此$\frac{2}{3}$＝0.66666…＝0.（6），$\frac{3}{7}$＝0.428571｜428571｜428571｜4…＝0.(428571) 上面我们证明了分数的数量与整数的数量相同；因此，无限循环小数的数量也必与整数的总数量相等。但是，一条直线上的点不一定都能用无限循环小数表示，事实上，在大多数情况下出现的是无限不循环小数，其中的数字根本没有任何周期性。这就说明，在这种情况下两个数列不可能一一对应。

假设有人声称能做出这样的排列，它们看起来像这样：

N

1　0.38602563078……

2　0.57350762050……

3　0.99356753207……

4　0.25763200456……

5　0.00005320562……

6　0.99035638567……

7　0.55522730567……

8　0.05277365642……

·　…………

·　…………

当然，由于实际上不可能写出无穷多个完整的无限小数，因此该表的作者应该遵循了某种通用规则（类似于我们排列普通分数的规则），这才保证了你能想到的每个小数早晚会出现在表格中。

哦，不难证明这种说法是站不住脚的，因为我们总是可以写出一个无穷小数，而该小数不在该无穷表中。这是怎样做到的呢？很简单，只要分数的第一位与表 N1 中的不同，第二位与表中 N2 中的不同，依此类推。最后你写下的数字大概是这样的：

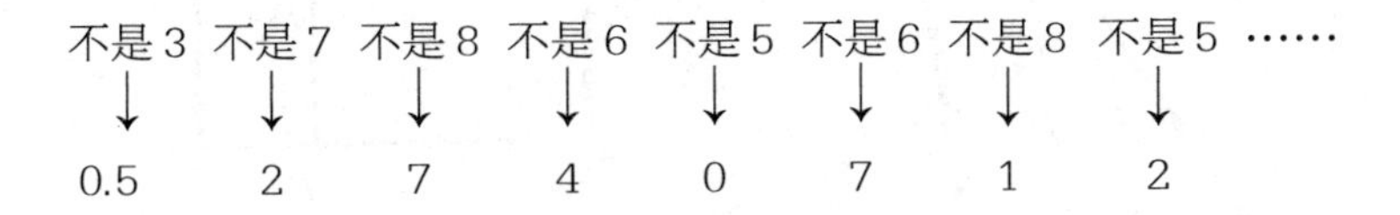

而且无论怎么往下找，此数字都不包含在表格中。实际上，如果表格的作者告诉你，你写的该分数位于表格中的 137 行（或其他任何一行），你可以立即回答：“不，它们不是同一个分数，因为你的分数小数点后第 137 位与我想到的分数小数点后第 137 位是不同的。”

因此，一条线段上的点与整数之间无法建立一一对应关系，这意味着**直线上的点构成的无穷大数要大于或强于所有整数或分数所构成的无穷大数**。

我们一直在讨论长度为 1 英寸的线段上的点，但是现在很容易证明，根据我们的“无穷算术”的规则，任何长度的线段都是如此。实际上，一英寸、一英尺或一米长的线段上都有相同数量的点。为了证明这一点，请参见图 6，该图比较了不同长度的两条线段 AB 和 AC 上的点数。为了在这两条线段的点之间建立一一对应关系，我们在线段 AB 上的每个点上画一条平行于 BC 的线，并将交点配对，例如 D 和 D^1，E 和 E^1，F 和 F^1，AB 上的每个点在 AC 上都有一个对应点，反之亦然；因此，根据我们的规则，这两个点的无穷数相等。

通过对无穷数的分析，我们得到了一个更加惊人的结论：平面上所有点的数量等于直线上所有点的数量。为了证明这一点，让我们考虑一英寸长的线段 AB 上的点，以及正方形 CDEF 内的点（图 7）。

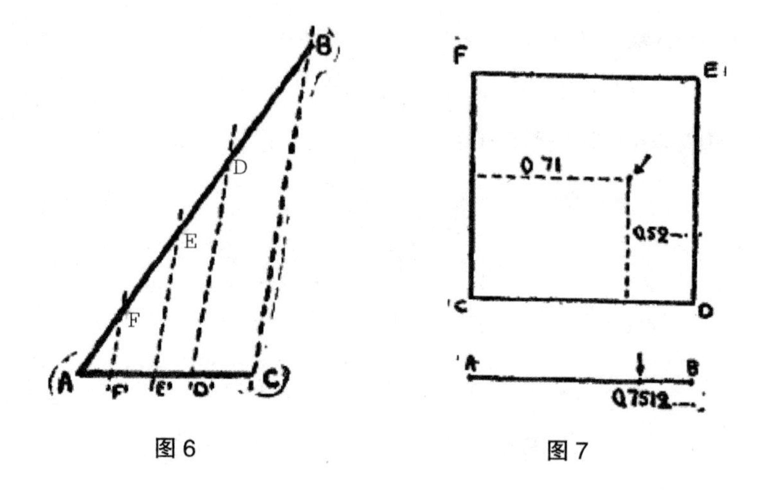

图 6　　　　图 7

假设数字 0.75120386……代表线段上的某一点，我们可以把它的奇数位和偶数位的数字先分挑出来再分别合并到一起，我们得到两个数字：

0.7108……

和

0.5236……

在正方形中测量这些数字在水平和垂直方向上给出的距离，并将得到的对应点称为原线段上原始点的“对应点”。相反，如果我们在正方形中有一个点，其位置由数字来描述是 0.4835……和 0.9907……，我们通过合并这两个数字来获得线上相应“对应点”的位置：0.49893057……

显然，两组点在此过程中建立了一对一的关系。线上的每个点都在正方形中有其对应点，正方形中的每个点都在线段上有其对应点，并且不会遗漏任何一个点。因此，根据康托尔准则，正方形内所有点的数量等于线段上所有点的数量。

用类似的方法，很容易证明立方体内所有点的数量与正方形或线段上的点的数量相同。为此，我们只需要将原始的小数分成三部分[1]，再用获得的三个新小数来定义“对应点”在立方体中的位置。并且，就像两条不同长度的线段一样，正方形或立方体内部的点数均相同，与其大小无关。

虽然，几何点的数量大于整数和分数的数量，但它还不是数学家所知的最大数。实际上，我们已经发现，曲线（包括最不寻常形状的曲线）的种类比几何点的数量更大，因此必须用无穷数列的第三级来描述。

“无穷数学”的创立者格奥尔格·康托尔提出，无穷数可用希伯来字母 ℵ（aleph）来表示，右下角的小数字表示无穷数的等级。数字序列（包括无穷数！）表示如下：

1，2，3，4，5，……$\aleph_0$，$\aleph_1$，$\aleph_2$，$\aleph_3$……

我们说“一条线上有 N_1 个点或有 N_2 条不同的曲线”，就像我们说“世界上有 7 大洲”或“一副扑克牌有 52 张”一样。（见图 8）

总结一下我们对无穷数的讨论，我们指出无穷数的增长速度极快，很快超越了任何我们能想到的集合。我们知道 $\aleph_0$ 代表所有整数的数量，$\aleph_1$ 代表所有几何点的数量，$\aleph_2$ 代表所有曲线的种类，但是到目前为止，还没有人能够构思出任何可用 $\aleph_3$ 描述的无限集合。似乎前三个无穷数足以应对我们能想到的任何东西，我们会发现目前情况与前面提到的原始霍屯督人正好相反，后者有许多儿子，但最多只能数到三！

---

[1] 例如，我们可把数字 0.735106822548312……
分成下列三个新小数：
0.71853……
0.30241……
0.56282……

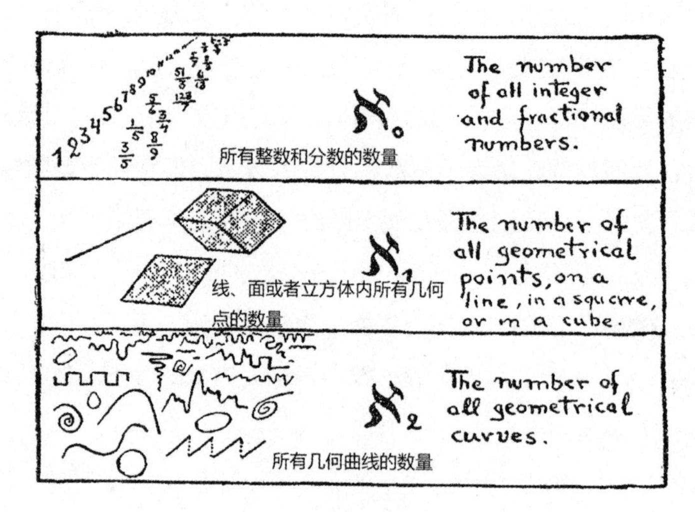
The number of all integer and fractional numbers.
所有整数和分数的数量
The number of all geometrical points, on a line, in a square, or in a cube.
线、面或者立方体内所有几何点的数量
The number of all geometrical curves.
所有几何曲线的数量

图 8　前三级无穷大

第二章
自然的和人造的数

1.
最纯粹的数学

数学通常被人们，尤其是数学家们誉为科学女王。而作为女王，它自然不可以在其他科学分支面前降低高贵的身份。因此，举例说明一下，某次大卫·希尔伯特在“理论数学与应用数学联合大会”上受邀发表开幕演讲，希望借此弥合两派数学家之间的隔阂，他是这样开头的：

我们经常听人说理论数学和应用数学是相互对立的。事实并不是这样。理论数学和应用数学并非互相对立，它们过去从未对立过，将来也永远不会对立，它们不可能相互对立，因为实际上两者之间绝无任何相似之处。

但是，尽管数学有着超然的地位，与其他科学保持距离，但是其他学科，尤其是物理，很喜欢数学，都希望尽可能地与数学“称兄道弟”。实际上，现在几乎所有的理论数学分支，诸如抽象群理论，非交换代数和非欧几何等一向被认为是最纯粹、最不具备实用性的数学理论，都已成为用来解释物理世界的工具。

迄今，数学中还存在着一大体系，除了锻炼思维外无法发挥任何作用，简直可以授予“纯粹王冠”了。这就是所谓的数论（即整数），是理论数学思想最古老、最复杂的产物之一。

看起来奇怪的是，尽管数论可被称为最纯粹的数学，但从某些方面来说又可看作是基于经验甚至实验的科学。实际上，它的大多数命题是人们从试图用数字做不同的事情中构思出来的，就像物理定律来自尝试用实物对象做不同的事。数论和物理学一样，某些命题已经在“数学上”得到了证明，而另一些命题仍然停留在经验主义的阶段，等待最优秀的数学家去证明。

以素数问题为例。所谓素数，就是不能被比它小的数字（整数 1 除外）整除的数。 1，2，3，5，7，11，13，17，等等，就是这样的素数，而 12 不是，因为它可以写成 2× 2×3。

素数的个数到底是无限的，还是存在最大的素数，即大于该素数的数字可以表示为我们已知素数的乘积呢？这个问题最初由欧几里得（Euclid）提出，他用一个非常简洁而优雅的方式证明了素数的数量是无限的，因此不存在所谓“最大的素数”。

为了验证这个命题，我们不妨假设素数的数量是有限的，并且用字母 N 代表已知的最大素数。将所有已知素数相乘，然后加 1。写下来是这样：

$(1\times2\times3\times5\times7\times11\times\cdots\cdots\times N)+1$

它当然比所谓的“最大素数”N 大得多。但是，显然这个数不能被已知素数（不超过 N，包括 N）整除，因为从它的构成来看，拿任何一个素数来除它都将剩下余数 1。

因此，要么这个数字本身是素数，要么必须被大于 N 的素数整除，这两种情况都与我们最初的假设“N 是已知最大素数”相矛盾。

证明是用的“归谬法”（reductio ad absurdum），这是数学家最喜欢的工具之一。

一旦知道素数的数量是无限的，我们会追问，是否有简单方法能将它们按顺序一个不漏地列出来呢？一种方法是古希腊哲学家和数学家埃拉托斯特尼（Eratosthenes）首先提出的，通常称为“筛选法”。你只需要写出完整的整数序列：1，2，3，4……然后先删除 2 的所有倍数，再删除 3 的所有倍数，然后是 5 的倍数，依此类推。埃拉托斯特尼筛选 100 以内所有素数的示意图如图 9 所示。

图 9

结果总共有 26 个素数。通过使用上述简单的筛选方法，已建立了十亿以内的素数表。

但是，如果能设计一个公式，通过该公式我们可以快速且自动地推算出所有素数，并且仅仅是素数，则要简便得多。但是，经过了几个世纪的尝试，人们依然没有得出这种公式。1640 年，著名的法国数学家费马（Fermat）认为他设计出了仅产生素数的公式。

在他的公式中，$2^{2^n}+1$，n 表示自然数 1、2、3、4 等等。

利用这个公式，我们得到：

$$2^2+1=5$$

$$2^{2^2}+1=17$$

$$2^{2^3}+1=257$$

$$2^{2^4}+1=65537$$

实际上，这几个数都是素数。但是，在费马的结论公布大约一个世纪之后，德国数学家欧拉（Euler）表示，按费马公式得出的第五个数（$2^{2^5}+1=4294967297$），不是素数，实际上是6700417和641的乘积。因此，费马用于计算素数的经验公式被证明是错误的。

能产生许多素数的另一个引人注目的公式是：

$$n^2-n+41$$

其中n同样是自然数1、2、3等。已经证明，将1到40之中的任何的一个数代入公式，得到的结果都是素数，但不幸的是，这个公式在第41步时出现严重错误。

事实上：$41^2-41+41=41^2=41\times41$

这是一个平方数，不是素数。

另一个为尝试产生素数的公式是：

$$n^2-79n+1601$$

给出素数的n最高可取到79，但在80处失效！

因此，寻找素数的普适性公式问题到现在依然没有解决。

关于数论的一个有趣例子，是在1742年提出的所谓哥德巴赫猜想（Goldbach conjecture），它既没有被证明也没有被证伪。此猜想宣称每个偶数都可以表示为两个素数之和。对一些简单数字而言，你会发现这是正确的，因为：12 = 7+ 5，24 = 17+ 7和32 = 29+3。但是，尽管数学家们费尽心力，但是依然未能绝对可靠地证明该命题无误，也无法找到一个反例将其证伪。直到1931年，俄国数学家施尼雷尔曼（Schnirelman）才迈出了验证真伪建设性的第一步。他成功证明每个偶数可表示为不超过 300,000 个素数之和。最近，另一位俄罗斯数学家维诺格拉多夫（Vinogradoff）将施尼雷尔曼的 30 万个素数之和与期望的两个素数之和之间的差距大大缩小，他能够将其减小为“四个素数之和”，但是从维诺格拉多夫斯的“四个素数”到哥德巴赫的“二个素数”之间，最后的两步似乎是最艰难的，而且没人能说出是否还需要再花费多少年抑或多少个世纪来证明或证伪这一难题。

因此我们似乎还远未得出能够计算出任意大素数的公式，甚至无法保证到底是否存在这样的公式。

我们现在可以考虑一个略微简单一点的问题，即在给定数值区间内素数所占的百分比问题。随着数字越来越大，这个百分比是否保持大致恒定？如果没有，它会增加还是减少？我们可以尝试通过计算表中给定的素数来回答这个问题。通过这种方式，我们发现有 26 个小于 100 的素数，168 个小于 1000 的素数，78,498 个小于 1,000,000,000 的素数以及 50,847,478 个小于 1,000,000,000 的素数。将这些素数除以相应的数值，我们得到下表：

区间 1 ～ N	素数个数	比率	$\frac{1}{\text{InN}}$	偏差（%）
1 ～ 100	26	0.260	0.217	20
1 ～ 1000	168	0.168	0.145	16
1 ～ 10^8	78498	0.078498	0.072382	8
1 ～ 10^9	50847478	0.050847478	0.048254942	5

该表首先表明，随着所有整数数量的增加，质数的相对数量逐渐减少，但是并不存在没有素数的终止点。

有没有一种简单的方法可以表达这种趋势呢：数字逐渐增大而素数逐渐减少。有的！并且，素数平均分布定律是整个数学科学最出色的发现之一。简单来说，从 1 到任意大数 N 区间内的素数百分比大约等于 N 的自然对数的倒数。N 越大，近似值越接近。

此表中，在第四列可以找到N[1]的自然对数。如果将它们与前一列的值进行比较，你会发现两个数值相当接近，并且N越大，偏差越小。

如同数论中的许多其他命题一样，上面给出的素数定理首先是凭经验发现的，而且很长一段时间都没有得到严格的数学证明。直到上个世纪末，法国数学家阿达玛和比利时数学家德拉瓦莱·普桑终于成功证明了这一点。由于他们使用的方法过于复杂，在此我们不做解释。

要讨论整数，就不可不提著名的费马大定理。虽然这个定理和素数性质并没有必然联系。这个问题的根源可以追溯到古埃及，那里的每一个好木匠都知道，一个三边之比为3∶4∶5的三角形必然有一个角是直角。实际上，古埃及人将这样的三角形（现在称为埃及三角形）用作木匠角尺。[2]

公元3世纪，亚历山大的丢番图（Diophantes of Alexandria）开始怀疑3和4是否仅有的两个整数，它们的平方和等于第三个整数的平方。他还找到了其他数字组合（实际上有无穷多个）具有相同的性质，并给出了找到这种组合的一般规则。这种直角三角形，三个边长均为整数，现在称为“毕达哥拉斯三角形（Pythagorean triangles）”，埃及三角形是其中的第一个。构造毕达哥拉斯三角形的问题可以简单地表达为x，y和z必须为整数[3]的代数方程：

---

[1] 用一种简单的方法，自然对数可以定义为表中的普通对数乘以系数2.3026。

[2] 初等几何的毕达哥拉斯定理证明了：$3^2+4^2=5^2$。

[3] 丢番图(Diophantes)的一般规则是这样的：取任意两个数字a和b，要求2ab是一个完全平方数，使得$x=a+\sqrt{2ab}$；$y=b+\sqrt{2ab}$；$z=a+b+\sqrt{2ab}$，很容易用普通代数证明：$x^2+y^2=z^2$。
列出所有的可能，前面的几个是：
$3^2+4^2=5^2$（埃及三角形）
$5^2+12^2=13^2$
$6^2+8^2=10^2$
$7^2+24^2=25^2$
$8^2+15^2=17^2$
$9^2+12^2=15^2$
$9^2+40^2=41^2$
$10^2+24^2=26^2$

$$x^2+y^2=z^2$$

1621年，皮埃尔·费马（Pierre Fermat）在巴黎购买了一本丢番图著作《算术》的法语译本，其中就有关于毕达哥拉斯三角形的内容。在费马阅读这本书时，他在空白处做了简短说明。方程 $x^2+y^2=z^2$ 具有无限多数的整数解，而 $x^n+y^n=z^n$ 类型的方程，当 n 大于 2 时，没有解。

“我已经想出了一个绝妙的证明方法，”费马写道，“但是，书的空白处太窄了，写不下。”

费马死后，人们在他的图书馆中发现了这本丢番图的著作，其所注的内容也为世人所知。那是三个世纪前的事了，从那以后，各国最优秀的数学家都试图重现费马写下标注时想到的证明过程，但迄今一无所获。毋庸置疑的是，数学界在这个问题上已经取得了相当大的进步，并且建立了一个全新的数学分支，即所谓的“理想论”（*theory of ideals*），以试图证明费马定理。欧拉证明了方程：$x^3+y^3=z^3$ 和 $x^4+y^4=z^4$ 没有整数解；狄利克雷（Dirichlet）证明了方程 $x^5+y^5=z^5$ 同样无整数解。再加上其他几位数学家的共同努力，我们现在已经确认，当 n 取小于 269 的整数，费马方程都无整数解。但是，至今仍未找到对指数 n 取任意值使方程成立的通解。并且越来越多的人怀疑费马本人根本没有证明这一猜想，或者他弄错了。当有人悬赏十万德国马克求解时，这个难题变得尤其炙手可热，当然，所有试图淘金的数学业余爱好者的努力都付诸东流。

当然，定理错误的可能性总是存在的，也许我们能找到一个例子，其中两个整数的两个相等的高次幂之和等于第三个整数的相同次幂。但是，这个幂次一定要在大于 269 的数中去找，因此搜索并非易事。

2. 神秘的$\sqrt{-1}$

现在我们做一些高级算术。2×2=4，3×3=9，4×4=16，5×5=25。因此：4 的算术平方根是 2，9 的算术平方根是 3，16 的算术平方根是 4，而 25 的算术平方根是 5。[1]

但是负数的平方根是什么？

像$\sqrt{-5}$和$\sqrt{-1}$这样的表达有什么意义吗？

如果你想从有理数的角度来考察这个问题，那么毫无疑问，你会得出结论：以上的数学式根本没有任何意义。引用 12 世纪数学家婆什迦罗（Brahmin Bhaskara）的话：正数和负数的平方都是正数。因此，正数的平方根是双重的，一正一负，负数没有平方根，因为负数不是平方数。

但是数学家们固执己见，当似乎毫无意义的东西不断出现在他们的公式中时，他们会尽力赋予其意义。负数的平方根是个恼人的家伙，不断出现在数学家的简单算术问题中，在 20 世纪相对论框架下的时空统一问题里也常能见到它。

最早把看起来毫无意义的负数平方根写入公式的勇士是 16 世纪的意大利数学家卡尔达诺（Cardano）。在讨论是否能将数字 10 分成两部分，使这两部分乘积为 40 时，他表明，尽管这个问题没有任何合理的解，但在两个不可能的数学表达式中可以得到答案，形如：$5+\sqrt{-15}$和$5-\sqrt{-15}$。[2]

---

[1] 也很容易找到许多其他数字的平方根。因此，例如，$\sqrt{5}=2.236\cdots$，因为：（2.236…）×（2.236…）= 5.000…和$\sqrt{7.3}=2.702\cdots$因为：（2.702…）×（2.702…）= 7.300…

[2] 证明如下：$(5+\sqrt{-15})+(5-\sqrt{-15})=5+5=10$ 且

$(5+\sqrt{-15})\times(5-\sqrt{-15})=(5\times5)+5\sqrt{-15}-5\sqrt{-15}-(\sqrt{-15}\times\sqrt{-15})$

$=(5\times5)-(-15)=25+15=40$。

卡尔达诺明知上面的式子没有意义，是幻想且虚构的，但他仍然写了下来。

既然有人敢于写出负数的平方根，即便是虚构的，也可以解决将数字10分成两个指定部分的问题。一旦坚冰被打破，尽管总是有很大的保留和适当的借口，数学家们越来越频繁地使用负数的平方根，或者卡尔达诺命名的“虚数”。在1770年由德国著名数学家莱昂哈德·欧拉出版的代数书中，我们发现了虚数的广泛应用，然而他又写下掣肘的批注：“像$\sqrt{-1}$，$\sqrt{-2}$这样的表达式，都是不可能的或虚构的数字，因为它们代表负数的根，而对于这样的数字，我们可以断言它们既不是什么都不是，也不是大于什么，也不小于什么，这些数是完全虚构的。”

尽管存在这些滥用和托词，但在数学中，虚数很快就变得不可或缺，就像分数或根号一样，如果不使用它们，几乎是寸步难行。

虚数族可以说是实数的虚构镜像，并且就像由基数1开始可以生成所有实数一样，$\sqrt{-1}$也可以作为虚数基数构成所有虚数数字，虚数单位通常用符号i表示。

不难看出$\sqrt{-9}=\sqrt{9}\times\sqrt{-1}=3i$；$\sqrt{-7}=\sqrt{7}\times\sqrt{-1}=2.646\cdots\cdots i$等，因此每个实数都有其虚数搭档。人们也可以将实数和虚数结合起来形成一个表达式，例如$5+\sqrt{-15}=5+\sqrt{15}\,i$，卡尔达诺是最早这么做的。这种混合形式通常被称为复数。

自虚数闯入数学领域两个多世纪以来，它们始终被神秘和令人难以置信的面纱所笼罩，直到后来两名业余数学家对它们进行了简单的几何解释：一位名叫韦瑟尔（Wessel）的挪威测量师和一位名叫罗伯特·阿尔岗（Robert Argand）的巴黎会计师。

根据他们的解释，复数，可以表示为图10的形式，例如3+4i，其中3对应于水平方向的横坐标，而4对应于垂直方向的纵坐标。

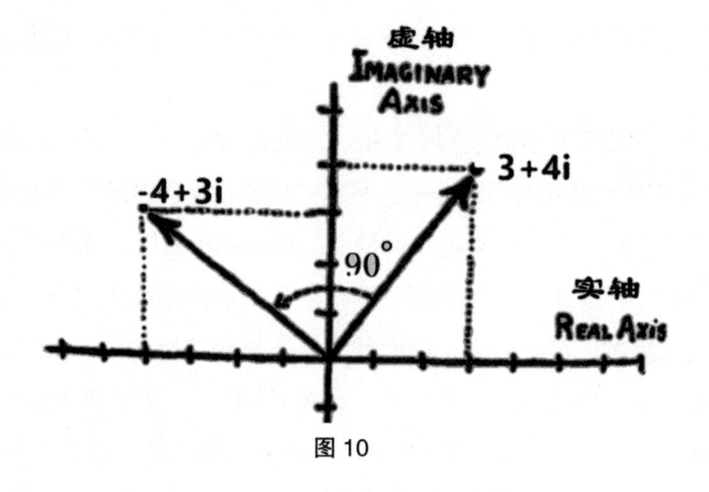

图 10

实际上，所有实数（正数或负数）都可以表示为横轴上相对应的点，而所有纯虚数都由纵轴上的点表示。当我们将代表横轴上一个点的实数，例如 3，乘以虚数单位 i 时，得到纯虚数 3i，它必然落在纵轴上。因此，乘以 i 在几何上相当于逆时针旋转一个直角（见图 10）。

如果现在再次将 3i 乘以 i，则必须将它再旋转 90 度，于是生成的点再次移回到横轴，但是会落在负数的那一侧。因此

$3i\times i=3i^2=-3$ 或 $i^2=-1$。

所以，“i 的平方等于 −1”这样的陈述，比“直角旋转两次（均逆时针方向旋转）得到相反方向”更容易理解。

当然，同样的规则也适用于混合复数。将 3+4i 乘以 i，得到：

$(3+4i)i=3i+4i^2=3i-4=-4+3i$

从图 10 可以立即看出，点 −4+3i 对应于 3+4i，该点围绕原点逆时针旋转了 90 度。同样，如图 10 所示，乘以 −i 也是围绕原点的顺时针旋转。

如果你仍然感觉虚数罩着一层神秘的面纱，那就让我们通过一个有实际意义的简单问题揭开这层面纱吧！

有一个富于冒险精神的年轻人，在他曾祖父的文件中发现了一张绘有

藏宝图的羊皮纸。图中这样指示：

航行至北纬______，西经______[1]，到达一个荒岛。在岛的北岸，有一片大草地，没有围栏，那里矗立着一棵橡树和一棵松树[2]。在那儿你还会看到一个古老的绞刑架，我们曾用它来绞死叛徒。从绞刑架出发走到橡树下，并记下步数你走了多少步。在橡树下直角右转并走相同的步数。在地上钉个桩。现在你必须返回绞刑架，走到松树并记下你走的步数。在松树下你必须直角左转再走相同步数，在地上钉另一个桩。在两个桩连线的中点挖掘，宝藏就在那。

指示相当清晰明了，于是我们的年轻人租了一艘船，航行到南海。他找到了那个岛，看到了田野、橡树和松树，但让他非常伤心的是绞刑架已经不见了。自羊皮纸文件编写以来已经过去了太长的时间，雨淋日晒风吹让绞刑架的木头腐蚀成灰，没有留下一丁点痕迹。

我们这位年轻的冒险家陷入绝望！然后在愤怒和疯狂中开始胡乱挖掘，但他的所有努力都徒劳无功，因为这个岛太大了！于是，他空手而归。而宝藏可能还在那里。

这真是个悲伤的故事！但更可悲的是，这个家伙如果懂一点数学，特别是懂得虚数的使用的话，他是有可能拥有宝藏的。让我们看看我们能否为他找到宝藏，尽管现在帮助他似乎为时已晚。

[1] 文件中给出了经度和纬度的实际数字，但在本文中省略了这些数字，以免泄露秘密。

[2] 出于相同的原因，树的名称也被更改。显然，在热带宝岛上还会有其他种类的树木。

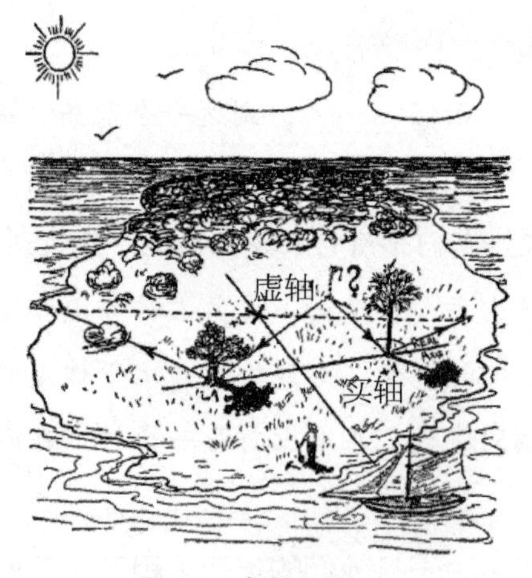

图 11　虚数寻宝

将该岛视为复数平面；用直线将两棵树相连，将这条直线作为一个轴（实轴），另一个轴（虚轴）与第一个轴成直角绘制，穿过两树之间的中点（图 11）。以树木之间距离的一半作为长度单位，我们可以说橡树位于实轴上的点 -1 处，而松树位于点 + 1 处。我们不知道绞刑架在哪里，所以让我们用希腊字母 Y（大写 gamma）来表示它的假设位置，这个字母甚至看起来像绞刑架。由于绞刑架不一定位于两个轴上，因此 Y 必须视为复数：Y = a+bi，其中 a 和 b 的含义见图 11。

现在，让我们做一些简单的计算，运用上面所讲的虚数乘法法则。如果绞刑架在 Y 处，橡树在 +1 处，它们的距离和方向可以用 （－1） −Y = −(1 + Y) 表示。同样，绞刑架和松树相距 1− Y。要将这两个距离顺时针(向右) 和逆时针（向左）旋转 90 度，我们必须根据上述法则将它们乘以 -i 和 i，从而找到放置两根桩子的位置，如下所示：

第一根桩子：（ −i）[−（1+ Y ）] + l=i（Y + 1） +1

第二根桩子：（ +i）（ 1−Y）−1=i（1−Y）−1

由于宝藏在两根桩子中间，必须算出上述两个复数之和的一半。我们得到$\frac{1}{2}$[i（Y+1）+1+i（1−Y）−1]= $\frac{1}{2}$[+iY+i+1+i−iY−1]

= $\frac{1}{2}$（+2i）=+i

现在我们可以看到，由 Y 表示的未知绞刑架的位置在计算过程的某处被消掉了，并且，无论绞刑架位于何处，宝藏必定位于点 +i 处。

所以，如果我们这位年轻的冒险家能够做这么点简单的数学计算，他就不必挖遍整个岛屿，只需要在图 11 所示十字架的位置挖一下，就一定能找到宝藏。

如果你还是不相信寻找宝藏没必要知道绞刑架的位置，你可以在一张纸上标出两棵树的位置，假设绞刑架设在几个不同的位置，并尝试执行羊皮纸上的指示。最后你都会走到相同的点，就是复数平面上的数字 +i 那个位置！

利用 −1 的虚数平方根，人们还找到了另一个隐藏的宝藏，一个惊人的发现：即我们的普通三维空间和时间可以整合成一个符合四维几何规则的四维空间。我们将在下一章节讨论爱因斯坦的思想及其相对论时探讨这一发现。

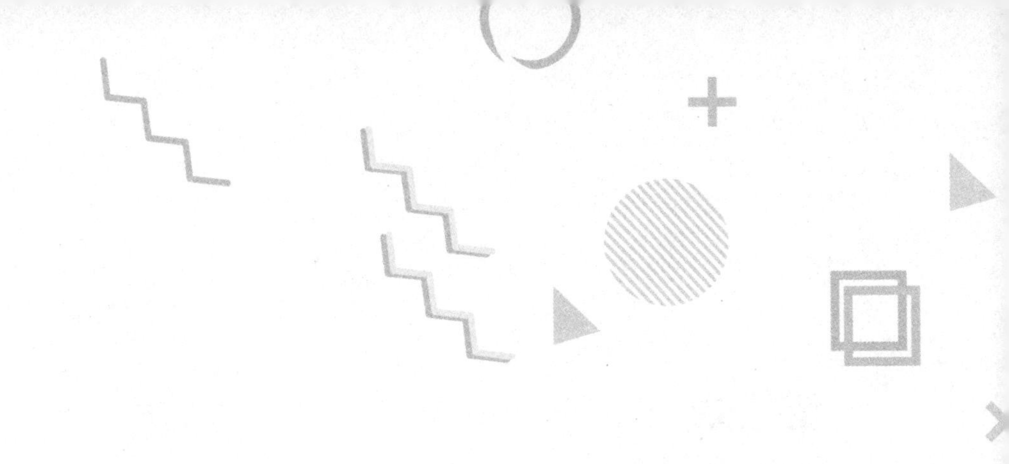

第二部分

空间、时间与爱因斯坦

第三章
空间的特异属性

1.
维度和坐标

我们都知道空间是什么。但是，如果被问及这个词的准确含义，我们可能又会说不出个所以然来。我们会说，空间就是那个围绕在我们周围的东西，我们能够在其中向前或向后，向右或向左，向上或向下移动。我们所生活的物理空间存在三个独立且相互垂直的方向，这是它的基本特性之一；因此我们说空间是三方向的或者三维度的。空间中的任何位置都可以通过参照三维来表达。如果我们来到一个陌生的城市，在酒店柜台询问如何找到某家知名公司的办公室，店员可能会说：往南走五个街区，右转走过两个街区，然后上到七楼 。刚才给出的三个数字通常被称为坐标，在本例中，指的是城市街道，建筑物楼层和作为起点的酒店大堂之间的关系。显然，只要该坐标系统能正确表示新起点和目的地之间的关系，就可以找到正确的方向。并且，通过简单的数学运算，新坐标可以用旧坐标来表示，只要我们知道新坐标系相对于旧坐标系的相对位置。这个过程称为坐标变换。这里需要补充的是，三个坐标完全没有必要都用代表一定距离的数字来表示。实际上，在某些情况下使用角度坐标更方便。

例如，纽约市的地址用直角坐标系来表示，但莫斯科（俄罗斯）的地址系统用极坐标系来表示则更常见。这座古城是围绕着克里姆林宫中心城堡建造的，有径向分散的街道和几条同心的环形林荫大道，因此，要描述某所房子时自然会这么说："位于克里姆林宫城墙西北偏北方向20 个街区。"

另一个关于直角坐标系和极坐标系的典型例子便是海军部大楼和华盛顿国防部五角大楼。二战期间任何军方工作人员想必都非常熟悉这两座大楼吧！

在图 12 中，我们给出了几个示例，说明如何通过三个坐标以不同的方式描述空间中点的位置，其中一些坐标是距离，有些是角度。但是，无论我们选择什么系统，我们总是需要三个数据，因为我们处理的是三维空间。

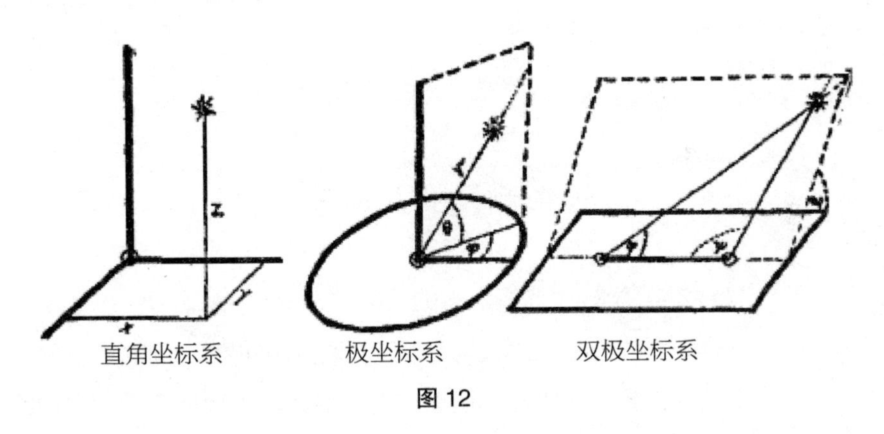

图 12

尽管对我们来说，习惯三维空间概念很难想象三个以上维度的超空间（然而，正如我们稍后将看到的，这样的空间的确存在），但是我们很容易想象少于三个维度的子空间。平面，球体表面或实际上任何其他表面都是二维子空间，因为一个点在表面上的位置只需用两个数字来描述。类似地，一条线（直线或曲线）是一个一维子空间，仅需一个数字即可描述其上某一点的位置。我们也可以说一个点是零维的子空间，原因是一个点内不存在两个不同的位置。但是不管怎么说谁会对点感兴趣呢！

作为三维生物，我们发现理解线和面的几何特性要比理解三维空间容易得多，线和曲面的几何特性可以“从外面”看，而我们本身就是三维空间的一部分。这就是为什么尽管你不难理解曲线或曲面的含义，却可能对三维空间也能弯曲的说法大吃一惊。

然而，稍加练习，并理解“曲率”一词的真正含义后，你会发现弯曲的三维空间这一概念其实非常简单，到下一章结尾，你将（我们希望！）能够轻松地谈论一个看上去可怕的概念——弯曲的四维空间。

但在我们讨论弯曲的三维空间之前，让我们先做做智力操，了解一下普通三维空间、二维表面和一维线的真相吧！

2.
无须测量的几何学

虽然在你记忆中，学校时代很熟悉的几何学，即空间测量(geometry)[1]科学，可能是这个样的：主要由大量涉及不同距离和角度之间的数值关系的定理组成（例如，著名的毕达哥拉斯定理讲的就是直角三角形的三边的数值关系），事实是，空间的许多最基本的属性不需要进行任何长度或角度的测量。与这些事项相关的几何学分支被称为位相几何学或拓扑学[2]，它是数学中最具刺激性最困难的分支之一。

这里举一个典型拓扑学的简单例子，设想有一个封闭的几何表面，

[1]geometry 这个词来自两个希腊词，其中“ge”代表大地，或更确切地说是土地，而“metrein”代表测量。显然，这个词的诞生，体现了当时古希腊人对该主题的兴趣主要来自他们对地产的需求。
[2] 这两个词分别来自拉丁语和希腊语，都是研究位置的。

比如一个球体，被网状线分割成许多单独的区域。我们可以在球体表面上任意选择一些点，用不相交的线将其连接起来（见图 13）。那么原始点的数量、相邻区域之间的边界线的数量和区域本身的数量之间存在怎样的关系？

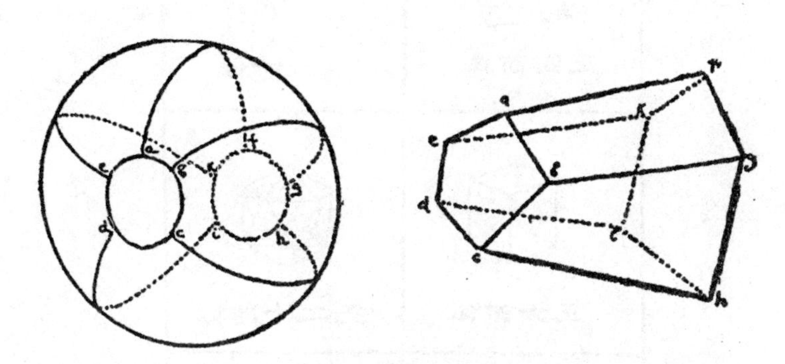

图 13　将分割的球体转换为多面体

首先，很显然，如果我们用像南瓜一样的扁球体，或者像黄瓜一样拉长的形状代替原球体，点数、线数和区域的数量与原来完美的球体上的会完全相同。事实上，我们可以选取任何封闭的表面，就像拉伸和挤压气球所得到的各种曲面（除了切割或撕裂）一样。它的形状都不会影响我们对问题的推想和答案。这种状况与几何中普通数值关系的状况（如线的长度、面积和体积之间的关系）形成了鲜明对比。确实，如果我们把一个立方体拉伸成平行六面体，或者把球体挤压成煎饼状，那种数值关系就会严重扭曲。

对划分为多个单独区域的球体，我们能做的一件事就是将每个区域压平，于是球体变成了多面体；不同区域的分界线变成了多面体的棱，原先选出的那些点变成了多面体的顶点。

这样一来，我们可以在不改变其意义的前提下换种方式表述先前的问题，即：任意类型的多面体中顶点数、边数和它的面数之间有何关系？

在图 14 中，我们展示了五个常规多面体，即所有面具有相等数量的棱和顶点，以及一个凭想象绘制的不规则多面体。

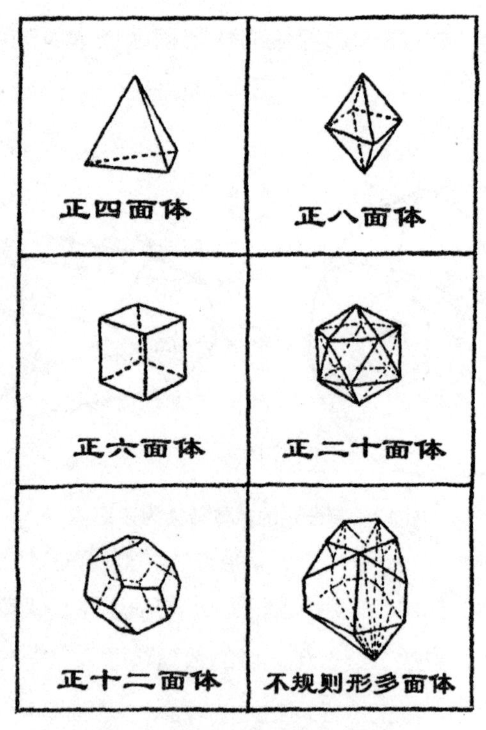

图 14　五个规则多面体（唯一可能的）和一个不规则的畸形多面体

对每一个几何体，我们可以数出顶点数、棱数和面数。看看这三者之间有何关系？

通过直接计数，列出附表。

名称	V 顶点数	E 棱数	F 面数	V+F	E+2
正四面体（金字塔）	4	6	4	8	8
正六面体（立方体）	8	12	6	14	14
正八面体	6	12	8	14	14
正二十面体	12	30	20	32	32

正十二面体或正五边形十二面体	20	30	12	32	32
“畸形体”	21	45	26	47	47

起初，三列（V，E 和 F）中给出的数字似乎没有任何关系，但稍加研究，就会发现 V 列和 F 列中的数字总和始终比 E 列中的数字多 2。因此，它们三者的数学关系如下：

$$V+F = E+2$$

这种关系是否适用于任何多面体？还是仅适用于图 14 所示的五个特定多面体，如果你尝试绘制与图 14 所示不同的其他多面体，并计算其顶点、棱和面数，则发现上述关系在所有情况下都成立。显然，V+F=E+2 是拓扑学中的一般数学定理，因为关系表达式不依赖于测量棱的长度或面的大小，而只与包含不同几何学元素（即顶点、棱和面）的数量有关。

首先注意到多面体中顶点、棱和面之间的数量关系的是 17 世纪著名的法国数学家勒内·笛卡尔（René Descartes）而严格证明它的则是另一位天才数学家莱昂哈德·欧拉（Leonard Euler），因此这个定理被命名为“欧拉定理”。

下面是欧拉定理的完整证明，引自《什么是数学？》[1]，柯朗博士和罗宾博士的合著，我们看一下这类命题是如何证明的。

“为证明欧拉定理，让我们想象给定的简单多面体是空心的，其表面由薄橡皮制成（图 15a）。然后，如果我们切掉空心多面体的一个面，让其余的表面在平面上平坦地展开（图 15b）。当然，在此过程中，面的面积和棱之间的角度将发生变化，但平面上的顶点和棱组成的网络包含的顶点数和棱数与原多面体相同，由于移除了一个面，多边形的数量比原多面体中的少一个。我们现在可以看到平面网络的 $V-E+F=1$，因此，如果算上去除的面，结果得到原始多面体的等式：$V-E+F=2$。

[1] 作者感谢柯朗博士和罗宾博士以及剑桥大学出版社准予引用以下段落。书中给出了几个拓扑学基本范例，对此感兴趣的读者可以在《什么是数学？》中找到对该主题更详尽的介绍。

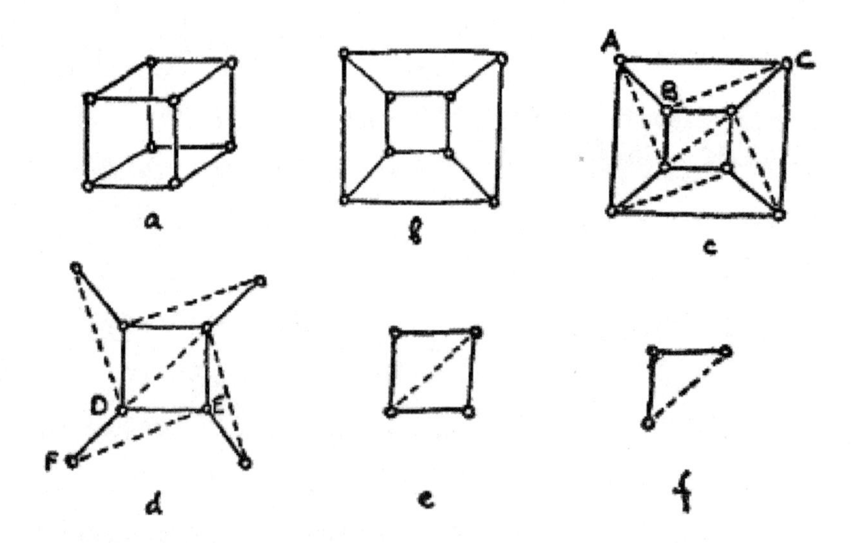

图 15　欧拉定理的证明。图是六面体，但结果适用于任何形状的多面体

“首先，我们按以下方式将平面网络‘三角形化’：给网络中某些不是三角形的多边形加上对角线。这样做的结果是 E 和 F 的值都增加 1，但 V−E+F 的值保持不变。现在，我们继续绘制对角线，直到图完全由三角形组成，最终如图 15c。在三角形化网络中，V−E+F 的值与分割为三角形之前的值相同，因为绘制对角线不改变该值。

“某些三角形的边在网络边界上。其中，有些（如 ABC）在边界上只有一条边，而其他三角形在边界上可能有两条边。我们取边位于网络边缘的任意三角形，并删除它不属于其他三角形的部分（图 15d）。比如，在三角形 ABC 中，我们删除边 AC 和面，留下顶点 A、B、C 和两个边 AB、BC；而在三角形 DEF 中，我们删除面，DF、FE 两条边和顶点 F。

“删除 ABC 类型的三角形将 E 和 F 的值各减 1，而 V 不受影响，因此 V−E +F 保持不变。删除 DEF 类型 的三角形将 V 减少 1，E 减少 2，F 减少 1，因此 V−E+F 再次保持不变。以正确的方式逐个移除那些边在边界上的三角形（每次移除网络边缘会不断变化），直到最后只剩下一个三角形，它有三个边、三个顶点和一个面。对于这个简单的网络，V−E+F=3−3+1=1。但是可以看到，在移除三角形的过程中，V−E+F 没有改变。因此，在原始平面网络中 V−E+F 的值也必定等于 1，因此，原多面体在缺少一个面的情况下 V−E+F 等于 1，我们可以得出结论，对完整的多面体，V−E+F=2。这完成了欧拉公式的证明。”

欧拉公式的一个有趣推论是：只可能有五种正多面体的存在，如图 14 所示的那些。

但是，仔细翻阅上几页的讨论，你可能会注意到，在绘制图 14 中所示的所有不同种类的多面体的图形，以及证明欧拉定理的数学推理中 ，我们做了一个隐藏的假设，导致我们的选择局限性很大。我们仅将自己限制在多面体上，也就是说我们讨论的是没有任何通孔的多面体。所谓通孔，不是指在橡胶气球中撕破的孔，而是指像炸面圈中的孔或橡胶轮胎内胎中间的孔洞。

图 16 一目了然地阐明这种情况。这里可以看到两个不同的几何体，每个几何体与图 14 所示的实体一样，都是多面体。

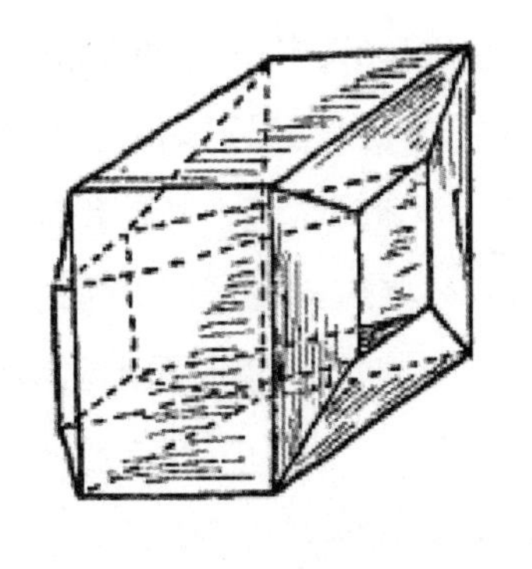

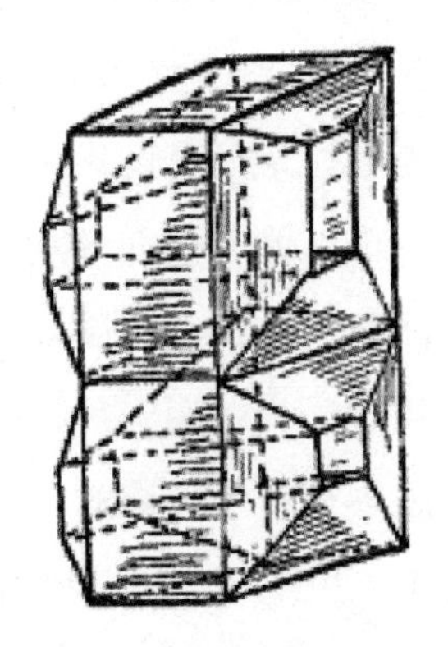

图 16　相对于普通立方体，这两个多面体包含一个或两个穿过它们的孔。面并非都是矩形的，但正如我们所看到的，这在拓扑学中无关紧要

现在我们看看欧拉定理是否适用于我们的新多面体。

在图16的左图中，总计16个顶点、32条棱和16个面；因此，V+F = 32，而E+2 = 34，（错了）。在右图中，有28个顶点、60条棱和30个面，因此V+F = 58，而E+2=48？又错了！

为什么会这样？我们上面给出的欧拉定理在一般情况下的证明推理为什么不适用于这两个例子？

当然，问题在于，尽管我们上面已考虑到的所有多面体都可能与足球内胆或气球有关，但新型的空心多面体更像是轮胎内胎或更复杂的橡胶制品。对于这样的多面体，不能使用上面的方法证明，因为对于此类物体，我们无法执行证明所必需的所有操作即：去掉空心多面体的一个面，并使剩余的表面在平面上摊开展平。

如果你拿来一个足球内胆，用剪刀切除一部分表面，满足那个要求是没问题的，但对于轮胎内胎，无论你如何努力尝试，你都不可能做到这一点。如果图16仍不能让你信服这一点，就弄一条旧轮胎试试吧！

然而，你不能想当然地认为较复杂类型的多面体V、E和F之间没有关系，关系是有的，但是和欧拉定理的描述不同。对于甜甜圈形，或者更科学地称之为圆环状多面体，关系是V+F=E；而“椒盐卷饼”[1]形，是V +F=E-2。通用公式为：V+F=E+2-2N，其中N是通孔数。

另一个与欧拉定理密切相关的典型拓扑问题是所谓的“四色问题”。假设我们有一个球体的表面分割为多个单独的区域，并且要求为这些区域着色，以便任意两个相邻区域（即具有公共边界的区域）颜色不同。对于这一任务，我们最少要用到几种颜色？很显然，两种颜色肯定是不够的，因为当三条边界相交于一点时（例如，美国地图上的弗吉尼亚、西弗吉尼亚和马里兰州，见图17），我们需要涂上三种不同的颜色。

[1]Pretzel，也作Bretzel，通常是蝴蝶形的，有两个通孔，有人称之为蝴蝶脆饼，源于德国或法国阿尔萨斯。用小麦粉制成，咸味。也译为德国结，迷你饼干圈，扭结饼，椒盐卷饼等等。

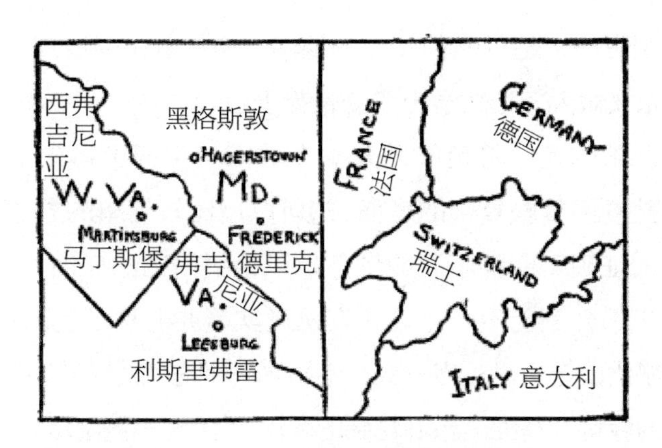

图 17 马里兰州、弗吉尼亚州和西弗吉尼亚州（左），瑞士、法国、德国和意大利（右）的拓扑图

要找到需要四种颜色的例子也不难，那就是德国吞并奥地利时的瑞士地图（图 17）。[1]

但是，不管你怎样尝试，你永远无法在地球仪或者平面地图上找到一个需要用四种以上颜色的地方。看起来无论地图多么复杂，四种颜色总是足以区分相邻的区域。

好吧，如果这个命题是正确的，人们应该能够从数学上证明这一点，但是经过了几代数学家的努力至今未能完成。这是一个典型的数学案例，几乎没有人怀疑，但也没有人能够证明。目前只能证明五种颜色肯定是够用的。这一证明是基于欧拉定理，同时考虑到国家数目、其边界数目以及国家交界处三重、四重等交点的数量而得出的。

我们不演示这个证明，因为它相当复杂，有可能使我们远离主题，但读者可以在拓扑学相关的多种书籍中找到它，进而思考它来度过一个愉快的夜晚（也许是一个不眠之夜）。如果谁能够证明，不仅五种颜色够用，甚至四种颜色就足以给任何地图着色；或者，怀疑这个命题的真

[1] 在德国占领奥地利之前，三种颜色就足够了：瑞士，绿色；法国和奥地利，红色；德国和意大利，黄色。

实性，绘制出一个超过四种颜色的地图。两次尝试只要成功了一种，他的名字将永久载入理论数学史册，长存于世。

充满讽刺的是，着色问题无法在球面或平面上得到证明，但像甜甜圈或椒盐卷饼等较复杂的表面，却可以用比较简单的方式证明。例如，已经成功地证明了七种不同的颜色足以给甜甜圈的任何相邻区域着色，且任意相邻部分颜色不同，这些实例确实需要七种颜色的例子。

如果哪位读者想再头痛一次，不妨弄一个充气的轮胎内胎和一套七种颜色不同的涂料，并尝试涂刷轮胎的表面，画出一种给定颜色和其他六种颜色相邻的图形。完成之后，他就可以说自己对甜甜圈式的曲面很了解了！

3.
将空间翻转

到目前为止，我们一直在专门讨论各种表面的拓扑特性，即只有两个维度的子空间，但很明显，对于我们自己所在的三维空间，也可以提出类似的问题。这样一来，三维空间中的地图着色问题可以表述如下：我们要使用许多形状各异的不同材料块来搭建一个空间马赛克，要求任何相同材料的两个小块儿都不会有共同的接触面。共需要多少种不同的材料？

对于球面或圆环面着色的问题，有什么样的三维空间与之对应呢？能否想出一些不寻常的三维空间，它和我们普通空间的关系就像球面或圆环面与普通平面的关系一样吗？起初，这个问题看起来毫无意义。事实上，虽然我们可以很容易地想到各种形状的面，但我们倾向于相信，只有一种类型的三维空间，即我们所生活的熟悉的物理空间。但是这种观点代表一种危险的错觉。如果稍微发挥一下想象力，我们就能想到那些与欧几里得几何学教科书中研究的空间大相径庭的三维空间。

想象这种奇异空间的难点主要在于，作为三维空间中的生物，我们只能“从内部”而不是“从外部”去观察这个空间，就像我们处理各种奇形表面一样。但是，借助一些思维体操，我们会毫无困难地征服这些奇异的空间。

让我们首先尝试建立一个三维空间模型，该模型具有类似于球面的特性。球面的主要特性是，尽管它没有边界，但仍然具有有限的面积。它是弯曲的封闭图形。能否想象一个类似的自身封闭、体积有限，但没有锐利边界的三维空间呢？假设有两个球体，每个球体都受到球形表面的限制，就像苹果被其外皮限制那样。

现在想象一下，将这两个球形物体“彼此重叠”，共同分享同一个表面。当然，我们不是试图告诉你可以将两个球体，例如我们的两个苹果，彼此挤压在一起，以便能将它们的皮粘在一起，苹果会被压扁，但永远不会穿透对方。

不妨想一想，苹果内部被蠕虫咬噬出了错综复杂的迷宫。假设有两种虫子，例如白色和黑色蠕虫，它们互相讨厌，因此彼此的通道互不相通。尽管它们可能从表面上的相邻点开始咬噬苹果，但被这两种蠕虫蛀食的苹果最终看起来将类似于图 18，具有双网通道，紧密地缠绕在一起并填满了苹果的整个内部。

图 18

但是，尽管白色和黑色通道彼此非常靠近，但从迷宫的一半到达另一半的唯一方法是首先穿过表面。如果通道越来越细，数量越来越多，那么苹果内部的空间是由两个独立空间重叠而形成的，仅在其公共表面相连。

如果你不喜欢蠕虫，可以想象一个由封闭的走廊和楼梯组成的双重系统，比如，上次纽约世界博览会上的巨型球体内部就存在这样的系统。每个楼梯系统都可以视为贯穿球体的整个体积，但是要从第一个系统的某个点到达第二个系统的相邻点，则必须一直走到球体的表面，因为两个系统连接于此，然后再沿路返回。我们说两个球体相互重叠而不互相干扰，尽管你的朋友可能离你很近，但是要和他见面并握手，你必须绕很长一段路！需要特别注意的是，两个楼梯系统的连接点实际上不会与球体内的任何其他点有所不同，因为始终可以使整个结构变形，从而使连接点向内拉，而原来在内部的点移到表面。关于我们的模型的第二个要点是，尽管事实上，两个通道的长度总和是有限的，但没有“死胡同”。你可以不断地穿过走廊和楼梯，而不会被任何墙壁或栅栏挡住，如果走得足够远，你最终会发现自己又回到了出发点。从外观看整个结构，你会说人们穿过迷宫并最终会回到起点，仅仅是因为走廊逐渐弯曲成球状，但是对于那些在里面的人来说，他们并不知道还存在一个“外面”的世界，这个空间表现为大小有限，但无任何明确的边界。正如我们将在下一章看到的那样，这种没有明显边界且非无限的“自封闭三维空间”在讨论整个宇宙的性质时非常有用。实际上，最先进的望远镜所进行的观测似乎表明，在非常遥远的地方，空间开始弯曲，显示出明显的回转并封闭的趋势，与苹果被蠕虫蛀洞的例子相同。但是在继续解决这些令人兴奋的问题之前，我们必须更多地了解空间的其他属性。

我们还没有完全解决苹果和虫子的问题，下一个问题是能否把虫子蛀过的苹果变成甜甜圈。哦，不，我们不是想让它尝起来像甜甜圈，而是想让它看起来像。我们讨论的是几何学，而不是烹饪艺术。让我们拿一个前面提到的那种“双重苹果”，即两个表面“互相重叠”且表皮“粘在一起”的苹果。假设一条蠕虫在其中一个苹果内部蛀出了一条宽阔的圆环形通道，如图 19 所示。请注意，这条通道仅存在其中一个苹果内部，虽然通道外的每个点都是属于两个苹果的“双重点”，但在通道内，只剩下未被虫子蛀过的果肉。现在我们的“双苹果”有一个由通道内壁组成的自由表面（图 19a）。

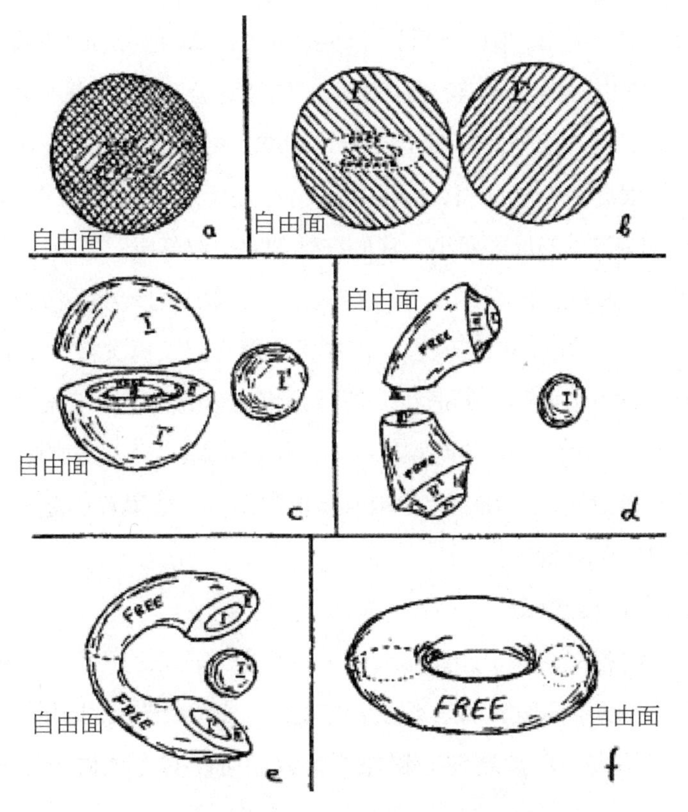

图 19　如何把一个被虫子蛀过的双重苹果变成一个完好的甜甜圈。没有魔法；只是拓扑！

假设苹果是由可塑性很强的材料构成，你可以随心所欲地塑造它，但唯一的条件是材料不能发生破裂，你能把这个被虫子蛀过的苹果变成甜甜圈吗？为了便于操作，我们可以切割苹果，只要在完成所需要的变形后再把它粘回去。

我们先松开“双重苹果”两部分的皮，然后把它们拆开（图 19b）。用数字 I 和 I’来标记这两个被分开的球体表面，以便在下列操作中跟踪它们，并在完成之后将它们重新粘回原位。现在，沿着通道环截面切开被蛀过的苹果，使切口穿过通道（图 19c）。这个操作打开了两个新的切割面，我们用 II，II’和 III，III’标记，以便我们稍后确切地知道在哪里将它们重新粘好。它也暴露了通道的自由表面，这注定会形成甜甜圈的自由表面。现在，取被切割的部分，按图 19d 所示的方式拉伸。自由表面被拉伸的程度很大（但根据我们的假设，所使用的材料是可以任意拉伸的）。同时，切割面 I、II 和 III 的尺寸减小。我们在处理完“双苹果”被虫蛀的部分时，还必须缩小虫没蛀过部分的尺寸，将其压缩到樱桃的大小。接着，我们准备开始沿着我们做的切口粘回去。首先，这很容易，再次将 III，III’粘起来，从而获得图 19c 所示的形状。然后，将缩小的第二个苹果放在这样形成的钳子的两端之间，并将两端粘在一起。标记为“I”的球的表面将粘在最初脱胶的表面 I 上，切割面 II 和 II’也被黏合。结果我们得到了一个完整的甜甜圈，光滑漂亮。

这一切有什么意义？

没有任何意义，除了让你体会一下以想象为核心的几何学，做做思维体操，这将有助于你理解那些不寻常的东西，如弯曲的空间和自封闭空间。

如果你想进一步扩展你的想象力，我们可以对上述讨论做些“实际应用”。

你的身体也存在甜甜圈的结构，虽然你可能从来没有想过。事实上，任何生命体在其发育的极早期阶段（胚胎阶段），都经过“胚囊”的阶段，此时它呈现球形，一个宽阔的通道穿过它，一端摄入食物，另一端将经充分利用后的剩余物质排出，在完全发育的生物体内，内部通道变得更细，更复杂，但是原理仍然是相同的：甜甜圈的所有几何性质保持不变。

好吧，既然你是一个甜甜圈，试着做一个与图 19 相反的转换，把你的身体（在想象上）转换成一个内部有一条通道的双苹果。你会发现，你身体的不同部分彼此交缠的“零件”形成“双苹果”的果肉，但整个宇宙，包括地球、月球、太阳和恒星，都会被挤压到苹果内部的圆形通道中！

试着画一下它的样子，如果你做得够好，萨尔瓦多·达利会尊你为超现实主义绘画派的大师！（图 20）。

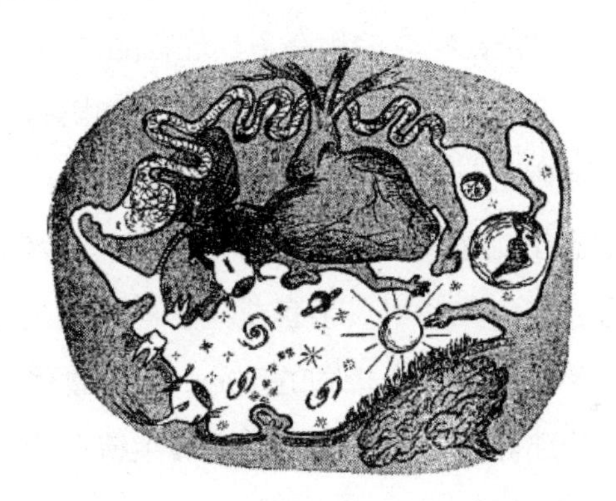

图 20　反转的宇宙。这幅超现实主义的作品表现一个人在地球表面行走，仰望星空。按照图 19 所示的方法，对图片进行了拓扑转换。因此，地球、太阳和恒星挤在一个相对狭窄的通道中，穿过人的身体，并被他的内脏包围

本节已经很长，在结束之前我们讨论一下右手系和左手系物体，及它们与空间一般性质间的关系。可以拿一副手套作为例子来介绍该问题。比较两副手套（图 21），会发现它们在所有测量中数据都是一样的，但是却有很大的不同，因为不能将左手套戴在右手上，反之亦然。你可以随意旋转和扭曲它们，但是右手套仍然是右手的，左手套是左手的。在鞋子的构造，汽车的转向机构（美国和英国的类型），高尔夫球杆以及许多其他事情上，右手物体和左手物体之间存在这样的区别。

图 21　右手物体和左手物体看起来完全一样，但却有很大的不相同

另一方面，诸如男帽，网球拍和许多其他物品并没有表现出这种差异。没有人会傻到足以从商店订购一打左撇子茶杯，如果有人要你向邻居借一把左手用的扳手，那肯定是捉弄人的。这两类对象有什么区别？如果稍微考虑一下，您会发现诸如帽子或茶杯之类的物体具有我们所谓的对称平面，沿着该平面可以将它们切成两半。手套或鞋子不存在这种对称平面，无论如何尝试都无法将手套切成两个相同的部分。如果物体不具有对称平面，并且正如我们所说的那样是不对称的，它将被束缚在两个不同的原型中，即右手型和左手型。

这种差异不仅发生在人造物体上，如手套或高尔夫球杆，在自然界中也广泛地存在。例如，两个品种的蜗牛，它们的其他特性都是相同的，但建房子的方式有所不同：一个品种的壳顺时针旋转，而另一个的壳以逆时针的方式旋转。就连所谓的分子，即构成所有不同物质的微小颗粒，也常常具有右旋和左旋的形式，就像左右手套或者顺逆时针方向的蜗牛壳。

当然，你看不到这些分子，但不对称性表现在晶体的形式上，以及这些物质的一些光学特性。例如，有两种不同的糖，一种是右旋，一种是左旋，信不信由你，还有两种食糖细菌，每种只能吃与自己同类型的糖。

如上所述，通过手套的例子似乎完全不可能把右手物体变成左手物体。但这是真的吗？或者，可以想象一些奇妙的空间，在其中可以实现这样的转换？为了回答这个问题，让我们从平面上的二维居民的角度来研究，我们可以从我们优越的三维视野中进行观察。查看图 22，它代表平面世界中的两位居民，就是说，它的空间只有两个维度。画上手里拿着一串葡萄站着的人可以被称为“平面人”，因为他有“正面”，但没有“侧面”。然而动物却是一头“侧面驴”，或者更具体地说是一头“右视侧面驴”。当然，我们也可以画一只“左视侧面驴”，由于两头驴都局限在表面，从二维的角度来看，它们和我们普通空间的右手套和左手套一样不同。你不能把“左驴”叠加在“右驴”上，因为为了把两头驴的鼻子和尾巴放在一起，你必须把其中一头倒过来，因此他的腿会悬在空中，而不是稳当地站在地上。

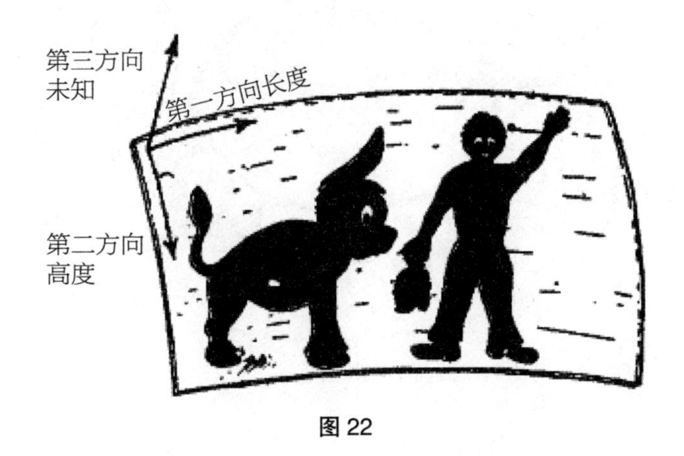

图 22

但是，如果你让一头驴离开平面，把它在空间中翻转 180 度，再把它放回去，两头驴就会变得一模一样。以此类推，我们可以说，如果让右手离开三维空间，在四维空间中以适当的方式旋转，那么它也可以变成左手套。但是我们的物理空间没有第四维度，上述方法是完全不可能的。还有别的办法吗？

那么，让我们再次回到我们的二维世界，但是，这次要讨论的不是一个普通的平面，如图 22，而是所谓的“莫比乌斯面”（surface of

Mobius）的属性。这个表面以一位德国数学家的名字命名，他第一次研究它差不多在一个世纪前。制作莫比乌斯面非常简单：取一条普通长纸条，在两端连接在一起，再将线条粘合成一个环。看看图 23 你就会明白怎么操作。莫比乌斯曲面具有许多特殊属性，其中之一可以通过切割轻松发现：用一把剪刀，沿着平行于莫比乌斯面边缘的路线完整在剪一圈（沿着图 23 中的箭头所示）。当然，你会期望，这样做会把环切成两个单独的环。但你真的做了就会看到你的猜测是错的：我们剪出来的是一个大环，而不是两个，但长度是原来的两倍，而宽度是原来的一半！

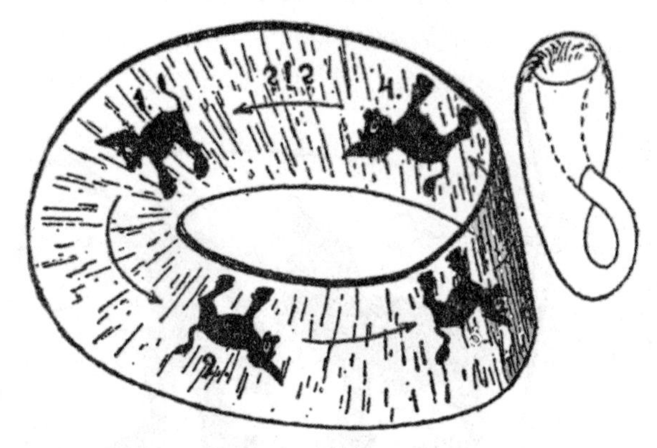

图 23　莫比乌斯曲面和克莱因瓶

现在让我们看看，影子驴在莫比乌斯面上走动时会发生什么。假设他现在从位置 1（图 23 左上）开始，它被视为“左侧驴”。驴子不断前进，穿过位置 2 和位置 3，最后到达他开始的位置，在图片中清晰可见。但是令人惊讶的是（包括驴）驴子发现自己（位置 4）处于尴尬的位置，它四脚朝天了。当然，它可以转过来，让它的双腿冲下，但是这时候面对的方向又是错的。

简而言之，通过在莫比乌斯表面行走，我们的“左侧驴”已经变成了一个“右侧驴”。而且，请注意，尽管驴子一直停留在同一个面上，并没有离开莫比乌斯面在空间中完成翻转。因此，我们发现，在扭曲的表面上，一个右侧物体可以转变成一个左侧物体，反之亦然，仅仅需要携带着它环绕扭曲处。图 23 所示的莫比乌斯纸环代表另一个更普通表面的一部分，称为克莱因瓶（如图 23 右侧所示），该瓶子只有一侧并自身封闭，没有锐利的边界。如果这在二维表面上可以实现不同侧面的扭转，那么在我们的三维空间中也一定能做到，当然，它以适当的方式被扭曲。自然，想象莫比乌斯式的扭曲空间并不容易。我们不能像观察驴子那样从外面观察三维空间，不识庐山真面目，只缘身在此山中。然而，天文空间是自身封闭的，也可能存在莫比乌斯式的扭曲。

如果真的如此，旅行者环绕宇宙回来后会变成左撇子，心脏跑到了胸腔的右侧，而手套和鞋子的制造商将获得一些好处：即只需制造某一侧的鞋和手套，这样就能简化生产。运送其中一半的产品绕宇宙飞一圈，以便将它们转换成另一侧所需的类型。

借此奇思妙想，我们结束对特殊空间的奇异属性的讨论。

第四章
四维世界

1.
时间是第四维度

我们总是怀疑第四维度的概念，觉得它非常神秘。作为只有长度、高度和宽度的生物，我们又怎么敢谈论四维空间呢？那么我们能否利用自己的三维智力来想象一个四维的超级空间呢？四维立方体或球体又会是什么样子？当我们想象一条长着长尾巴，鼻孔喷出火焰的巨龙，或者一架超级客机，它的翅膀上有一个游泳池和几个网球场时，你会在脑海中先绘出一幅画，描绘它突然出现在你面前的样子。

这幅画的背景自然是正常的三维空间，所有普通物体（包括你自己）都位于该空间。如果这是“想象”一词的意思，那么对着普通三维空间背景想象一个四维形象是不可能的，因为不可能将一个三维物体挤进平面。但是请稍等，从某种意义上说，我们确实通过绘制图像将三维物体挤压到平面中。然而，在所有这些情况下，我们当然借助的不是液压机或任何其他物理力来做这项工作，而是应用被称为几何“投影”或阴影构建的方法。通过观察图 24，可以立即理解将身体（例如，一匹马）挤压到平面中的两种方式之间的差异。

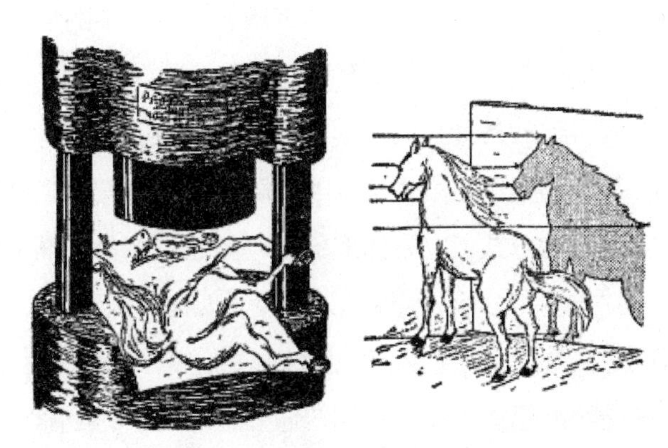

图 24　将三维物体“压入”二维表面的方法，左边的方法是错误的，右边的方法是对的

通过类比，我们现在可以说，虽然不可能完全将四维物体贴合地“挤压”到三维空间中，但我们可以谈论各种四维图形在三维的空间中的“投影”。但你必须记住，正如三维物体的平面投影是二维的或平面图形一样，四维的超物体在三维空间中的投影也必然是三维的。

图 25　二维生物惊奇地看着三维立方体在其生活平面的投影

为了大家更好地理解这个问题，让我们首先思考一下生活在二维表面的影子生物如何构思出一个三维立方体的概念；很容易想象，因为，作为三维生物，我们拥有一定的优势，那就是可以从上面看，也就是说，从两个维度世界的第三个方向观察。要将一立方体“挤压”到平面中的唯一方法，是如图 25 所示的方式将它“投影”在该平面上。看着这样的投影，以及可以通过旋转原始立方体得到的各种其他投影，我们的二维朋友至少可以对被称为“三维立方体”的神秘图形，产生基本的理解。它们将无法“跳出”自己生活的表面，并以我们的方式将立方体形象化，但通过观看二维投影，他们就能发现，比如，立方体有 8 个顶点和 12 条棱。现在看看图 26，你会发现自己的处境与可怜的二维影子生物相同，画面上的这家人正在研究的那个奇怪复杂的结构，正是四维超立方体在我们普通三维空间中的投影。[1]

图 26　来自第四维度的访客！四维超立方体的正投影

仔细审视此图，你可以轻松地辨识出超立方体的特性与图 25 中相同。三维立方体在平面上的投影由两个正方形表示，一个位于另一个的内部，顶点连接着顶点。而在普通空间中，超级立方体的投影由两个立方体组成，一个立方体置于另一个立方体内部，其顶点以类似方式连接。通过计数，你可以轻松看到超级立方体共有 16 个顶点、32 条棱和 24 个面。好一个奇怪的立方体啊！对吧？

现在，让我们来看看四维球体是什么样子。为此，我们最好换一个更

[1] 更确切地说，图 26 给出了四维超立方体在三维空间的投影在纸张平面上的投影。

熟悉的例子，即普通球体在平面上的投影。例如，一个透明的地球仪，上面标有大陆和海洋，现在我们把它投射在白色墙壁上（图 27）。在投影中，两个半球当然会相互交叠，而且，从投影判断，人们可能会认为从美国纽约到中国北京的距离非常近。但这只是一种错误的印象。事实上，投影上的每一点都代表实际球体上的两个相对点，而地球仪上从纽约飞往北京的客机的投影，是一直朝着平面投影的边缘移动，然后再一路返回。尽管两架不同客机的投影可能在画面上重叠，但只要两架客机“实际上”位于地球仪的不同半球，就不会发生碰撞。

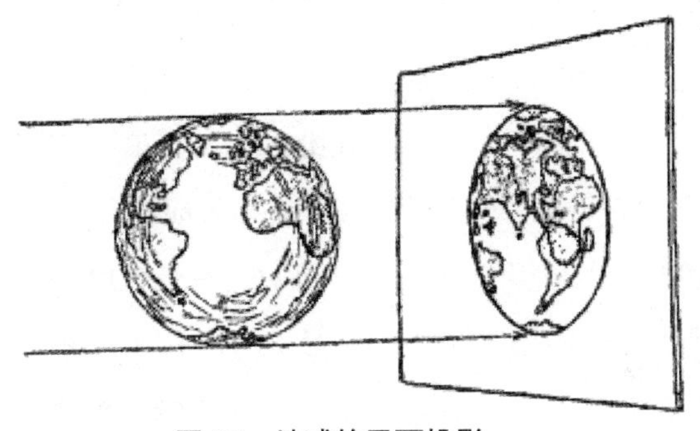

图 27　地球的平面投影

这就是普通球体的平面投影特性。稍微发挥一下想象力，我们不难领会四维超球体在三维空间投影的样子。正如普通球体的平面投影由两个平面圆盘组合在一起（点对点），并且仅沿外周连接，那么超球体的空间投影必然是两个球形物体，它们相互重叠并沿着它们的外表面相连。但是我们已经在上一章讨论了这样一个非同寻常的结构，当时此例是为了说明类似封闭球形表面的封闭三维空间。因此，我们在此必须补充的是，四维球体的三维投影就是我们在上一章讨论的连体双胞胎似的“双重苹果”，由两个果皮重叠的苹果组成。

以类似的方式，通过使用类比方法，我们可以回答许多有关四维物体特性的问题，尽管我们竭尽所能，但我们永远无法“想象”，我们物理空间中还有第四个维度。

但是，如果你再多想一点，你会发现，第四维并不神秘。事实上，我们大多数人每天都会用到，它可以而且实际上应该被视为物理世界中的第四个独立方向，这个词便是“时间”。时间与空间经常被用来描述我们周围发生的事件。当我们谈论宇宙中发生了什么，无论是在街上与朋友的偶然相遇，还是一颗遥远的恒星爆炸，我们通常不仅会说它发生在哪里，而且还会说何时发生的。因此我们给三维空间中的事件又增加了一个维度：日期。

如果你进一步考虑这个问题，你也很容易意识到，每个物理对象有四个维度，三个是空间维度，一个是时间维度。因此，你住的房子在长度、宽度、高度和时间上延伸了很多，它在时间维度上的跨度从房子建造之日起到房子最终烧毁，或被一些拆除公司拆掉，或年久崩塌。

可以肯定的是，时间的方向与空间中的三个维度并不完全相同。时间间隔由时钟测量，时钟用嘀嗒声表示秒，叮咚声表示小时。这与用标尺测量的空间间隔截然不同。我们可以使用相同的标尺来测量长度、宽度和高度，但不能将标尺转换为时钟来测量时间。此外，虽然你可以向前移动，向右移动，或在空中向上移动，然后又回来，但你不能在时间中返回，你只能从过去走向未来。但即便时间的维度和空间三个维度之间有这么多差异，但仍然可以用时间来描述物理事件世界，但是要小心，不要忘记时间与空间并不相同。

选择时间作为第四维度后，我们会发现现在想象本章开头讨论的四维图形变得简单多了。还记得那个被四维立方体的投影切出的奇怪图形吗？它有 16 个顶点、32 条棱、24 个面！难怪图 26 中的人们如此惊讶地盯着这个几何怪物。

然而，从我们的新观点来看，四维立方体是一个为特定时间段而存在的普通立方体。假设你在 5 月的第一天用 12 根直的金属线构建了一个立方体，并在一个月后将其拆掉。那么这样一个立方体的每个角上的点，现在可以被视为实际上是一条时间维度上跨度为一个月的线。您可以在每个顶点系上一本小日历，每天翻过一页表示时间的流逝（见图 28）。

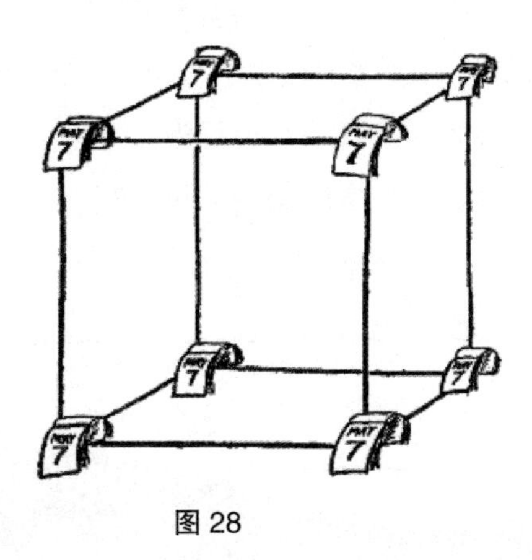

图 28

现在很容易数出我们这个像四维的图形中棱的数量。事实上，在它存在之初，有 12 根空间棱，八根“时间棱”，代表每个顶点的持续时间，在被拆毁那天它的空间中还有 12 根棱。[1] 总共 32 根棱。以此类推，我们数出共有 16 个顶点：5 月 1 日有 8 个空间顶点，6 月 1 日再一次有同样的 8 个空间顶点。请以同样的方式数出我们这个像四维的图形中的面的数量，我们把这作为一个练习留给读者。在这么做时，必须记住，其中一些面是原始立方体的普通正方形面，而其他面是“半空间半时间”的面，由我们立方体的原始棱从 5 月 1 日到 6 月 1 日在时间维度中延伸形成。

当然，我们在这里所说的四维立方体可以适用于任何其他几何形体，或者物质对象，不论是死的还是活的。

[1] 如果不理解，不妨想象一个正方形本来有四个点和四个边，垂直于其表面（在第三个维度）移动一定距离，该距离等于其边长，它就会变成一个立方体。

具体说来，你可以将自己想象成一个四维物体，就像一根长的橡胶棒，从诞生之日到生命尽头，在时间中不断延伸。遗憾的是，我们不能在纸上画出四维图形，因此在图 29 中，我们试图通过一个二维影子人的例子来传达这种想法，该影子人在时间方向上垂直于他赖以生存的二维平面的空间维度。图片只代表我们这个影子人整个生命跨度的一小部分。整个生命跨度应该由长得多的橡胶棒来表示，橡胶棒在开始时还很细，那时影子人还是婴儿，橡胶棒在漫长的生命周期中不断摇摆，在死亡时达到恒定的形状（因为死者不会动），然后开始瓦解。

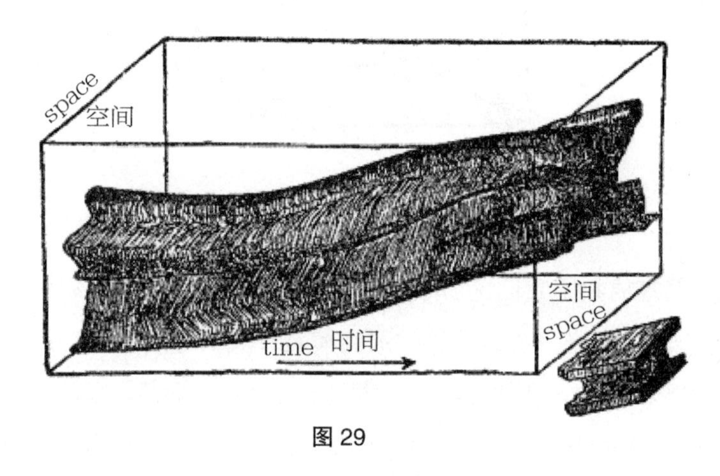

图 29

更确切地说，我们必须说，这个四维棒是由一组非常多的独立纤维形成的，每一根纤维都由单独的原子组成。在生命期间，这些纤维绝大多数作为一个群体聚集在一起；只有少数在剪头发或剪指甲的时候脱落。由于原子是坚不可摧的，死后人体的解体实际上应该是所有独立纤维向不同方向弥散（可能那些构成骨骼的纤维除外）。

用四维时空几何学的术语来说，表示每个材料粒子历史的线被称为它的“世界线”。同样，组成一个复合体的一组世界线被称为“世界带”。

在图 30 中，我们给出了一个天文案例，显示了太阳、地球和一颗彗星的世界线。[1] 就像前面提到的影子人的例子一样，我们让二维空间（地球轨道平面）垂直于时间轴。太阳的世界线在此图中用与时间轴平行的直线表示，因为我们认为太阳的位置是不变的 [2]。地球的公转轨道是圆形，它的世界线是围绕太阳线的螺旋形线，而彗星的世界线先接近太阳线，然后再远离而去。

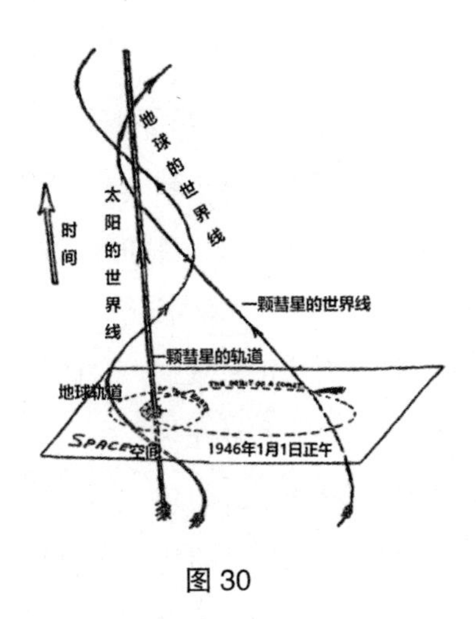

图 30

我们发现，从四维时空几何学的观点来看，拓扑和宇宙的历史融合成一幅和谐的图画，我们所要考虑的只是一堆纠缠的世界线，它们代表单个原子、动物，或者恒星的运动。

[1] 确切地说，这里应该称为“世界带”，但从天文的角度来看，恒星和行星都可以看作点。
[2] 事实上，我们的太阳相对于恒星移动，因此，参照恒星系统，太阳的世界线应该稍微向一侧倾斜。

2.
时空等价

在将时间视为第四维度，大致与三个空间维度等价时，我们遇到了一个相当困难的问题。我们可以在测量长度、宽度或高度时，使用一个相同的单位，例如 1 英寸或 1 英尺。但是，持续时间既不能以英尺也不能以英寸为单位进行测量，我们必须使用另外的、完全不同的单位，例如分钟或小时。那么这两套单位如何比较呢？如果我们设想一个四维立方体，在空间中测量，其三个维度均是一英尺，那么它在时间中必须延伸多少，使我们的四个维度等价？是 1 秒，1 小时还是 1 个月呢？正如我们在前面的示例中假设的那样，1 小时比 1 英尺长还是短？

起初，这个问题听起来毫无意义。但如果你再深入思考一下，你就会找到一种合理的方法来比较长度和持续时间。你经常听到有人说，有人的住处“距离市中心乘公共汽车 20 分钟车程”，或者某地“只有五个小时的火车车程”。在这里我们用给定的交通工具走过这段距离所需要花费的时间来衡量长度。

因此，如果大家能找到一种公认的标准速度，我们就能够以长度单位来描述时间跨度，反之亦然。当然选择标准速度作为空间和时间之间的基本转换因子，必须是一个基本的通用常数，无论人类的主观因素或物理环境如何，都不发生改变。在物理学中，已知的唯一具有这种通用特性的速度是光在真空中传播的速度。尽管通常被称为“光速”，但更科学的描述为“物质相互作用的传播速度”，因为作用在物质体之间的任何一种力，无论是电的吸引力还是重力，都以相同的速度在真空中传播。此外，正如我们即将看到的那样，光速代表宇宙中的物质速度的上限，任何物体通过空间的速度都不可能大于光速。

最早尝试测量光速的先驱是17世纪意大利著名科学家伽利略(Galileo Galilei)。在一个漆黑的夜晚，伽利略和他的助手来到佛罗伦萨附近的旷野，他们提着两盏灯，每盏灯都装有一个机械遮光板。这两个人站的位置相隔几英里，在某个时刻伽利略打开他灯上的遮光板，灯笼的光射向他的助手（图31A）。助手接到信号，一旦看到伽利略发出的光信号，就立即打开自己灯上的遮光板。光从伽利略到助手，再回到伽利略，一定要花一些时间，所以从伽利略打开遮光板的那一刻到他看到对面的灯光之间会有一定的延迟。这个小小的延迟被捕捉到了，但是当伽利略安排他的助手到两倍远的地方，并且重复这个实验时，却没有观察到延迟的增加。很明显，光的传播速度如此之快，以至于跨越几英里的距离几乎没花时间，而观测到的延迟，是由于伽利略助手不能在他看到光的同一时刻打开他的遮光板，我们现在称之为反射延迟。

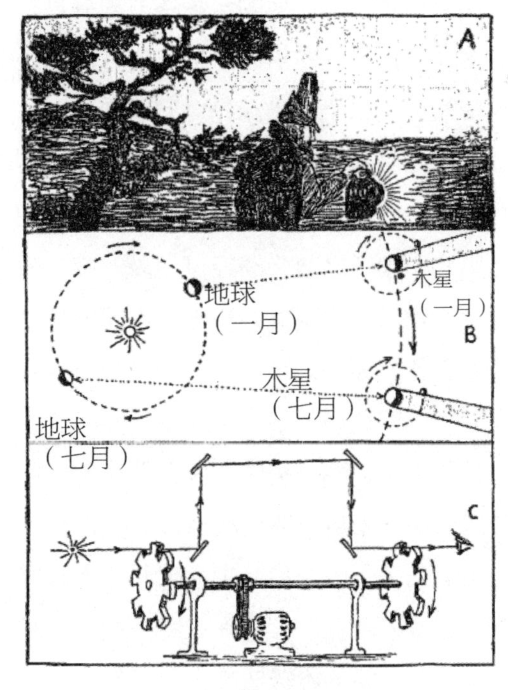

图31

尽管伽利略的实验没有产生任何积极的结果，但他的另一个发现——木星卫星的发现，为首次实际测量光速奠定了基础。1675 年，丹麦天文学家罗默（Roemer）在观测木星卫星的月食时发现，当卫星被木星遮住到它们重新出现，两个时刻之间的时间间隔并不总是相同的，而是根据木星和地球在特定时间的距离而变短或变长。罗默立即意识到（如你将在看图 31B 后发现的那样），这种影响并不是由木星卫星运动中的任何不规则性产生的，而这仅仅是因为木星和地球之间的距离是变化的，所以我们看到这些月食会有不同的延迟。从他的观察中我们发现光速大约是每秒 185,000 英里。难怪伽利略的实验无法测量光速，因为他的灯笼发出的光只需要几十万分之一秒就可以传到他的助手那里，然后再回来！

虽然伽利略简陋的遮光灯测不出光速，但后来的科学家用更精密的物理仪器做到了。在图 31C 中，我们看到的装置是法国物理学家斐索（Fizeau）首次在相对较小距离上测量光速。他的装置核心部分是两个齿轮，它们被设置在一根轴上，这样，如果你在平行于轴的位置观察轮子，你可以看到第一个轮子的齿轮覆盖了第二个轮子齿轮之间的间隙。因此，不论轴如何转动，即使一束很细的光沿着平行于轴的方向射出，也不能穿过这两个齿轮。现在假设这套系统被设置成快速旋转的。在第一个轮子的两个轮齿之间通过的光在到达第二个轮子之前必须经过一段时间，因此如果在这段时间内齿轮系统转过两个轮齿之间距离的一半，也就能够通过第二个齿轮的齿缝。这里的情况类似于一辆汽车在一条有同步红绿灯系统的大道上行驶，只要速度合适，它会一路都遇到绿灯。如果轮子以两倍的速度旋转，第二个轮齿将在光线到达时就位，刚好挡住光线，光线的进程将再次停止。但是，大幅提高旋转速度后，光将能够再次通过，因为挡光的轮齿将离开光的路径，而这束光则落到了下一个齿缝中。因此，观察到与光的连续出现和消失相对应的旋转速度，就能计算出光在两个轮子之间传播的速度。为了使实验更容易，并降低必要的旋转速度，为了使光线在从第一个齿轮到第二个齿轮的过程中跨越更大的距离；可以在两个齿轮中间增加几面镜子。在这个实验中，斐索发现，当齿轮以每秒 1000 转的速度旋转时，他首次通过离他最近的轮子上的开口看到光。这证明了在这个速度下，轮齿在光从一个轮子到另一个轮子所需的时间内，每个齿轮移动的距离等于齿距的一半。由于每个轮子都有 50 个轮齿，所有轮齿的尺寸都是一样的，所以这个距离显然是轮子周长的 1/100，而传播时间是齿轮转一圈所用时间的 1/100。把这些计算与光从一个齿轮传播到另一个齿轮的距离联系起来，斐索得到的速度是一秒 300,000 千米，或者 186,000 英里，这与罗默在观察木星卫星时得到的结果大致相同。

继这些先驱者的工作之后，科学家利用天文学和物理学的方法进行了大量的独立测量。目前对光速通过空间（通常用字母“c”表示）的最准确估算值是

c=299,776 千米 / 秒或 186,300 英里 / 秒。

这种极高的光速使它成为适合测量天文距离的一个标准，用英里或千米来表示天文距离恐怕得写满好几页纸。因此，天文学家会说某颗恒星距离地球 5“光年”，正如我们所说的某地距离 5 小时火车车程一样。由于一年包含 31,558,000 秒，因此一光年等于 31558000×299776=9460000000000 千米或 5,879,000,000,000 英里。在使用“光年”一词来表示距离时，我们实际将时间当作一个维度，时间单位因此成为一个空间的度量单位。我们也可以颠倒程序，称之为“光英里”，意思是光覆盖一英里距离所需的时间。利用上述光速值，我们发现一光英里等于 0.0000054 秒。同样，1“光英尺”是 0.0000000011 秒。这回答了我们在上一节讨论的关于四维立方体的问题。如果这个立方体空间三个维度的尺寸均为 1 英尺，它的空间持续时间必然只有大约 0.000000001 秒。如果这个边长为 1 英尺的立方体存在一个月，那么它看起来更像在时间轴方向上拉长的四维棒，因为它在时间维度上的跨度比另

三个维度大很多。

3.
四维距离

我们已经解决了在空间轴和时间轴上比较单位大小的问题，现在我们可以问自己，四维时空世界中两点之间的距离应该怎么理解？我们必须记住，在这种情况下，每个点都对应“一个事件”，即位置和时间日期的组合。为了澄清这一问题，让我们以下面两个事件为例：

事件一：1945 年 7 月 28 日上午 9:21，纽约市第五大道和第 50 街拐角处一楼的一家银行遭到抢劫。[1]

事件二。当天上午 9:36，一架在雾中迷路的军用飞机撞上了位于纽约第五大道和第六大道之间 34 街的帝国大厦 79 层的墙壁（图 32）。

图 32

[1] 如果这个角落真的有一家银行，那么纯属巧合。

这两个事件在空间上相隔南北距离 16 个街区、东西距离 $\frac{1}{2}$ 个街区，垂直方向 78 层楼，时间上相隔 15 分钟。显然，为了描述两个事件之间的空间距离，没有必要挨个列出街道街区和楼层的数量，因为根据著名的毕达哥拉斯定理空间中两点之间的距离是各个坐标距离平方和的平方根（图 32，右下角）。为了应用毕达哥拉斯定理，我们当然必须首先用统一的单位来表示所有的距离，比如英尺。如果南北两个街区的长度为 200 英尺，东西两个街区的宽度为 800 英尺，帝国大厦每层的平均高度为 12 英尺，则两个事件南北相距 3200 英尺，东西相距变为 400 英尺，垂直高度变为 936 英尺。使用毕达哥拉斯定理，我们现在得到这两个地点之间的距离：

$$\sqrt{3200^2+400^2+936^2} \approx \sqrt{11280000} \approx 3360 \text{ 英尺}$$

如果时间作为第四个维度概念具有任何实际意义，我们现在应该能够将用于空间距离 3360 英尺与表示两个事件在时间上间隔 15 分钟结合起来，从而获得两个事件之间的四维距离。

根据爱因斯坦最初的想法，这样的四维距离只需要通过毕达哥拉斯定理就能确定，并且在事件之间的物理关系中起着比单独的空间距离和时间间隔更基本的作用。

如果把空间和时间数据结合起来，我们当然必须把各种数据用同样的单位统一起来，就像用英尺来度量街区长度和楼层高度一样。正如我们之前所述，利用光速作为平移因子可以很容易地做到这一点，这样 15 分钟的时间间隔就变成了 800,000,000,000“光英尺”。通过对毕达哥拉斯定理的简单推广，我们现在应该倾向于将四维距离定义为所有四个坐标的平方和的平方根，即三个空间维度和一个时间维度。然而，这样做，我们就完全消除空间和时间之间的任何差异，这实际上是承认空间可以转变为时间，反之亦然。

然而，即便伟大的爱因斯坦，也不能够用一块布盖住一根标尺，挥舞魔杖，念叨咒语“时间到，空间走，变”，然后把标尺变成一个崭新闪亮

的闹钟！（见图 33）

图 33　爱因斯坦教授从来没有能做到这一点，但他做了一些更棒的事情

因此，如果我们要在毕达哥拉斯定理中把时间和空间等同起来，我们就必须做出一些修正，从而保留它们的一些自然差异。

根据爱因斯坦的说法，在应用毕达哥拉斯定理时，在时间坐标平方前面加一个负号，可以显现空间距离和时间间隔之间的物理差异。因此，我们可以将两个事件之间的四维距离定义为三个空间坐标的平方和的平方根减去时间坐标的平方，当然开始时需要将时间坐标转换为空间单位。

因此，银行抢劫和飞机失事之间的四维距离可以计算为：

$$\sqrt{3200^2+400^2+938^2-800000000000^2}$$

与其他三项相比，第四项的数值极其大，这是因为我们在这里以“普通生活”为例；按照普通生活的标准，合理的时间单位确实非常小。如果我们不把目光局限在纽约市范围内发生的两件事上，而是以宇宙为例，我们应该能得到更多可比的数据。因此，把 1946 年 7 月 1 日上午 9 时比基尼环礁原子弹爆炸作为第一个事件，把同一天上午 9 时后一火星表面陨石坠落作为第二个事件，这两个事件之间的时间间隔变成了 540,000,000,000 光英尺，而空间距离大约为 650,000,000,000 英尺。

在这种情况下，两个事件之间的四维距离是：$\sqrt{(65\times10^{10})^2-(54\times10^{10})^2}$英尺$=36\times10^{10}$英尺，在数值上与纯空间和纯时间间隔都有很大不同。

当然，人们可能会反对这样一种看似不合理的几何学，将其中一个坐标与另三个坐标区别对待，但是决不能忘记，任何用来描述物理世界的数学系统，都必须符合事物的形式，既然空间和时间在它们的四维结合体中表现不同，那么四维几何的规律必须体现这一点。此外，还有一个简单的数学方法，可以使爱因斯坦的空间和时间几何学看起来完全像我们在学校学过的古欧几里得几何学一样美好。这个方法是德国数学家闵可夫斯基（Minkovskij）提出的，它把第四个坐标看作一个纯虚数。你可能会记得本书的第二章中讲过，把一个实数乘以$\sqrt{-1}$就可以把它变成一个虚数，这样的虚数可以帮助我们解决各种几何问题。嗯，根据闵可夫斯基的说法，时间这第四个坐标不仅必须转换成空间单位，而且还应该乘以$\sqrt{-1}$。因此，我们纽约市那个例子里的四个坐标距离就成了：

第一坐标：3200 英尺

第二坐标：400 英尺

第三坐标：936 英尺

第四坐标：$8\times10^{11}\times i$ 光英尺。

我们现在可以将四维距离定义为所有四个坐标距离的平方和的平方根。事实上，由于一个虚数的平方总是负的，在闵可夫斯基坐标系中的普通毕达哥拉斯表达式在数学上等同于爱因斯坦坐标系中看似不合理的毕达哥拉斯表达式。

有一个关于风湿病老人的故事，这位老人问自己的一位健康的朋友该如何避免风湿病。

朋友答道：“我每天早上起来都洗个冷水澡。”

“哦！”老人叫道，“你不过是把风湿病换成了冷水澡。”

好吧，如果你不喜欢得了风湿病的毕达哥拉斯定理，可以用时间坐标里的冷水浴代替。

既然时空世界中的第四个坐标是虚数，那么就会出现物理性质不同的两种四维距离。

事实上，在上述讨论的纽约市的事件中，两个事件之间的三维距离在数值上小于时间距离（以适当的单位），毕达哥拉斯定理根号下的数字是负的，因此我们得到的广义四维距离是虚数。然而，在其他一些情况下，时间距离小于空间距离，因此我们在根号下得到一个正数，这意味着在这种情况下，两个事件之间的四维距离是实数。

因此，如上所述，我们认为空间距离是实数，而时间距离始终是纯虚数，那么我们可以说，实数的四维距离与普通空间距离的关系更为密切，而虚数的四维距离与时间距离的关系更为密切。根据闵可夫斯基的术语，第一类四维距离称为“类空距离”（spatial），第二类四维距离称为“类时距离”（temporal）。

我们将在下一章中看到，类空距离可以转换成一个常规的空间距离，类时距离可以转换成一个常规的时间间隔。然而，它们一个是实数，而另一个是虚数，这是不可逾越的障碍，所以我们不能相互转化，正是这个原因使我们不可能把一个标尺变成一个时钟或一个时钟变成一个标尺。

第五章
空间和时间的相对性

1.
空间和时间的相互转换

尽管数学试图将空间和时间统一在一个四维世界中的努力并没有完全消除空间距离和时间间隔之间的差异，但它们确实揭示了这两个概念之间极大的相似性，这在爱因斯坦之前的物理学中是前所未有的。事实上，现在我们必须把不同事件的空间距离和时间间隔视为这些事件的四维距离在空间轴和时间轴上的投影，因此四维交叉轴的旋转可能导致空间距离部分地变换成时间间隔，反之亦然。但是，我们应当怎样才能旋转四维时空交叉轴呢?

让我们设想一个如图 34a 所示的两个空间坐标所构成的坐标系，并假设我们有两个固定点距离是 L。把这个距离投影在坐标轴上，我们发现这两个点在第一根轴的方向上相距 a 英尺，而在第二根轴的方向上相距 b 英尺。如果我们把坐标系转动一个角度（图 34 b），相同距离在两个新坐标轴上将不同于之前的投影，标记为新的值 a′ 和 b′。然而，根据毕达哥拉斯定理，这两种投影的平方和的平方根在这两种情况下都是相同的，因为这个值同样对应于两个固定点之间的实际距离 L，而 L 不因轴的旋转而改变。

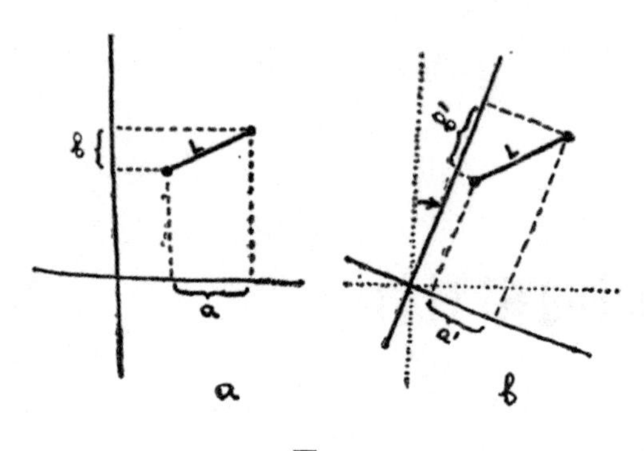

图 34

因此，

$$\sqrt{a^2+b^2} = \sqrt{a'^2+b'^2} = L$$

我们说平方和的平方根对于坐标的旋转是不变的，而投影的特定值是偶然的，并且取决于坐标系的选择。

现在让我们设想一个坐标系由一根距离轴和时间轴构成。在这种情况下，前例中的两个固定点就成了两个固定事件，两个轴上的投影分别表示两个事件的空间和时间上的距离。假定这两个事件就是前面章节讨论过的银行抢劫案和飞机失事，那我们可以画出一幅新的坐标图（图 35a），它看起来与刚才的两个空间坐标系（图 34a）非常相似。现在要怎样旋转这个新坐标系呢？答案是相当出乎意料，甚至令人困惑：如果你想旋转时空坐标系，你得坐上公共汽车！

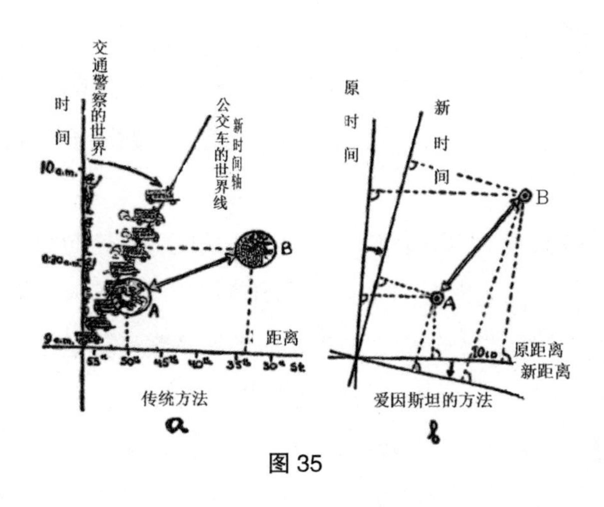

图 35

好吧，假设我们真的 7 月 28 日那个要命的早晨，坐在沿第五大道行驶的公共汽车的上层。从我们自利的观点来看，在这种情况下，我们最感兴趣的问题是，银行抢劫案和飞机坠毁事件距离我们的巴士有多远。因为它们与公交车之间的距离决定了我们是否能亲眼目击这两件事。

你看看图 35a，在图中，巴士的世界线与抢劫案和飞机坠毁事件都标注在此坐标系内，你会立刻注意到这些距离与从其他地方（例如站在街角的交警）所观测到的距离不同。因为公共汽车沿着第五大道行驶，我们可以说，假设它每 3 分钟驶过一个街区（在纽约交通拥挤的情况下，这并不罕见！），公共汽车的乘客看到的两个事件之间的空间间隔比交警小。事实上，由于上午 9 点 21 分公共汽车正驶过 52 街，与发生的银行抢劫案现场相距两个街区。飞机失事是上午 9 点 36 分，此时公共汽车在 47 街，也就是离失事地点 14 个街区的地方。因此，以公交车为参照物，我们可以得出结论：银行抢劫案现场与飞机失事点之间的空间距离为 14−2=12 个街区。但如以城市建筑为参照物，两个事件的空间距离为 50−34=16 个街区。再看看图 35a，我们看到，从公共汽车记录距离的参照点偏离坐标的竖轴（静止警察的世界线），落在了代表公共汽车的倾斜线的世界线上，因此这一条线，实际上成了新的时间轴。

让我们概括一下上面的“一堆琐事”：如以移动车辆为参照点，绘制事件的时空图，我们必须将时间轴转动一定角度（取决于车辆的速度），但空间轴保持不变。

虽然从经典物理学和所谓的“常识”的角度来看这句话，是历久不变的真理，但却与我们关于四维时空世界的新观念格格不入。事实上，如果将时间视为独立的第四个坐标，时间轴应始终垂直于其他 3 个空间轴，无论我们坐在公共汽车上、小电车上，还是坐在人行道上！

至此，我们只能遵循两种思想中的一种。我们要么保留传统的空间和时间观念，放弃统一时空的几何学，要么打破由“常识”规定的旧观念，并且假设在我们的时空图中，空间轴必须与时间轴一起转动，从而使两者始终保持相互垂直（图 35b）。

但是，以同样的方式，转动时间轴在物理学上意味着两个事件的空间距离会发生变化。从移动车辆观看时，这个值由 12 个街区变成了 16 个街区）；转动空间轴意味着，从移动车辆观察到的两个事件的时间间隔不同于从地面上的静止点观察到的两个事件的时间距离。因此，如果银行抢劫案和飞机失事的时间间隔按市政厅时钟的记录是 15 分钟；但以公交车乘客手表记录的时间间隔绝不会是 15 分钟，这并不是因为机械缺陷导致两个计时器不准确，而是由于时间本身在行驶的车辆中发生了变化，记录时间的实际机制也相应地变慢了。只是公共汽车行驶的速度低，这种延迟微不足道且难以察觉罢了。（我们将在本章中详细讨论这一现象。）

再举一个例子，设想一个男人在移动的火车餐车里吃晚餐。从餐车服务员的角度看，他在同一个地方（靠近窗户的第 3 张桌子）吃开胃菜和甜点。但从窗外铁路轨道上总在固定点上的两个扳道工的角度看，一个正好看到他吃开胃菜，另一个正好看到他吃甜点，这两个事件发生的地点相隔数英里。因此，我们可以说：*从一个观察者的角度来看，两个事件发生在同一*

地点；但另一位在不同的运动状态下的观察者可能认为这两个事件发生的地点并不相同。

从时空等效的视角来看，将上述句子中的“地点”替换为“时刻”，将“时刻”换为“地点”。从而出现新说法：从一个观察者的角度看到在同一时刻但在不同地点发生的两个事件，如果由另一个观察者在不同的运动状态下观察，可能会认为两件事发生的时间不同。

拿餐车里这个例子来说，我们看到服务员笃定，坐在餐车两端的两名乘客在同一时刻点燃了他们的餐后香烟，但站在窗外轨道边的扳道工会坚持说，这两位先生中的一位先点燃了香烟。

因此，从一个观察者的角度来看，两个事件同时发生，从另一个观察者的角度来看，两个事件之间存在着时间上的间隔。

空间和时间只是对应轴上不变的四维距离的投影，所以我们一定会得出上述结论。

2.
以太风，天狼星之旅

现在让我们问问自己，为满足使用四维几何语言的愿望，是否就应当彻底抛弃我们习以为常的时空观呢?

如果答案是肯定的，那我们挑战的是整个经典物理学，这门科学是建立在两个半世纪前伟大的艾萨克·牛顿对空间和时间的定义之上的。牛顿认为:“绝对空间，在其自身性质上，与任何外部事物无关，始终是静止不变的。”“绝对的、真实的数学时间本身，始终均匀流逝，与任何外在的事物都没有关系。”

在写这几行文字时，牛顿认为这是恒久不变的真理，无可置疑；他只是用一种确切的语言表述出来了而已，任何人都知道空间和时间的概念。事实上，人们对经典的空间和时间思想深信不疑，甚至哲学家们常常把它们当作先验知识，没有科学家（更不用说外行）考虑过它们可能是错误的，因此需要重新审视和修订。那么，我们现在为什么要重新考虑这个问题呢？

答案是，放弃经典的时空观，而将它们统一在一幅四维的坐标系中，并不是为了满足爱因斯坦纯粹的审美需要，也不是为了展示他作为数学天才的杰出能力，而是因为科学家在实验研究中不断发现许多事实不能用经典的时空各自独立的理论来解释。

经典物理学这座看似永恒的美丽城堡第一次遭受冲击。正如约书亚的号角对耶利哥城墙的作用一样，冲击几乎震撼了经典物理学这座精美绝伦的建筑物的每一块砖石。它源于 1887 年一位美国物理学家迈克尔逊（A.A.Michelson）所进行的一项普通的实验。迈克尔逊实验的想法非常简单，光在通过所谓的“光介质以太”（一种假设的物质，它均匀地充斥在空间当中，以及所有物质体中原子之间）中传播时，会表现出某种波状运动。

把一块石头扔到池塘里，波纹就会向四面八方扩散。任何一个发光体的光都会产生这样的波纹，如同振动的音叉。但是，虽然表面上的波纹来自水粒子的运动，而声波已知是空气或其他物质的振动，声音是通过这些物质传播的，我们却找不到传递光波的介质。事实上，光以如此轻松的方式传播的空间（与声音相比而言）似乎完全是空的！

然而，在没振动介质的情况下谈论光波的振动似乎是不合逻辑的，物理学家不得不引入一个新的概念“光介质以太”，以便在试图解释光的传播时为动词“振动”提供一个实质性的主语。从纯粹的语法角度来看，任何动词必须有一个主语，因此必须承认“光介质以太”。但是，这个“但是”可是要重点突出——语法规则规定我们必须在一个正确的句子中引入的实体，却规范不了它的物理性质！

如果说光是由穿过光以太的波组成的，把“光以太”定义为光波穿过的介质，我们固然讲的是历久不变的真理，但反复重复亦毫无意义。要找出这种以太是什么并揭示它的物理性质，这完全是不同的问题。这里任何语法都帮不上我们（连希腊语法都没有用！），我们还得从物理学中寻找答案。

在后面的讨论中我们会看到，19 世纪物理学最大的错误在于假定这种光以太具有与我们熟悉的普通物理物质非常相似的性质。人们总是在探讨光以太的流动性、刚性以及各种弹性性质，甚至探讨了内部摩擦力。因此发现光以太在携带光波[1]时一方面表现为振动固体，但另一方面它对天体运动完全没有任何阻力，显示出完美的流动性，因此人们将光以太比作密封蜡。密封蜡和其他类似物质在机械冲击力作用下非常坚硬和易碎，但如果静置足够长的时间，它们会在自身重量的影响下像蜂蜜一样流动。经典物理学认为，光以太充满了所有的星际空间，对光的传播造成速度极快的扰动，它就像坚硬的固体。但面对比光慢几千倍的行星和恒星时，以太就像一种流动性强的液体，被它们一路推开。

话说回来，这真是一个模拟创造的观点，对于迄今为止，我们除了名称以外一无所知的事物，试图套用我们熟悉的经验去描述它的性质，从一开始就注定遭遇惨败。尽管人们做出多次尝试，依然没有合理地解释它的力学性质。

根据我们的现有知识，我们很容易看出所有这类企图都是错误的。事实上，我们知道普通物质的所有力学性质都可以追溯到形成它们的原子之间的相互作用。例如，水的良好流动性是因为水分子可以相互滑动而不产生太大的摩擦；橡胶弹性巨大是因为橡胶分子很容易变形；而钻石的高硬度则是由于形成钻石晶体的碳原子紧密地贴合在刚性结构上。因此，各种物质的所有常见力学性质都源于其原子结构。但如果将这一规则应用于诸

[1] 人们发现光波振动垂直于光的传播方向。在普通物质中，这种横向振动只发生在固体中，而在液体和气体中，振动的粒子只能沿着波传播的方向运动。

如光以太这样的绝对连续物质时，则完全失效了。

光以太是一种特殊类型的物质，与我们通常称之为物质的常见的原子没有相似之处。我们既可以称光以太为“物质”（如果仅仅因为它是动词“振动”的语法上的主语），也可以称它为“空间”。要记住，正如我们以前所看到的（当然以后还会看到），空间可能具有某些形态或结构特征，这使得它比欧氏几何学的概念复杂得多。事实上，在现代物理学中，“光以太”（剔除所谓的力学性能）和“物理空间”是一回事。

从认知学或哲学的角度去分析“光以太”，显然我们已探讨太多了。现在让我们回到迈克尔逊实验上来吧。正如我们之前所说，这个实验的想法很简单。如果光是穿过以太的波，那么地球在太空的运动必然改变地球上仪器所测的光速。站在绕太阳运行的地球上，我们应该感受到一股“以太风”，就像坐在快速移动的船上，人感觉到风吹向他的脸一样，尽管天气可能非常和煦。当然，我们感觉不到“以太风”，因为人们认为它毫无困难地穿过我们身体的原子缝隙，但是通过测量与地球的运动成不同方向的光速我们也许能探测到它的存在。每个人都知道，顺风传播的声音速度比逆风传播的声音速度要大，光在以太风中顺向和逆向传播速度也自然不一样。

因此，迈克尔逊教授设计了一种能够测量光在不同方向传播速度差异的装置。当然，实现这一目标最简单的方法是使用前面提到过的斐索装置（图31C），并进行一系列测量，将其转向不同的方向。然而，这并不是一种非常合理的方法，因为它对精度要求很高。事实上，由于预期的差异（等于地球的运动速度）只有光速的万分之一左右，我们必须保证每一次测量的精度。

如果你有两根长度大致相同的长棍，并且想知道它们之间长度差异的确切值，最简单的方法是把它们的一端对齐并测量另一端的长度差。这就是所谓的“零点法”。

迈克尔逊的仪器，如图 36 所示，使用这个零点法来比较两个相互垂直方向上的光速。

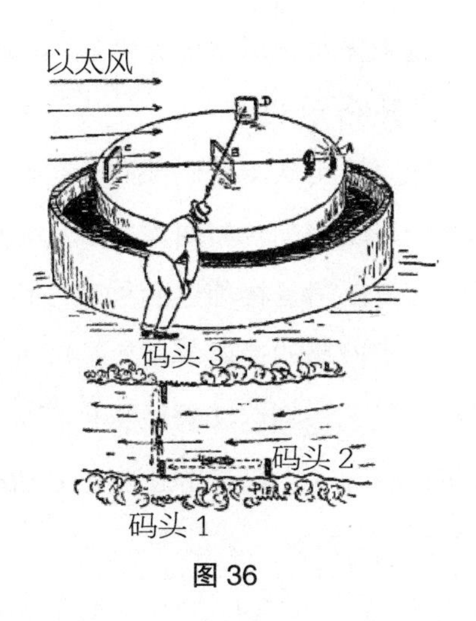

图 36

该装置的核心部件是镀了半透明薄银层的玻璃板 B，该玻璃板反射约 50% 的入射光，并透过其余 50% 的入射光。因此，来自光源 A 的光束被分成两个相等的部分，彼此垂直[1]地运动。这两束光从两个与中央板等距的镜子 C 和 D 处反射，然后被送回中央板。

从 D 返回的光束将部分透过镀银层，与从 C 返回的被同一薄银层部分反射的光束汇成一束。因此，在仪器入口处分离的两束光束在进入观察者的眼睛时将重新合成了一束。根据著名的光学定律，这两束光会相互干涉，形成一个由肉眼可见的黑白条纹。如果距离 BD 和 BC 相等，使两束光束同时返回 B 处，最终干涉条纹将位于图片的中心。如果二者距离稍微改变，使一束光束迟于另一束，则条纹将偏右或偏左。

由于仪器被放置在地球表面，并且由于地球在太空中高速移动，我们必须考虑到，以太风以等同于地球运动速度的风速吹过它。例如，假设这股风从 C 向 B 的方向吹（如图 36 所示），让我们看一下，它对赶往交汇点的两个光束的速度有什么影响。

[1] 原著此处为 parallel，意为“平行”，实际情况是垂直。—译者

请记住，其中一个光束先是逆风传播，然后再顺风返回；而另一个光束往返都垂直于以太风。哪个先返回?

假设有一条河，一艘摩托艇从 1 号码头向 2 号码头逆流而上，然后再顺流返回 1 号码头。水流在航程前一半对摩托艇起阻碍作用，但在后面的返程中则推动其运动。你可以暂且相信这两种效应相互抵消，但事实并非如此。为了理解这一点，假设船的速度等于水流的速度。在这种情况下，从 1 号码头出发的船将永远无法到达 2 号码头！不难看出，河水流动导致往返时间延长，新的航行时间等于船在静止水中航行所需要的时间乘以影响因子，所以算式如下：

$$\frac{1}{1-(\frac{V}{v})^2}$$

其中 V 是船的速度，v 是水流的速度。[1] 因此，例如，如果船的速度比水流速度快 10 倍，则回程将要乘的因子如下：

$$\frac{1}{1-(\frac{1}{10})^2}=\frac{1}{1-0.01}=\frac{1}{0.09}=1.01\text{ 倍}$$

也就是说，比在静水中多用 1% 的时间。

以同样的方式，我们也可以计算摩托艇往返所延误的时间。在这里，延误是由于一个事实，即为了从 1 号码头到达 3 号码头，船必须稍微侧行，以补偿水流所带来的漂移，多花的时间就是在这。在这种情况下，延迟略小一些，由以下因子表示

$$\sqrt{\frac{1}{1-(\frac{V}{v})^2}}$$

也就是说，如若船速是河水流速的 10 倍，那么横渡的摩托艇所花费

---

[1] 事实上，将两个码头之间的距离记为 l，顺流的综合速度为 v+V，逆流的综合速度为 v–V，我们能算出往返行程的总时间：

$$t=\frac{l}{v+V}+\frac{l}{v-V}=\frac{2vl}{(v+V)(v-V)}=\frac{2vl}{v^2-V^2}=\frac{2l}{v}\cdot\frac{1}{1-\frac{V^2}{v^2}}$$

的时间仅为上述例子的千分之五。这个公式的证明非常简单，我们把这项任务留给好奇的读者。现在，把河流替换为流动的以太，摩托艇替换为穿过它传播的光波，桥墩替换为两端的镜子，你将得到迈克尔逊实验的方案。从 B 到 C 再回到 B 的光束现在将延迟的因子计算如下：

$$\frac{1}{1-\left(\frac{V}{c}\right)^2}$$

c 是光通过以太的速度，而从 B 到 D 再折回 B 的光延迟因子计算如下：

$$\sqrt{\frac{1}{1-\left(\frac{V}{c}\right)^2}}$$

由于以太风的速度等于地球的速度，为每秒 30 千米，光速为每秒 3×10^5 千米，因此两束光束必定分别延迟 0.01% 和 0.005%。因此，借助迈克尔逊的装置，应该很容易观察到两束光在以太风中顺向和逆向传播速度的差异。

你可以想象迈克尔逊在进行反复的实验，却没能观察到干涉条纹有丝毫的变化，他当时有多惊讶。

显然，以太风对光速没有影响，不管光是沿着它移动还是穿过它。

这一事实实在太令人惊讶，以至于迈克尔逊本人起初并不相信这一结果。但若干次反复认真的实验证明，他最初获得的结果是正确的，尽管令人吃惊。

对这一意外结果唯一可能的解释似乎只有一个大胆的假设，即装着迈克尔逊镜子的巨大石桌在地球通过空间运动的方向上略微收缩（即所谓的菲茨–杰拉德收缩[1]）。实际上，如果 BC 的距离缩短的因子等于：

$$\sqrt{1-\frac{V^2}{c^2}}$$

[1] 以物理学家的名字命名，他第一次提出这个概念，认为它是运动的纯力学效应。

但 BD 的距离保持不变，那么两束光束的延迟时间则会相等，因此不会出现干涉条纹的偏移现象。

但是，要说迈克尔逊的桌子出现了收缩，这句话说起来容易，理解起来却比较困难。诚然，物质在通过一种有阻力的介质时会发生收缩。例如，一艘飞过湖面的摩托艇，在螺旋桨的驱动力和船头的水阻力之间受到轻微挤压。但这种机械收缩的程度取决于制造船只的材料强度。一艘铁船比一艘木船被压缩的程度要小。但在迈克尔逊实验中，这种收缩的变化，其大小只取决于运动速度，根本不取决于所涉及材料的强度。不管安放实验装置的桌子是石头做的，还是铸铁、木头或任何其他材料做的，它们的收缩程度是完全相同的。因此很明显，我们在这里处理的是一个普遍效应，它导致所有运动物体以完全相同的程度收缩。或者，1904 年爱因斯坦教授这样描述这种现象：这样的收缩来自空间本身，所有以相同速度运动的物质体都产生相同程度的收缩，仅仅因为它们嵌入在相同的收缩空间中。

有关空间的性质，我们已经在上文做了充分的说明，所以使得上述说法听起来更加合理。为了加强理解，我们可以想象空间像有弹性的果冻（其中保留有不同物体的边界）。当空间被挤压、拉伸或扭曲时，嵌入其中的所有物体的形状都会自动改变。这些由空间扭曲引起的物体扭曲和外力导致物体内产生的内应力而变形，必须区别开来，因为两者完全不同，观察图 37 所示的二维图有助于解释这一重要区别。

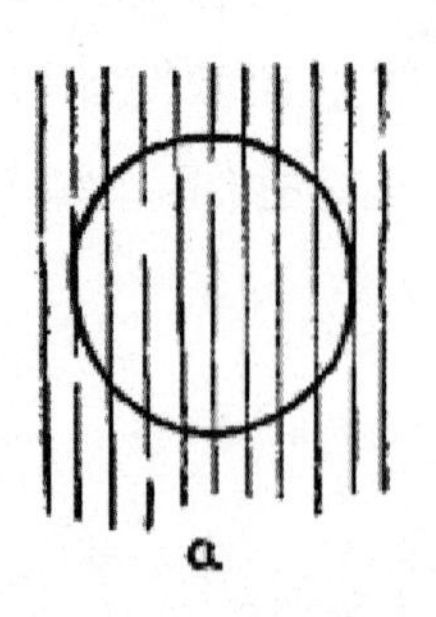

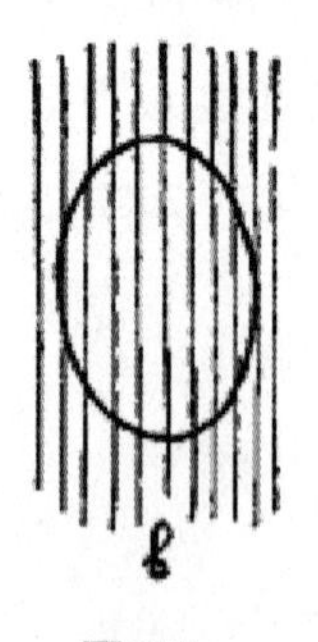

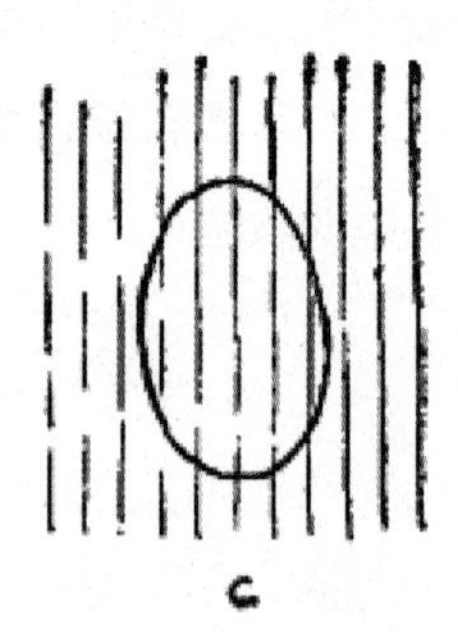

图 37

然而，空间收缩效应是理解物理学基本原理的关键，但我们在日常生活中却很少注意到。这是因为我们日常生活中所遇到的最高速度，与光速相比实在是微不足道。例如，一辆每小时行驶 50 英里的汽车，其收缩因子是$\sqrt{1-(10^{-7})^{2}}$=0.99999999999999，这意味着车子前后保险杠之间收缩的长度只有一个原子核的直径！一架喷气式飞机以每小时 600 英里的速度飞行，其长度仅减少一个原子直径；一枚 100 米长的星际火箭以每小时 25,000 英里的速度飞行，其长度也不过仅减少百分之一毫米。

然而，如果物体以光速的 50%、90% 和 99% 的速度运动，它们的长度将分别缩小到静止时长度的 86%、45% 和 14%。

有一位不知其名的作者用一首五行打油诗描述了这一快速运动物体的相对收缩效应：

小伙菲斯克剑术高，

电掣星驰拔剑刀，

菲茨－杰拉德收缩，

剑缩成盘真奇妙。

可见这位菲斯克先生出剑速度快如闪电！

从四维几何的角度来看，我们观察到的所有运动物体的普遍收缩现象可以简单地解释为，由于时空坐标系旋转引起的不变四维长度在空间轴的投影发生变化。事实上，你可能记得，在上一节的讨论中，从一个运动着的系统中进行的观测必须用新坐标系来描述，其中空间和时间轴都旋转了一定的角度，该角度取决于运动速度。因此，如果以静止系统为参照物，一段特定距离在空间轴（图 38a）上的投影是百分之百的四维距离，其在新的时间轴上的空间投影（图 38b）将比这个短。

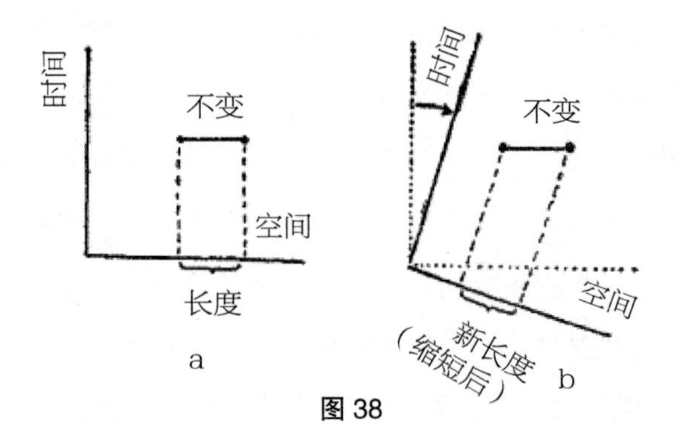

图 38

需要记住的重点是，这样的长度缩短完全取决于两个系统的相对运动。如果我们一个物体相对于第二坐标系保持静止，那么用平行于新空间轴不变长度的线来表示，它在旧空间轴上的投影则将缩短相同的因子。

因此，分清两个系统中的哪一个是“实际”在运动中，没有必要，事实上也没有物理意义。唯一重要的是他们彼此之间的关系是动态的。因此，如果未来“行星际交通有限公司”的两艘载人火箭飞船在地球和土星之间的某个空间相遇，以超高速飞行，两艘飞船的乘客都能透过舷窗看到另一艘飞船已经大大缩短，而他们不会注意到自己的飞船也在缩短。而且，从本船乘客的角度争论哪艘船缩短是无用的，因为两艘船都变短了，观察者都是从对面乘客的角度出发。[1]

四维推理也使我们能够理解，为什么运动物体的收缩只有在速度接近光速时才变得明显。实际上，时空坐标系旋转的角度由移动系统行走的距离与走过该距离所需时间的比率决定。如果我们以英尺为单位来测量距离，以秒为单位来测量时间，那么这个比率就是以英尺每秒表示的普通速度。然而，由于四维世界中的时间间隔由普通时间间隔乘以光速来表示，而决

[1] 当然，这都是理论描述的图景。事实上，如果两艘火箭飞船以我们这里所考虑的速度通过对方，两艘飞船上的乘客根本看不到对方，就像你看到步枪以这个速度的若干分之一射出子弹一样。

定旋转角度的比率实际上是以“英尺 / 秒”为单位的运动速度除以相应单位的光速。因此，只有当两个运动系统的相对速度接近光速时，旋转角及其对距离测量的影响才会变得显著。

时空轴的旋转会影响长度的测量，也会以同样的方式影响时间间隔的测量。然而，我们可以证明，由于第四坐标的虚数特性[1]，当空间距离缩小时，时间间隔将扩大。如果你在一辆快速行驶的汽车上安装一个时钟，它的运行速度会比地面上的时钟慢一些，这样两个连续滴答声之间的时间间隔就会延长。正如在长度缩短的情况那样，移动时钟的减速是一种普遍的效应，只取决于运动速度。现代的腕表，老式的钟摆座钟，或者沙漏，只要它们移动速度相同，那么减慢的程度也一样。当然，这样的效应并不局限于我们称之为“时钟”和“手表”的特殊机械装置；事实上，所有物理、化学或生物过程都将以相同程度减慢。因此，在快速移动的火箭飞船上烹制早餐鸡蛋时，不会因为手表的速度太慢而将鸡蛋煮老；鸡蛋内部的反应过程也会相应地减慢，所以你的手表显示煮了五分钟，你就会得到一个你习以为常的“五分钟煮蛋”。我们在这里用一艘火箭作为例子，而不是火车的餐车，因为，在长度收缩的情况下，只有在接近光速的高速运动下，时间的膨胀才变得明显。这个时间膨胀的因子和空间收缩相同：

$$\sqrt{1-\frac{v^2}{c^2}}$$

不同之处在于这里它不是乘数，而是除数；如果某物体移动得太快，导致长度减少到一半，时间间隔就变为原来的两倍。

运动系统中时间速度的减慢对于星际旅行有有趣的影响。假设你决定去拜访天狼星的一颗卫星，它离太阳系有 9 光年的距离，那你得使用一艘光速火箭飞船。你会自然而然地认为，往返天狼星至少需要 18 年，而且

[1] 或者，如果你希望如此，因为实际上在四维空间中毕达哥拉斯方程式相对于时间是扭曲的。

你要带上大量的食物。然而，如果你的火箭飞船的机械装置能让你以接近光速（亚光速）飞行，那么这种预备措施就完全没有必要了。事实上，如果你能达到光速的99.9999999%，那么你的手表、你的心脏、肺、消化系统，以及你的思维过程都会减慢到现在的1/70000，对地球上的人类而言，从地球到天狼星再回到地球耗时18年，但从你自己的角度而言只过了几个小时。事实上，你早餐后从地球出发，当飞船降落在天狼星的某颗行星上时，你刚觉得准备吃午餐。如果你赶得急，午饭后马上启程回家，回到地球上你很可能赶上吃晚饭。但是，在这里，如果你忘记了相对论定律，你会大吃一惊，当你回到家中，你会发现你的亲朋好友以为你迷失在星际空间了，他们已经吃了6570顿晚餐！因为你以接近光速的速度飞行，18个地球年对你来说仅仅是1天。

但是移动得比光还快会怎么样呢？这个问题的部分答案藏在另一首讲相对论的五行打油诗中：

年轻姑娘布莱特，

行走快过光很多。

姑娘某天离开家，

爱因斯坦来推算，

今日出发昨夜归。

可以肯定的是，如果运动速度接近光速，将会使运动系统内的时间变慢；那么超越光速则会导致时间倒流！此外，由于毕达哥拉斯根式下代数符号的变化，时间坐标将变为实数，表示空间中的距离；同理，超光速系统中的所有长度将越过零点变为虚数，从而变为时间间隔。

如果这些真的发生，如图33所示，只要爱因斯坦能获取超越光速的速度，他就可以把一个标尺变成一个闹钟。

物质世界虽然是错乱的，但还没有那么疯狂，很显然，这种黑色魔法是不可能实现的，仅仅是因为：任何物体的移动速度都不可能等于或超过光速。

这条自然基本定律的物理学基础是大量直接实验证明的事实，即所谓的运动物体阻碍其进一步加速的惯性质量，在其运动速度接近光速时会无限增大。因此，如果一颗左轮手枪子弹以光速 99.9999999% 的速度移动，那么阻障它进一步加速的阻力相当于 12 英寸的炮弹。倘若它的速度达到光速 99.99999999999999% 的速度，我们的子弹的惯性阻力将与一辆重载货车相同。不管对子弹施加多大的力，我们都不可能征服最后一位小数，使子弹的速度正好等于光速，这也是宇宙中所有运动速度的上限！

3.
弯曲的空间和引力之谜

上面的内容都在介绍四维坐标系，读者们一定读得很辛苦，我对此深表歉意。我们现在邀请各位来弯曲的空间散步。大家都知道什么是曲线和曲面，但是“曲线空间”这个词又是什么意思呢？想象弯曲空间之所以很困难，并不是因为概念不寻常，而是基于这样一个事实：我们可以从外部观察曲线和曲面，但三维空间的曲率必须从内部观察，因为我们自己就在其中。为了理解三维空间中的人如何能想象出他所居住的空间的曲率，让我们先来看一下生活在二维面上的影子生物。在图 39a 和 39b 中，我们看到平面和曲面（球面）的“表面世界”中的影子科学家正在研究他们所在的二维空间的几何学。最简单的几何图形当然是一个三角形，它是三条直线连接三个几何点形成的图形。大家是否还记得，在高中几何课中，任何三角形平面上的三个角之和总是等于 180°。然而，很容易看出，上述定理不适用于在球体表面绘制的三角形。事实上，由从极点发散的两条地理经线的一部分以及被它们切割的平行线（在地理意义上也是如此）的一部分组成球面三角形，在底部有两个直角，而顶角可以是介于 0° 和 360° 之间的任何角度。在图 39b 中两位影子科学家正在研究三角形，三个角度之和等于 210°。因此我们看到，通过测量他们的二维世界中的几何图形，影子科学家可以发现它的曲率，而无须从外部观察。

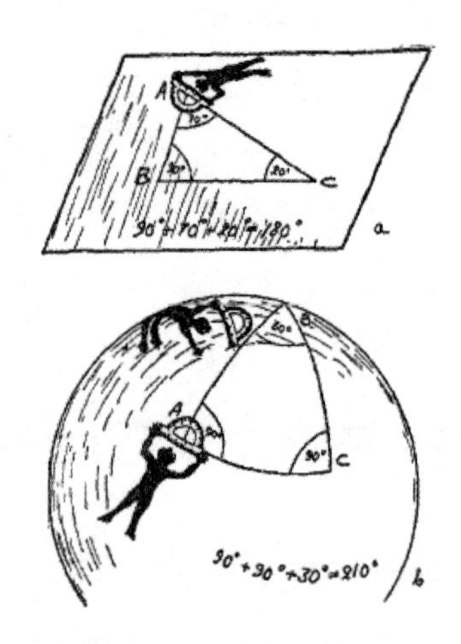

图 39　平面和曲面“表面世界”的二维科学家研究关于三角形内角和的欧几里得定理

将上述观测结果应用到一个具有多一个维度的世界中，我们很自然地得出结论：生活在三维空间中的科学家，只需测量连接空间三个点的直线之间的角度，便可以确定该空间的曲率，而不必跳到第四维度。如果三个角度之和等于 180°，则空间是平的；否则空间必定是弯曲的。

但是在进一步讨论这个问题之前，我们必须进一步讨论直线的概念。看看图 39a 和 39b 所示的两个三角形，读者可能会说，虽然平面上三角形的边（图 39a）是真正的直线，但球面上三角形的边（图 39b）实际上是弯曲的，是与球面相一致的大圆[1]的弧。

这样的陈述，基于我们的几何学常识，却违背了影子科学家发展其二维空间几何学的可能性。直线的概念需要一个通用的数学定义，使它不仅适用于欧几里得几何，也可以扩展到二维面上和性质更复杂的空间中。为此我们可以将“直线”定义为特定的曲面或空间中两点之间最短的距离，当然，在平面几何学中，上述定义与直线的一般概念相一致，而在更复杂的曲面情况下，符合定义的直线有很多条，在这里，它们的作用与欧几里得几何学中的普通“直线”相同。为了避免误解，人们通常把代表曲面上最短距离的直线称为大地测量线（geodesical lines）或测地线（geodesics），因为这一概念最初是在大地测量学中引入的，即地球表面测量学。事实上，当我们谈到纽约和旧金山之间的直线距离，我们的意思是沿着地球表面的“两点间最直接的路径”走，而不是假设一个巨大的矿钻机将地球内部笔直地钻透。

上述将“广义直线”或“测地线”定义为两点之间的最短距离，有个简单的物理方法：你可以在两点之间拉直一段绳子。如果你在一个平面上做，你会画出一条普通的直线；而在一个球体上做，你会发现绳子沿着一个大圆的弧线延伸，这个弧线对应于球面的测地线。

用同样的办法，还可以弄清楚我们生活于其中的三维空间是平坦的还是弯曲的。你需要做的就是在空间中的三个点之间拉直绳子，看看由此形成的角度之和是否等于 180°。然而，在规划这样一个实验时，我们必须记住两点：一是实验必须在相当大的范围内进行，因为曲面或空间的一小部分在我们看来可能相当平坦；比如，我们无法通过在后院进行的测量来确定地球表面的曲率！二是表面或空间在某些区域可能有的部分是平坦的，有的部分可能是弯曲的，因此为得到准确的结论，我们需要对多个不同区

[1] 大圆是指通过球心的平面切割球面得到的圆。赤道和子午线就是这样的大圆。

域进行全面测量。

爱因斯坦的广义弯曲空间理论包含一个假设：物理空间在巨大质量附近变得弯曲，质量越大曲率越大。为了验证这种假设，我们可以在一座大山（图 40a）周围打三个桩子，然后在桩子之间拉几根绳子，测量绳子在三个相交点处形成的角度。选择一座最大的山，哪怕是喜马拉雅山脉中的一座，你会发现，考虑到测量中可能出现的误差，绳子相交处的三个角度之和正好是 180°。然而，这一结果并不一定意味着爱因斯坦是错的，而大质量的存在不会使它们周围的空间弯曲。也许喜马拉雅山造成的空间弯曲也过于微弱，以至于不能用精密的测量仪器记录下来。别忘了伽利略在试图用带遮光板的灯笼测量光速时遭遇的惨败!（图 31）

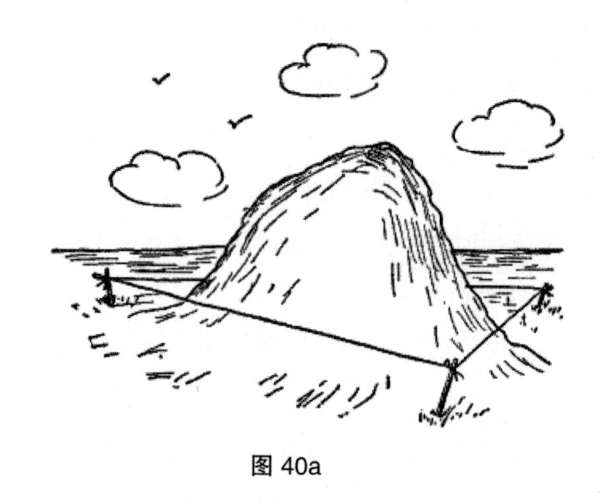

图 40a

所以，不要气馁，用更大质量的物体再试一次，例如太阳。

瞧，这回成功了！你会发现，如果你从地球上的某个点拉一根绳子到某个恒星，然后再拉到另一个恒星，然后再回到地球上的原始点，用这三条线把太阳关在这些绳子形成的三角形围栏中，三个角度之和将明显不等于 180°。如果你没有一根足够长的绳子来做这个实验，那就用一束光来代替绳子，效果相同，因为光学告诉我们光总是走最短的路线。

这项测量光束夹度的实验示意图如 40b 所示。观测时两颗恒星 S_{I} 和 S_{II} 的光束（在观测时刻）会聚到经纬仪中，用经纬仪测量它们之间的角度。然后，当太阳不在光路上时，我们再重复这个实验，并比较两次测得的角度。如果它们是不同的，就证明太阳的质量能够改变它周围空间的曲率，使光线偏离它们原来的路径。爱因斯坦最初提出这样一个实验是为了检验他的理论。通过图 41 所示的二维示意图，读者可以更好地理解这种情况。

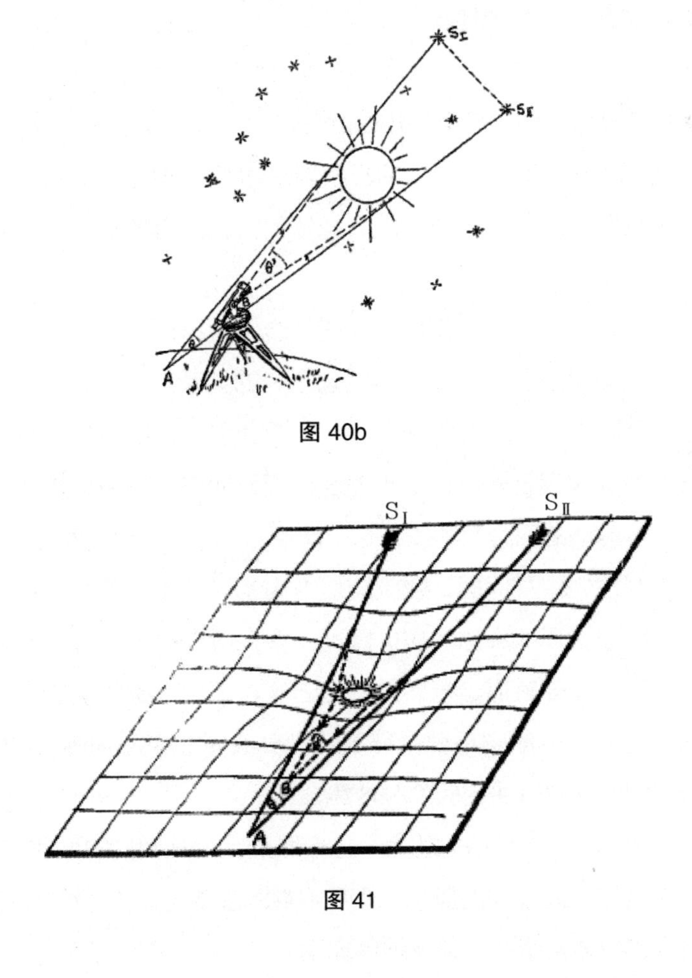

图 40b

图 41

显然，在通常情况下执行爱因斯坦的提议存在实际的障碍：由于太阳的亮度太大，导致看不清它周围的恒星；不过在日全食期间，恒星在白天是清晰可见的。为了利用这一优势，1919 年英国天文考察队在普林西比群岛（西非）进行了一次试验，此处是当年日全食的最佳观测地点。结果发现，两颗恒星在有太阳和没有太阳的情况下的角度差为 1.61″ ±0.30″，而爱因斯坦理论预测的角度差为 1.75″。后来的各种观测也取得了类似的结果。

当然，一个 1.5″的角度差并不是很大，但这足以证明太阳的质量确实会影响周围的空间，导致其弯曲。

如果我们可以用其他更大的恒星代替太阳，那么三角形三个角之和与 180°之间相差高达几分，甚至是几度。

我们需要用一些时间和大量的想象力来适应“弯曲三维空间”的概念。但是一旦你弄明白了，这个概念就会像任何其他熟悉的经典几何概念一样清晰而明确。

我们现在只需要再向前迈出关键的一步，便可以完全理解爱因斯坦提出的弯曲空间理论及它与万有引力问题之间的关系。要做到这一点，大家必须记住，我们所讨论的三维空间只代表了四维时空世界的一部分。因此，空间本身的曲率仅仅是时空世界更普遍的四维曲率的反映，代表这个世界的光线和物体运动的四维世界线在超空间中看起来是弯曲的曲线。

从以上视角去审视问题，爱因斯坦得出了一个重要的结论：引力现象仅仅是四维时空世界曲率的效应。因此，现在可以抛弃“行星因受太阳的作用力而围绕其圆形轨道运行”这一古老观点。更准确的说法是：太阳的质量弯曲了它周围的时空世界。行星的世界线看起来和图 30 中的一样，只是因为它们是穿过弯曲空间的测地线。

因此，“引力是一种独立的力”这个概念完全从我们的推理中消失了，取而代之的是纯空间几何的概念，即所有物体都顺着大质量物体所产生的弯曲空间中的“最直路线”或测地线运动。

4.
封闭和开放空间

在结束本章前，我们需要简单地讨论一下爱因斯坦时空几何的另一个重要问题：宇宙究竟是有限的，还是无限的？

到目前为止，我们一直在讨论大质量附近空间的局部曲率，它就像无数青春痘散布在宇宙那巨大面庞上。但是，除了这些局部的凹凸，宇宙的面目究竟是平的还是弯曲的？如果是弯曲的话，又是如何弯曲的呢？在图 42 中，我们给出了带有“青春痘”的平面空间和两种可能的弯曲空间的二维插图。所谓的“正曲率”空间对应于一个球体或任何其他闭合几何图形的表面，不管你走向哪边，这样的空间总向“相同的方向”弯曲。而另一种相反的“负曲率”空间则在一个方向上朝上弯曲，另一个方向上朝下弯曲，所以它看起来像一副西式马鞍。通过一个实验，我们能清晰地观察到两种弯曲空间的区别：从足球上和马鞍上分别剪下来一块皮，试着在桌子上把它们理顺，就能清楚地看出这两种曲率的不同。你会注意到，如果不拉伸或压缩这两块皮，它们都不可能被理顺。但是，由于足球片的中心周围没有足够的材料来摊平，其边缘必须拉伸；而马鞍片的材料过多，必须叠起来才能展平。但不管怎样，我们在顺平时都会起褶。

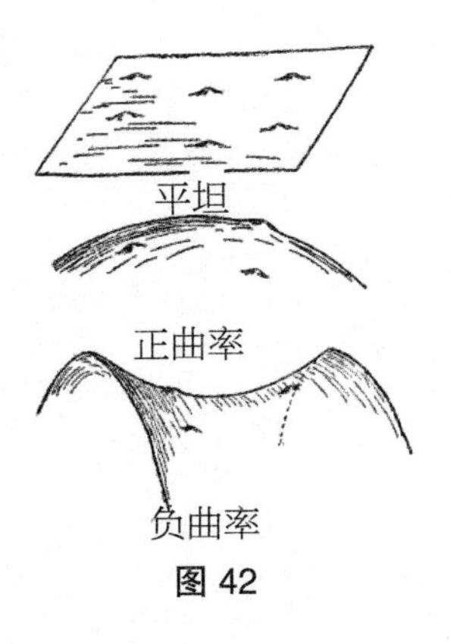

图 42

我们可以换一种方式来表述这个问题。沿着曲面上中心点算起，数一数它周围 1~3 英寸范围内的青春痘数量。在平坦的未弯曲表面上，青春痘的数量与距离的平方成正比，即如 1 个、4 个、9 个等。青春痘的数量在球面上将增加得比这慢，而在“鞍”面上增加得很快。因此，生活在二维面上的影子科学家，虽然无法从外部观察到它的形状，但只要计算落入不同半径圆内的青春痘的数量就能推测出曲率。还有，正曲率和负曲率之间的差异在相应三角形的角度测量中也能表现出来。如前一节所述，在球面上的三角形的内角和总是大于 180°。如果你试图在鞍面上画一个三角形，你会发现它的内角和总是小于 180°。

上述二维曲面观察所获得的结果可以推广到弯曲的三维空间中，从而得出下表：

空间类型	大尺度特性	三角形内角和	球体体积增长速度
正曲率（类似球面）	自封闭	>180°	慢于半径的立方
平坦（类似平面）	无限延伸	= 180°	等于半径的立方
负曲率（类似马鞍）	无限延伸	<180°	快于半径的立方

这个表可用于探讨有关我们生活的空间是有限的还是无限的问题，关于宇宙的大小的问题，我们将在第十章讨论。

第三部分

微观世界

第六章
下降的梯级

1.
希腊思想

在分析物质实体的特性时，最好从一些熟悉的“正常尺寸”的物体开始，再逐步进入其内部结构，探索内眼捕捉不到的所有物质特性的终极来源。所以让我们从餐桌上的一碗蛤蜊浓汤开始讨论吧。我们之所以选择蛤蜊浓汤，倒不是因为它味道鲜美、营养丰富，而是因为它是一个被称为“异质材料”的好例子。即使没有显微镜的帮助，你也能看到这碗汤是大量不同成分的混合物：小的蛤蜊片、洋葱片、西红柿片、芹菜片、细细的土豆粒、胡椒粉颗粒和肥肉末，它们都混合在加了盐的溶液中。

我们日常生活中遇到的大多数物质，特别是有机物质，都是异质的（不均匀），尽管在许多情况下，我们需要一个显微镜来帮助我们认识这一事实。例如，只需放大一点你就能看到牛奶是由小滴奶油悬浮在均匀的白色液体中形成的一种稀薄乳液。

普通的花园土壤是一种精细的混合物，它包含有石灰岩、高岭土、石英、氧化铁和其他矿物质以及盐类微观颗粒，还有动植物腐烂形成的各种有机物质。如果我们将一块普通花岗岩的表面抛光，便会立即看到这块石头是由三种不同物质（石英、长石和云母）的小晶体牢固地黏结在一起组成的。

在我们研究物质内在结构的过程中，弄清异质材料的构成仅仅是第一步，或者更确切地说是我们下降梯级的上层平台，在每一个这样的实例中，我们都可以直接调查组成混合物的均匀成分的内部结构。对于真正均匀的物质，如一根铜丝、一杯水或充满房间的空气（当然，悬浮的灰尘除外），就算放在显微镜下也看不出任何差别，而且材料似乎处处均匀，任何地方都呈现连续性。诚然，诸如铜线这种固体（除了那些由玻璃材料组成的非晶体材料外），在高倍放大镜下，会显示出所谓的微晶质结构。但是，我们在均匀材料中看到的单独晶体都是性质相同的，铜线中的铜晶体、铝锅中的铝晶体，食盐中的氯化钠晶体等等。通过使用一种特殊的技术（慢结晶），我们可以制造任意尺寸的盐、铜、铝或任何其他均匀物质的晶体，并且这种“单晶”物质的每一小块与其他部分同样均匀，就像水或玻璃一样。

既然肉眼和最好的显微镜观察到的结果相同，我们是否可以假设这些均匀的物质无论放大多少倍都不会变样？换言之，我们能否相信，无论我们所取的铜、盐或水的样本有多小，它们的性质始终与较大样品相同，并且可以进一步细分为更小的部分？

最早提出这个问题并试图给出答案的人，是大约生活在 2300 年前雅典的希腊哲学家德谟克利特（Democritus）。他对这个问题的回答是否定的；他更倾向于认为，无论给定的物质看起来多么均匀，都是由大量（他不知道有多大）独立的非常小的微粒（他也不知道有多小）组成的，他称之为“原子”或“不可分割之物”。这些“原子”，或“不可分割之物”在不同物质中的数量有差异，但它们在性质上的差异只是表面上的，而不是真实的。事实上，火原子和水原子完全相同，只是在外观上有所不同。事实上，所有的材料都是由同样的永恒不变的原子组成的。

与德谟克利特同时代的一个名叫恩培多克勒（Empedocles）的人持有不同的观点。他则认为存在几种互不同的原子，它们以不同的比例混合，形成了各种各样的物质。

根据当时粗浅的化学知识进行推理，恩培多克勒将原子分为四种分别对应四种不同的基本物质：土、水、空气和火。

根据恩培多克勒的观点，土壤是一个个紧密结合的土原子和水原子混合而成的物质。原子结合的越好，土壤就越肥沃。一种从土壤中生长的植物，将土原子和水原子与来自太阳光的火原子结合起来，形成木料的复合分子。燃烧干燥的木材，水原子即从中消失，木材分子此时被分解为火原子；在燃烧中，火原子在火焰中逸出，而土原子则保留为灰烬。

这种对植物生长和木材燃烧的说法出现在科学发展的早期，似乎很合乎逻辑，但我们现在知道这种解释实际上是错误的。因为植物在生长过程中所需要的绝大部分原料，并不像古人或你（如果现在没人告诉过你）所想的那样是来自土壤，而是从空气中来的。土壤的作用除了给植物提供支撑和作为储存水分的水库外，只提供了植物生长所需的一小部分特定种类的盐分，人们只需要一块顶针那么大的土壤就能种植出一棵很大的玉米植株。

事实上，空气是氮和氧的混合物（而不像古人所想的那么纯净、简单），同时也含有一定量的二氧化碳。在阳光的作用下，植物的绿叶吸收大气中的二氧化碳，通过与根部的水分产生反应形成各种有机物，从而构建植物的枝干。植物将生成的一部分氧气释放到大气中，这就是“室内植物能清新空气”的原因。

当木头燃烧时，木材的分子与空气中的氧气再次结合，变成二氧化碳和水蒸气，在热焰中逸出。

至于古人认为植物中包含“火原子”，实际上火原子并不存在。阳光只提供分解二氧化碳分子所需的能量，有了能量植物才能分解二氧化碳分子，把空气中这种“大气食物”分解成可吸收的营养成分；而且，由于火原子并不存在，火焰也就不是火原子的“逃逸”，而是聚集的受热气体，因燃烧过程中释放的能量使其变得清晰可见。

现在让我们再举一个例子来说明古代和现代人们就化学变化这个问题，看法有什么不同。你当然知道，金属都是从不同的矿石中提炼并在熔炉的高温中熔炼而成。乍一看，大多数矿石似乎与普通岩石差别不大，难怪古代科学家会认为矿石与其他岩石一样，都是由同一种石头原子组成的。然而，当他们把一块铁矿石放进炉里，最后得到了一种与普通岩石完全不同的东西——一种坚硬闪亮的物质，可以用来制作刀和矛头。解释这种现象最简单的方式是说金属是由石头和火结合形成的，换言之，石头原子和火原子结合成为了金属分子。

为了将此解释应用于一般金属，他们进一步解释了铁、铜和金的性质不同是因为土原子和火原子的占比不同。闪光的金子比黑乎乎的铁含有更多的火原子，这不是很明显吗?

不过，如果真是这样，为什么不往铁里多加入点火原子，或者干脆往铜里加更多的火原子，从而把它们变成贵重的黄金呢?正因如此，中世纪务实的炼金术士才会在烟雾缭绕的炉灶旁耗尽心力，试图用更便宜的金属制造“人工金”。

从他们的观点来看，他们的工作和现代化学家合成橡胶的工作一样合理；但古人的理论和实践的谬误在于他们相信黄金和其他金属是复合材料，而非基本物质。但是，人们怎么能不经尝试就知道哪种物质是基本的，哪种物质又是复合的呢?如果没有这些早期化学家试图把铁或铜变成金或银的徒劳尝试，我们可能永远不会知道金属是基本的化学物质，而含金属的矿石是由金属原子和氧原子结合组成的化合物（现代化学谓之为“金属氧化物”）。

铁矿石在熔炉的炽热作用下转化为金属铁，古代炼金术士认为这是个不同的原子（土原子和火原子）的结合体，事实恰恰相反的，是不同原子分离的结果。也就是说，炼铁是从氧化铁的复合分子中除去氧原子。

在潮湿的铁器表面上出现的锈迹，不是由在铁质分解过程中火原子逸出，只留下土原子，而是由于铁原子和来自空气或水中的氧原子结合，形成了氧化铁复合分子。[1]

从上面的讨论可以看出，古代科学家对物质内部结构和化学变化过程的认识基本正确，他们的错误在于没有找对基本元素。事实上，恩培多克勒列举的四种物质中没有一种是基本物质：空气是几种不同气体的混合物，水分子是由氢原子和氧原子构成的，岩石具有非常复杂的成分，包括许多不同的元素，而火原子根本就不存在。[2]

实际上自然界中存在 92 种不同的化学元素，即 92 种不同的原子。这 92 种化学元素中的一些元素，如氧、碳、铁和硅（大多数岩石的主要成分），在地球上相当丰富，大家都很熟悉；另一些则非常罕见，如镨、镝或镧等元素，你可能从来没有听说过。除了自然元素外，现代科学家还成功地合成了几种全新的化学元素，我们将在本书后面的章节加以讨论，其中一种被称为钚，它注定在释放原子能方面发挥重要作用（不管是用于军事还是

[1] 因此，炼金术士可以用以下反应方程来表示铁矿石的加工过程：

（石原子）+（火原子）→（铁分子）

矿石

铁锈的反应方程：

（铁分子）→（石原子）+（火原子）

铁锈

我们为这两个过程编写的反应方程分别是：

（氧化铁分子）→（铁原子）+（氧原子）

铁矿石

和

（铁原子）+（氧原子）→（氧化铁分子）

铁锈

[2] 正如我们将在本章后面看到的，在光量子理论中，火原子的概念部分地得到了复兴。

和平目的）。这 92 种基本元素的原子以不同的比例结合，形成了无数的各种复杂的化学物质，如水和黄油、石油和土壤、石头和骨头、草药和炸药，以及许多其他的物质，如三苯基二氯嘧啶和甲基异丙基环己烷——一个好的化学家必须牢记的术语，但大多数人甚至都没办法一口气把它说完。现在，因为原子无限的组合情况，人们为了总结其性质及其制备方法，编写出来一卷又一卷的化学手册。

2. 原子有多大？

当德谟克利特和恩倍多克勒谈到原子时，他们秉持一个模糊的哲学思想：物质不可能无限制地分割下去，最终会达到一个不可再分的单元。

当一个现代化学家谈到原子时，所指的对象明确得多；因为要对化学基本定律有所了解的话，必须对元素原子及其在复杂分子中的结合有精确的认识。根据化学的基本定律，不同的化学元素只能按重量的明确比例结合，该比例必定明显反映这些物质独立原子的相对重量。因此，化学家得出结论，氧原子、铝原子和铁原子必须分别比氢原子重 16 倍、27 倍和 56 倍。然而，虽然不同元素的相对原子量是最重要的基本化学数据，但原子的实际重量究竟有多少，在化学工作中倒是无关紧要的，因为这个信息不会影响其任何化学现象，不妨碍我们运用化学方法或化学定律。

然而，当物理学家考虑原子时，他的第一个问题必然是：“原子的实际尺寸是多少厘米？它们的重量是多少克？一定数量的物质中有多少个单独的原子或分子？有没有什么方法可以观察、计算和逐个处理原子和分子？”

估算原子和分子的大小有许多不同的方法，其中最简单的方法非常容易操作。如果当时德谟克利特和恩培多克勒能想到这个方法，即便没有现代实验室设备，他们很可能也已经实现。如果某物质的组成中最小的单位是原子（比如一根铜线），那么你显然不能把这种物质做成比一个这样的原子直径还薄的薄片。因此，我们可以尝试拉伸我们的铜线，直到它最终成为一个单原子链，或者把它锤成只有一个原子直径厚的薄铜片。对于铜线或任何其他固体材料，这几乎是不可能的，因为在达到我们要的最小厚度之前，材料早就断裂了。但是，液体物质，例如水面上的一层薄薄的油，很容易被展开成一个单层的“毯子”——即一层由单个分子水平连接而成的膜，这层膜没有一个分子垂直堆积在另一个分子上。如果读者有足够的耐心和细心自己完成这个实验，可以用这种简单的方法测量油分子的大小。

取一个浅而长的容器（图 43），把它放在桌子或地板上，保持绝对水平。将容器灌满水，然后在水面上横着放一根金属丝。如果你现在把一小滴纯油滴在金属丝的一侧，油就会扩散开铺满整个水面。如果沿着容器的边缘移动金属丝，远离油膜，油层会随着金属丝扩散，变得越来越薄，其厚度最终必定等于单个油分子的直径。在达到这种厚度后，金属丝的任何进一步运动都将导致连续的油膜表面破裂，露出底下的水层。现在已知滴在水上的油量，以及它在不破裂的情况下能扩散的最大面积，就能计算出一个分子的直径。

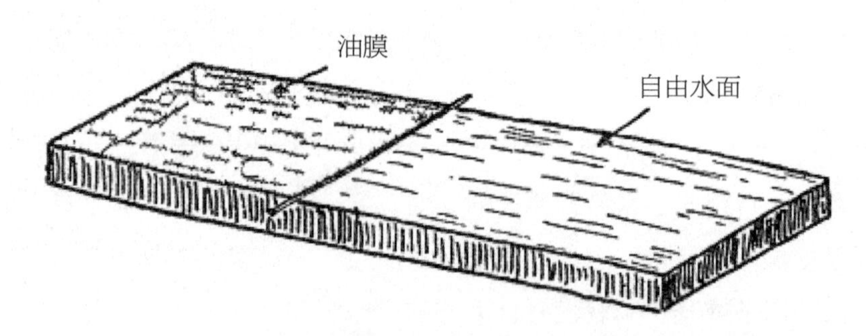

图 43　当拉伸得太大时，水面上的薄油层会破裂

在进行这个实验时，你可能会观察到另一个有趣的现象。当你在水面上滴一些油时，你会看到油表面熟悉的彩虹色。这种景象在船只往返的港口很常见。众所周知，这是由于从油层上下边界反射光干涉的结果，而不同地方的颜色差异，是因为从放置油滴的地点开始扩散的油层在不同的地点产生的厚度不同。如果你多等一段时间，直到这层油变得均匀，整个油面将获得均匀的颜色。随着油层变薄，随着波长的减小，颜色会逐渐由红变黄，由黄变绿，由绿变蓝，由蓝变紫。如果油层表面再继续扩展下去，颜色将完全消失。这并不是因为油层不存在了，而是它的厚度已经小于最短的可见波长，而且颜色也超出了我们的视力可观察的范围。但是你仍然可以分辨出油层表面和清澈的水面，因为薄油层上下边界反射的两束光还是会发生干涉最终导致总强度降低。哪怕颜色消失，油表面会在反射光中显得更“暗淡”，也看起来比水面暗一点。

在做这个实验时，你会发现 1 立方毫米的油可以覆盖大约 1 平方米的水面，但是超过这个面积油膜就会裂开。[1]

3. 分子束

对通过一个小孔喷进来的气体和蒸气进行研究后，我们找到了另一个

[1] 那么，油层在破裂前有多薄？计算步骤如下：把含有 1 立方毫米油的液滴设想为一个立方体，其每侧面为 1 平方毫米。为了将我们原来的 1 立方毫米的石油延伸到 1 平方米的面积上，与水面接触的 1 平方毫米的石油立方体表面必须增加 1000^2 倍（从 1 平方毫米增加到 1 平方米）。因此，原始立方体的垂直尺寸必须减小到原来的 $1/1000^2$，以保持总体积不变。这就给出了油层的极限厚度，所以对于油分子的实际直径，约为 $0.1\text{cm}\times10^{-6}=10^{-7}\text{cm}$。由于一个油分子由多个原子组成，原子的尺寸还要小一些。

揭示物质分子结构的方法。

假设我们有一个大的真空玻璃灯泡（图 44），中间放着一个小电炉，小电炉由一个黏土圆筒组成，圆筒壁上有一个小孔，圆筒周围有一根电阻丝来提供热量。如果我们在小电炉里放一块低熔点的金属，比如钠或钾，它产生的蒸气就会充满圆筒内部，再通过筒壁上的小孔泄漏到周围的空间。这些空气与玻璃灯泡的冷壁接触后，会附着在上面，在壁的各个部位形成一层薄镜面状沉积物，清楚地向我们展示金属蒸气从炉中逸出后的运动方式。

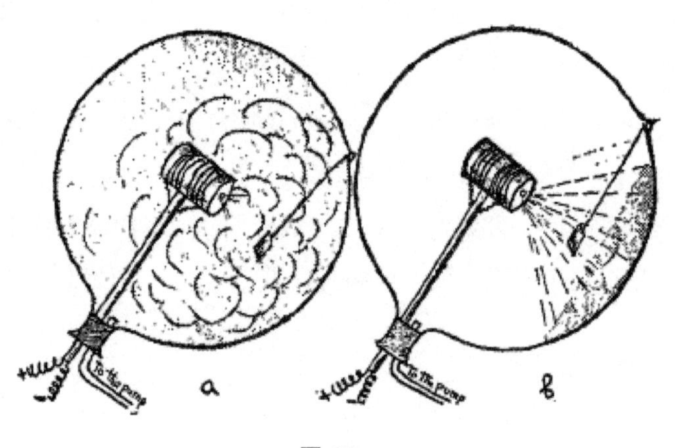

图 44

此外，我们还看到，在不同的炉温下，玻璃壁上的薄膜分布会有所不同。电炉子温度越高，炉内的金属蒸气密度就越高，我们观察到的就像茶壶或蒸汽机“冒烟”一样。逸出的蒸气向各个方向扩散（图 44a），填满整个灯泡，并在球壁上形成均匀的薄膜。

然而，当炉内温度较低，蒸气密度较低时，是另一番景象。通过小孔逸出的金属蒸气并没有向四面八方扩散，而是沿着一条直线移动，大部分薄膜落在面向熔炉开口的玻璃壁上。如果在小孔前放置一个挡板，这种现象将会更加明显（图 44b）。在物体后面的墙壁上不会形成沉积物，最后会形成一块和挡板几何形状一致的透明性。

如果人们记得，蒸气是由大量的分子组成的，它们在空间中向四面八方运动，互相冲撞而形成的。那么金属蒸气在高密度和低密度这两种不同情况下的表现差异很大。当金属蒸气的密度很高时，通过开口喷出，仿佛一群疯狂的人们逃离烈火燃烧的剧院，走出门后，人们在街上四处逃散，互相碰撞。而当金属蒸气密度较低时，就好像每次只有一个人走出大门，不受干扰地一直前行。

通过炉子开口的低密度蒸气物质流被称为“分子束”，它由一起穿过空间的大量单独的分子形成。这种分子束在研究分子的特性方面非常有用。例如，人们可以用它来测量热运动的速度。

研究这种分子束速度的装置最初是由奥托・施特恩（Otto Sten）制造的，实际上与斐索测量光速的装置相同（图 31）。它由两个装在同一根轴上的齿轮组成，只有在特定旋转角度与速度下，分子束才能正好通过（图 45）。通过隔板截获细分子束，施特恩证明了分子运动的速度通常非常高（200℃时钠原子的速度为每秒 1.5 千米），并且随着气体温度的升高而增加。这为热运动理论提供了直接的证明，根据这一理论，物体的热量增加仅仅是其分子不规则热运动的加剧。

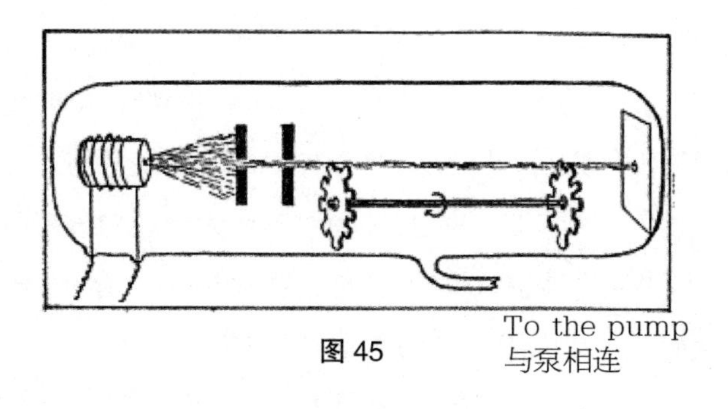

图 45

4.
原子摄影

尽管上面的例子几乎都证实了原子假说的正确性，但我们更倾向于“眼见为实”！因此，原子和分子存在的最有说服力的证据就是让人类亲眼看到它。直到最近英国物理学家 W.L. 布拉格（W.L.Bragg）完成这一实验，他拍摄了几种晶体内独立原子和分子的照片。

然而，千万不要认为拍摄原子照片是一项容易的工作，因为在拍摄如此微小的物体时，必须考虑到这样一个事实：除非照明光的波长小于要拍摄的物体大小，否则照片将毫无疑问地变得模糊，就如不能用粉刷房屋的刷子来画细致的工笔画！从事微小微生物研究的生物学家非常了解这一困难，因为细菌的大小（大约 0.0001 厘米）与可见光的波长相当。为了提高图像的清晰度，他们用紫外线拍摄细菌的显微照片，从而获得比其他方法更好的结果。但是分子的大小和它们在晶体中的距离是如此之小（0.00000001 厘米），无论是可见光还是紫外线都达不到要求。为了看清单个分子，我们使用波长是可见光千分之一的射线，换句话说，我们必须使用 X 射线。

但在这里，我们遇到了一个貌似无法克服的困难：X 射线几乎不经过折射就可以穿过任何物质，因此，当与 X 射线一起使用时，透镜和显微镜都不能发挥作用。这种特性，加上 X 射线的巨大穿透力，在医学上当然是非常有用的，因为光线通过人体时的折射会使所有的 X 射线照片完全模糊。但同样的特性扼杀了我们用 X 射线放大照片的可能性！

乍一看，似乎没有任何希望，但 W.L. 布拉格找到了一个非常巧妙的方法来摆脱困难。他在阿贝（Abbé）的显微镜理论基础上探寻，根据该理论，任何显微镜图像都可以被视为大量独立图案的重叠，每个图案都由平行的暗纹表示，这些暗纹以一定的角度穿过视场。在图 46 中可以看到一个简单的例子，说明了如何通过重叠四个独立的条纹图案来获得暗视场中间的发光椭圆区域的图像。

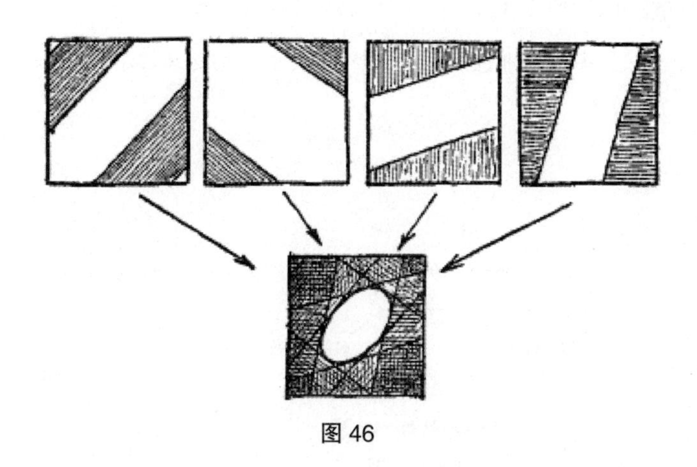

图 46

根据阿贝的理论，显微镜的功能在于：（1）将原始图像分解成大量单独的带纹图案；（2）放大每个单独的图案；（3）再次重叠图案以获得放大的图像。

该方法类似用若干单色板印刷彩色图片，从每一个单独的彩色图案中，你无法分辨出图片实际代表的是什么，但只要将它们以适当的方式重叠，整个图片就会显得清晰。

建造一个能完成上述所有操作的 X 射线镜头是不可能的，我们得一步一步地进行：先从不同的角度拍摄晶体的大量 X 射线条纹图案，然后以正确的方式将它们重叠在一张相纸上。这就与 X 射线镜头放大功能完全一样，只不过镜头拍摄瞬间便能完成，而我们现在却需要一位熟练的实验员忙活好多个小时。这就是为什么布拉格的方法只能拍摄固定的晶体图片，而不能拍摄液体或气体中的分子图片。因为在晶体中，分子停留在原地而在气体或液体中，它们狂奔乱舞。

虽然用布拉格的方法拍摄的照片不是按下快门就完成，但这些照片不比任何合成图片差。这就如同拍摄大教堂的照片，如果出于技术原因，人们不能在一张底片上拍摄整个建筑，那么应该没有人会反对用几张独立的照片组成的大教堂的照片吧！！

在图板Ⅰ（P282）中，我们看到了六甲基苯分子的X射线照片，化学家写下了它的分子式：

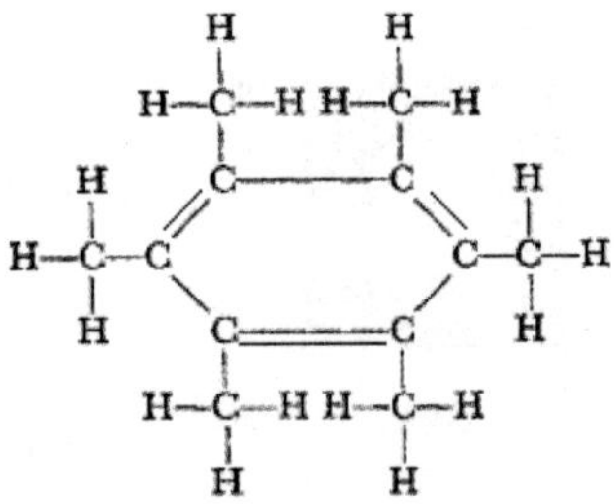

由六个碳原子和另外六个碳原子连接而成的环在图片中清晰可见，而较轻的氢原子的印记几乎看不见。

甚至最多疑的人，在亲眼看过这些照片之后，也会同意分子和原子的存在已经得到了证实。

5.
解剖原子

德谟克利特用希腊语中“不可分割”一词给原子起名的时候，就表示这些粒子代表了物质能分割的最小单元；换句话说，原子是构成所有物质的最小和最简单的结构。几千年后，古老的“原子”的哲学概念得到了科学的支持，基于广泛经验证据的基础上，原子不可分割的信念也随之产生，各种元素原子的性质不同是因为它们具有不同的几何形状。举例来说，氢原子被认为近似球形的，而钠和钾原子则被认为长椭圆形的。

另一方面，氧原子的形状看起来像个甜甜圈，中间有个几乎封闭的洞，将两个球形氢原子放入氧原子的洞中而形成水分子（H_2O）（图 47）。水分子中钠或钾取代氢的原因是，钠和钾的细长原子比氢的球形原子更适合放入氧原子像甜甜圈的洞中。

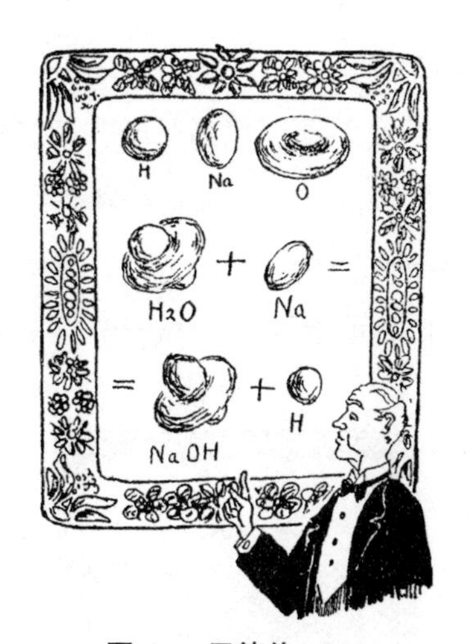

图 47　里德伯 1885

根据这些观点，不同元素发射光谱的差异归因于不同形状原子不同的振动频率。因此，物理学家试图从发光频率推出不同原子的形状，正如我们在声学中解释小提琴、教堂钟声和萨克斯管具有不同的音色一样。

然而，根据不同原子的几何形状来解释其化学和物理性质的尝试都没有取得任何重大进展，当人们认识到原子不是各种几何形状的简单基本体，而是具有大量独立运动部件的、相当复杂的机构时，我们才迈出了理解原子特性的第一步。

在解剖原子精巧身体的复杂操作中，首先完成这一壮举的是英国著名物理学家汤姆森（J. J. Thomson）。他证明各种化学元素的原子均由带正、负电荷的两部分组成，在电磁力的作用下结合在一起。汤姆森认为原子是一团均匀分布的正电荷，内部漂浮着大量带负电荷的粒子（图 48）。负电粒子（电子）所带的总电荷等于总的正电荷，因此原子整体上是呈现中性的。然而，由于电子松散地贴缚在原子上，其中一个或几个电子散落，留下一个带正电荷的残留原子，即正离子。另一方面，原子有时会从外部获得几个额外的电子，使它带有过量的负电荷，被称为负离子。向原子传递过量正电荷或负电荷的过程称为电离过程。汤姆森基于法拉第（Michael Faraday）的经典著作提出了这一观点，他证明了每当原子携带电荷时，它总是一定数量电荷的倍数，数值上等于 5.77×10^{-10} 静电单位。但是汤姆森比法拉第迈进了一大步，他找到了从原子中提取电子的方法，并研究空间中高速飞行的自由电子束，从而奠定了将电荷归因于单个粒子的理论。

图 48　J.J. 汤姆森，1904

汤姆森对自由电子束研究的一个特别重大的成就是估测电子的质量（图49）。他由强电场从诸如热电线之类的材料中提取出来一束电子，并让这些电子穿过带电电容器的两个极板之间的空间。因为这束电子带负电荷，或者更准确地说，是自由的负电荷，电子束中的电子会被正电极吸引，被负电极排斥。

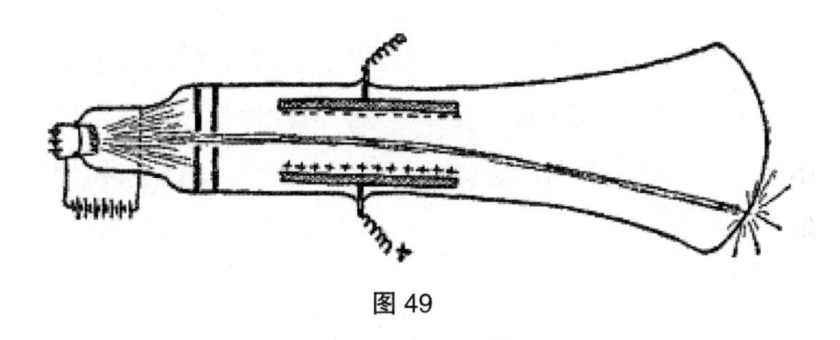

图 49

通过让电子束落在电容器后面的荧光屏上，可以很容易地观察到电子束的偏转。知道一个电子的电荷和它在特定电场中的偏转，就有可能估算出它的质量。汤姆森发现一个电子的质量的确非常小——是氢原子的质量的 1/1840 倍。这也就证明了原子的质量主要集中在带正电荷的部分。

汤姆森关于负电子群在原子内部运动的观点非常正确，然而他认为原子整体上均匀分布着正电荷，这与事实相去甚远。卢瑟福在 1911 年证明，原子的正电荷及绝大部分质量集中在非常靠近中心的一个极小的“核”内。该结论出自他所谓的“α 粒子”穿过物体时发生散射的著名实验。α 粒子是某些不稳定元素（如铀、镭）的原子自发衰变而放射出的微小高速粒子，经检验，α 粒子的质量与原子的质量相近且带有正电荷，因此它们只可能是原来原子中带正电荷部分的碎片。当 α 粒子穿过某种靶物质的原子时，它会受到来自原子中电子的吸引力和来自带正电荷部分的排斥力的共同作用。但是，由于电子很轻，不足以影响入射 α 粒子的运动，就如同一群蚊子难以阻止一只因受惊奔跑的大象。另一方面，原子中大而重的带正电荷部分与入射 α 粒子的正电荷之间的排斥力，必将能够使后者偏离其原来的轨迹并向各个方向散射，只要它们通过时彼此足够靠近即可。

在研究穿过细铝丝的 α 粒子的散射后，卢瑟福得出一个惊人的结论：为了解释所观察到的结果，必须假设入射的 α 粒子与原子的正电荷之间的距离不到原子直径的千分之一。当然，只有当“入射的 α 粒子和原子带正电荷的部分只有原子的千分之一”时，这才有可能。因此，卢瑟福的发现推翻了汤姆森“正电荷均匀分布”的原子模型，他认为原子中心是一个微小的原子核，周围包围着大量负电子，因此原子不再像西瓜一样（电子作为西瓜籽），原子的图片更像一个微型太阳系，其原子核为太阳，电子为行星（图 50）。

图 50　卢瑟福，1911

原子和太阳系中行星系统不仅相似还有很多共同之处：原子核占原子总质量的 99.97%，而太阳系中 99.87% 的质量集中在太阳上，并且类似行星的电子之间的距离是电子直径的几千倍，和行星间距离与行星直径之比相仿。

然而，更重要的相似之处在于，原子核与电子之间的电磁力与距离的平方成反比，太阳和行星之间的引力也是如此[1]。电磁力使电子围绕原子核沿圆形或椭圆形轨道运动，类似于太阳系中行星和彗星遵循的轨道。

根据前述关于原子内部结构的观点，不同化学元素的原子之间存在差异

[1] 即力与两个物体之间的距离的平方成反比。

是因为绕原子核旋转的电子数量不同。既然原子总体上是呈中性的，因此围绕原子核旋转的电子数量，等于原子核本身携带的正电荷数，而该数目又可以直接从观察到 α 粒子受原子核电荷干扰偏离轨迹形成的散射估算出来。卢瑟福发现，在按质量递增顺序排列的化学元素，每种元素的原子所含电子数都比前一种递增一个。因此氢原子有 1 个电子，氦原子有 2 个电子，锂有 3 个，铍有 4 个，等等，直到最重的自然元素铀，总共有 92 个电子。[1]

原子的这种序列排位通常被称为该元素的原子序数，这个序数与化学家根据元素的化学特性对元素进行排列的位置序号重合。

因此，任何给定元素的所有物理和化学性质都可以简单地通过围绕中央核旋转的电子数量描述。

19 世纪末，俄罗斯化学家门捷列夫（D. Mendeleev）注意到，自然序列中的元素的化学性质具有明显的周期性。他发现这些元素的化学属性在间隔一定数量的化学元素后便开始重复。图 51 用图形表示了这种周期性，其中所有当前已知元素的符号沿圆柱体表面的螺旋带排列，使得具有相似特性的元素位于同一列上。我们发现第一组仅包含两种元素：氢和氦；后面的两组都包含 8 种元素；最后，每隔 18 种元素，属性重复一次。如果大家记得沿着元素序列每种元素的原子都比前一种多一个电子，那么我们无法规避的结论：元素明显的化学性质周期性，是因为原子中某种稳定的电子结构，或“电子壳层”。第一个壳层由 2 个电子组成，接下来的两个壳层分别为 8 个电子，随后的所有壳层都为 18 个电子。从图 51 中我们发现，元素的自然序列在第六和第七周期后，元素严格的属性周期性被打乱，必须将两组元素（稀土元素和锕系元素）放置在突出位置。这种异常是由于在这里出现了电子壳层结构的某种内部重构，进而影响了相应原子的化学性质。

---

[1] 现在我们已经学会了炼金术（见下文），可以人工制造更复杂的原子。因此，用于原子弹的人造元素钚（Pu）有 94 个电子。

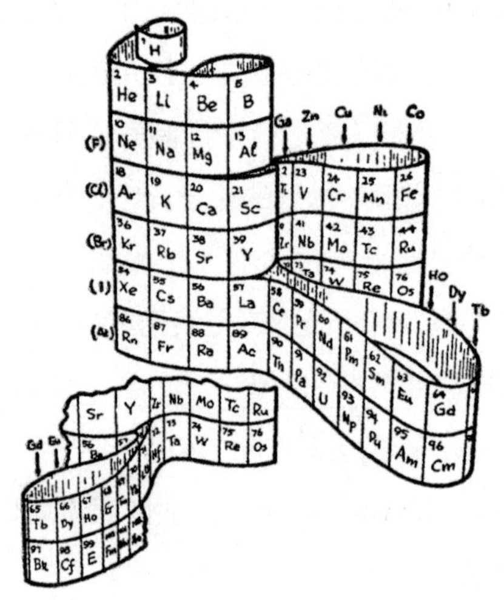

图 51 前视图

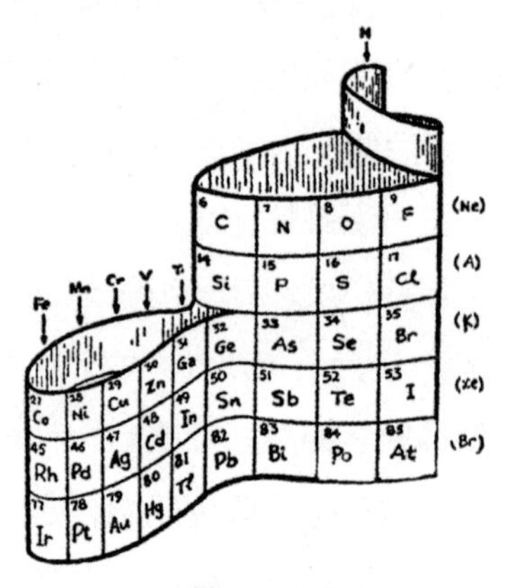

图 51 后视图

现在，有了原子的图片，我们可以尝试回答这样一问题：是什么力量将不同元素的原子结合，形成无数化合物的复杂分子？例如，为什么钠和氯原子会结合在一起形成食盐分子？图 52 展示了这两种原子的壳层结构，可以看出，氯原子第三层少了一个电子，而钠原子在完成第二个壳层之后还多出一个电子。来自钠原子的多余电子进入氯原子中，以填满空缺的壳层。失去一个电子的钠原子带正电荷，而得到一个电子的氯原子带负电荷。

在电磁力的作用下，两个带电原子（或称为“离子”）会紧紧结合在一起，形成一个氯化钠分子，或者通常说的食盐。同样，缺少两个电子的氧原子，会从两个氢原子处各“绑架”一个电子，形成一个水分子（H_2O）。另一方面，氧和氯原子之间，氢和钠原子之间没有结合的趋势，因为在第一种情况下，两者都愿拿不愿给；而在第二种情况下，都两者都是愿给不愿拿。

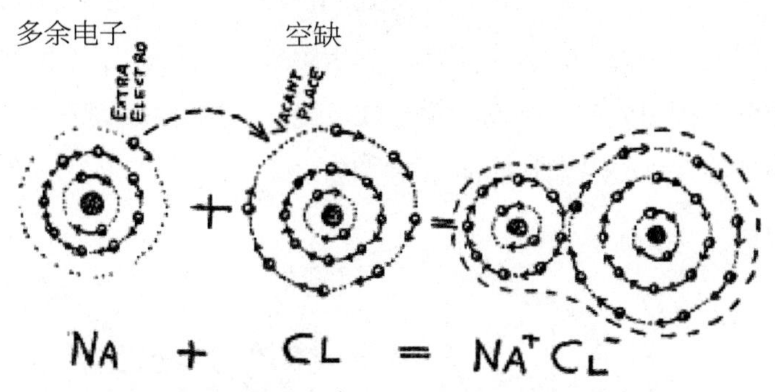

图 52 表示氯化钠分子中钠和氯原子结合的示意图

具有完整电子壳层的原子（例如氦、氩、氖和氙）是完全自给自足的，不需要提供或接受额外的电子；他们更喜欢光荣地保持孤独，使相应的元素（所谓的“稀有气体”）表现出化学惰性。

在结束关于原子及电子壳层这一节之前，我们再提一下原子所带电子在金属物质中所起的重要作用。金属物质与所有其他物质的不同之处在于，它们原子的外壳很松散，经常会有一个电子挣脱，成为自由电子。因此，金属内部充满了大量松散的自由电子，就像一群流离失所的人一样漫无目的地游荡。当金属线通电时，这些自由电子沿力的方向涌动，从而形成了我们所说的电流。

金属具有优异的热传导性，是因为自由电子的存在。我们将在下面章节中回头探讨这个主题。

6.
微观力学与不确定性原理

正如我们在上一节中所了解的那样，原子的电子系统与行星系统非常相似，都是围绕中心核旋转，因此我们自然会认为，电子的运动也应该遵循行星围绕太阳运动的天文定律。由于电磁定律和引力定律之间十分相似——电磁力和引力都与距离的平方成反比——这意味着原子内部的电子必须以原子核为焦点沿椭圆轨道运动（图 53a）。

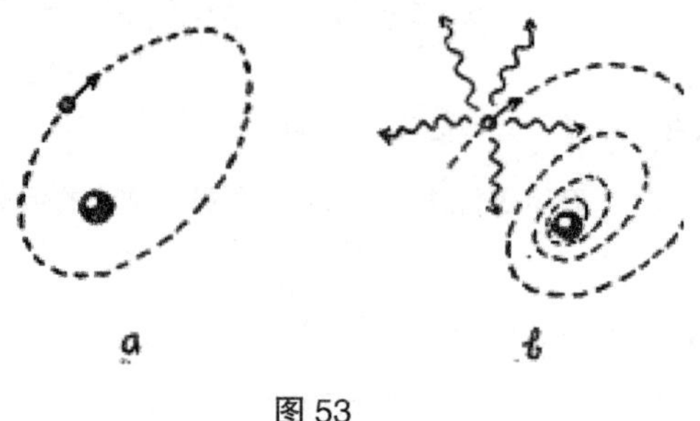

图 53

然而，直到最近，借助行星系统的运动模式来描述原子内部的电子运动的尝试，结果始料未及——一败涂地，以至于人们在很长一段时间内怀疑，要么是物理学家疯了，要么是物理学本身出了问题。问题的根源在于，与太阳系的行星不同，原子内部的电子是带电的，正如任何振动或旋转的电荷一样，它们围绕原子核的圆周运动必然会产生强烈的电磁辐射。由于辐射会带走能量，可以合理地推测，原子内部的电子沿着螺旋轨道不断接近原子核（图 53b），当动能完全耗尽时落在原子核上。要推算这个过程所消耗的时间，根据已知的电荷和原子内部电子的旋转频率来计算，电子失去全部能量和下落所需的时间不应超过 1% 微秒，这是一件相当简单的事情。

因此，根据物理学知识，如果原子内部结构和行星相同，那么它存在不应该能够超过一秒，并且一旦它们形成就注定会立即崩溃。

然而，尽管我们从物理理论做出了这些悲观的预测，但实验表明原子系统非常稳定，原子内部的电子继续快乐地围绕着它们的中心核旋转，没有任何能量损失，也没有任何崩溃的倾向！

怎么可能！为什么应用古老而完善的力学定律，会得出与观察到的事实如此矛盾的结论呢?

要回答这个问题，我们必须回顾科学最基本的问题——科学的本质是什么。什么是“科学”，什么是对自然事实的“科学解释”？

举一个简单的例子，比如，古希腊人相信地球是平坦的。谁也不会为这种信念而责备他们，因为如果你走进一片旷野，或者在水上划船，你将亲眼目睹这是真的。除了偶有丘陵和山脉，地球的表面看起来确实平坦。古人的错误不是“地球从一个给定的观察点看是平的”，而是在这一陈述的推论上超出了实际观察的范围。而且，实际上，远远超出了常规范围的观测结果，例如对月食期间月球上地球阴影形状的研究，或麦哲伦环游世界的著名旅程，立即证明了这种推断是错误的。现在我们说地球看起来是平坦的，只是因为我们只能看到地球总面积很小的一部分。类似的例子在第 5 章讨论过，尽管从有限的观察角度来看，宇宙的空间看起来是平坦无限的，但实际上宇宙的空间可能是弯曲且尺寸有限的。

但这套理论与我们在研究的原子内部的电子运动的矛盾又有什么关系呢？答案是，在这些研究中，我们默默地假设原子运动力学与天体运动力学以及日常生活中“正常大小”的物体运动规律完全相同，因此可以用同样的术语来描述它们。事实上，我们所熟悉的力学定律和概念，都是凭借经验建立起来的，适用于尺寸与人类相当的物体。后来，同样的定律被用来解释更大的天体（例如行星和恒星）的运动。天体力学的成功使我们能够以最精确的方式计算出前后几百万年的各种天文现象。看来，这种论断无疑是正确可靠的。

尽管同样的力学定律，能解释巨大天体的运动，以及炮弹、钟摆和玩具陀螺的运动，也一定适用于电子的运动吗？这些电子的质量和大小只及我们手上最小的机械装置的亿万分之一呢！

当然，没有理由预先假定，普通力学的定律一定不能解释原子的微小部件的运动；但是从另一方面说，如果这种失败真的发生了，人们也不应该太惊讶。

既然天文学定律和电子的实际运动产生了矛盾，所以我们首先必须考虑，运用经典力学的概念和定律来解释如此微小的粒子时，要适当地做一些变通。

经典力学的基本概念由粒子所描述的运动轨迹，以及粒子沿其轨迹运动的速度组成。运动的物质粒子在空间中的某一时刻占据一定的位置，将该粒子的连续位置串成一条称为轨迹的连续的线，这就是它的运动轨迹，这句话的意思不言而喻，它也是描述物体运动的基础。已知物体在不同时刻的两个位置之间的距离，再除以相应的时间间隔，就得到了物体的运动速度，经典力学的两个概念位置和速度，是力学的根基。直到最近，科学家们可能都从未想到，描述运动现象的最基本概念可能存在瑕疵，哲学家通常认为它们是“先验的”。

然而，试图用经典力学定律描述微小原子系统内的运动而导致的彻底失败表明，在这种情况下，一定是哪里出错了，导致人们越来越怀疑，这种“错误”存在于经典力学最基本的理论中。对于原子内部微小的部件，运动的物体连续轨迹和任意给定时刻的速度，这些基本概念过于粗糙。简而言之，将我们熟悉的经典力学的思想推广到极小质量物体的运动中，这种失败最终证明了要完成任务，我们必须以一种相当激进的方式改变这些固有思想。但是，如果经典力学的旧概念不适用于原子世界，它们也不能适用于更大的物体的运动。因此，我们得出的结论是：经典力学的基本原理是无限接近真理的，一旦我们尝试将它们应用到更精密的系统中时，就会遭遇严重失败。

科学家通过研究原子系统的力学特性和所谓的量子力学，为科学引入了新的元素，包括发现两个不同的物体之间任何相互作用都有一定的下限，这个发现颠覆了物体运动轨迹的经典定义。事实上，证实物体拥有精确轨迹这样的事，意味着用物理装置来记录这个轨迹。然而，不可避免的是，在记录任何运动物体的轨迹时，我们必然会干扰原始运动；事实上，如果我们的运动物体在记录其在空间连续位置的测量装置上做了一些动作，根据牛顿作用力与反作用力相等定律，该装置对它产生反作用力。如果像经典物理学中假设的那样，两个物体之间的相互作用（在这种情况下，是运动物体和记录其位置的仪器之间的相互作用）可以根据需要变小，则我们可以想象一个理想的仪器是如此灵敏，以至于它能记录运动物体的连续位置，而几乎没有干扰它的运动。

物理相互作用下限的存在彻底改变了这种情况，因为我们再不能将由记录引起的运动扰动减少到任意小的值。所以，由观测引起的运动干扰成为运动本身不可分割的一部分，我们不是谈论代表轨迹的无限细的数学线，而是被迫用有限厚度的扩散带来代替它。在新力学的眼中，经典物理学中数学上清晰的轨迹变成了宽阔的扩散带。

然而，物理相互作用最小的量，即通常所知的“作用量子”（quantum of action），是一个非常小的数值，只有当我们研究非常小的物体的运动时，才变得非常重要。因此，举例来说，虽然手枪子弹的运动轨道不是数学上的清晰线条，但这种运动轨道的“厚度”比形成子弹的材料的单个原子的尺寸小很多，因此可以假定实际上为零。然而，当我们换成较轻的物体，这些物体更容易受到测量时产生的干扰的影响，我们发现运动轨道的

“厚度”变得越来越重要。在原子内部的电子围绕中心核旋转的情况下，轨道的厚度与电子的直径相当，因此，与其像图 53 那样用一条线来表示它们的运动，不如用图 54 所示的方式来将其可视化。在这种情况下，粒子的运动不能用经典力学中熟悉的术语来描述，其位置和速度都具有一定的不确定性（海森堡[Werner Heisenberg]的不确定性原理和玻尔[Niels Bohr] 的互补性原理）。[1]

图 54　原子内部电子运动的微观力学图像

新物理学的这一惊人发展，把诸如运动轨道、运动粒子的精确位置和速度等熟悉的概念抛到了废纸篓里，似乎让我们陷入了困境。如果不允许我们在研究原子电子时使用这些以前被接受的基本原理，我们凭什么来理解它们的运动？为了解决量子物理事实所要求的位置、速度、能量等不确定性，经典力学方法必须用什么数学形式来代替？

通过借鉴经典光理论领域中的经验，我们可以找到这些问题的答案。我们知道，在日常生活中观察到的大多数光现象，都可以根据光沿着称为光线的直线传播的假设来解释。根据控制光线反射和折射的基本定律（图 55a、h、c），可以解释非透明物体投射阴影的形状、平面镜和曲面镜中

[1] 关于不确定性原理更详细的讨论详见作者的《物理世界奇遇记》。

图像的形成、透镜和各种更复杂光学系统的运作原理。

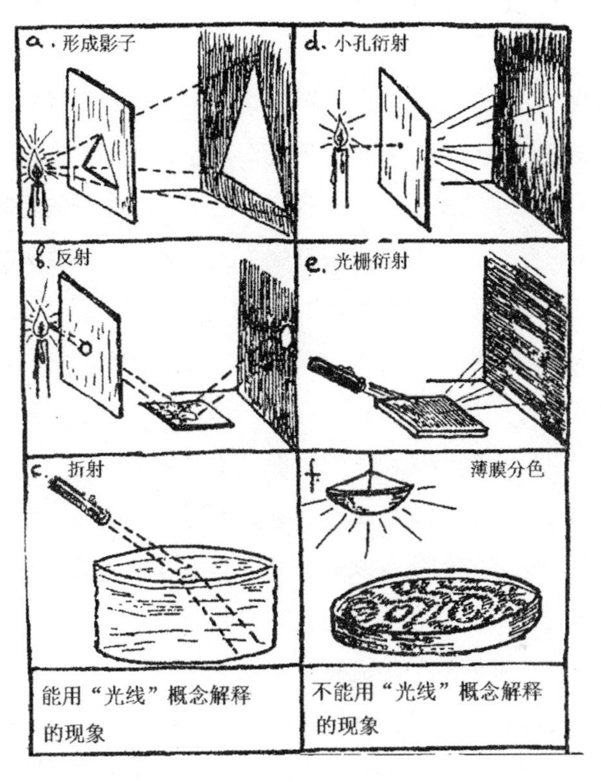

图 55

但我们也知道，在光学系统中的小孔与光的波长相当的情况下，将光当作线来研究光传播的几何光学方法完全失效了。在这些情况下发生的现象称为衍射现象，完全不属于几何光学的范畴。因此，穿过非常小的孔（0.0001 cm 量级）的光束不能沿直线传播，而是以扇形散射（图 55d）。当光束落在表面刻有大量平行细线的镜子上时（“衍射光栅”），它不遵循我们熟悉的反射定律，而是被投向许多不同的方向，具体取决于细线之间的距离和入射光波长（图 55e）。人们还知道，从水面上薄薄的油层反射的光，会产生一种特殊的明暗条纹系统（图 55f）。

在所有这些情况下，熟悉的“光线”的概念无法解释我们观察到的现象，因此，我们必须认识到：光能在光学系统所占据的整个空间中均匀分布。

很容易看出，光的概念不能解释光学衍射现象，与经典力学中精确的机械轨道概念无法解释量子力学现象相似。正如我们不能在光学中将光视作线一样，根据力学的量子原理，我们不能说运动粒子的轨道无限细。在这两种情况下，我们要放弃通过说某物（光或粒子）沿着某些数学线（光线或机械轨迹）传播来描述这些现象，而通过“某物”来呈现观察到的现象，而“某物”则在整个空间中连续分布。对于光，这个“某物”是不同点处光振动的强度；对于力学，这个“某物”是新引入的位置不确定性的概念，在任何给定时刻能找到运动粒子的概率，不是在预定的点，而是在几个可能的位置中的任何一个。在给定的时刻，不可能再精确地说明运动粒子的位置，尽管这种陈述的极限可以通过关于“不确定关系”的公式来计算。波动光学定律与光的衍射有关，而新的“微观力学”或“波动力学”（由德布罗意和薛定谔发展的）与机械粒子运动有关，通过这两类现象的相似性实验，可以明显看出两组现象之间存在的关系。

在图 56 中，我们展示了施特恩（O.Stern）在原子衍射研究中使用的实验装置。由本章前面描述的方法产生的钠原子束从晶体表面反射。在这个实验中，形成晶格的规则原子层充当粒子入射光束的衍射光栅。实验者将从晶体表面反射的入射钠原子收集到一系列不同角度放置的小瓶子中，并仔细测量每个瓶子中收集的原子数量。结果如图 56，瓶中阴影代表收集到的原子，我们看到钠原子不是在一个确定的方向上反射（就像从一个小玩具枪射到一个金属板上的弹珠一样），而是分布在一个确定的角度内，形成一个与普通 X 射线衍射观察到的非常相似的图案。

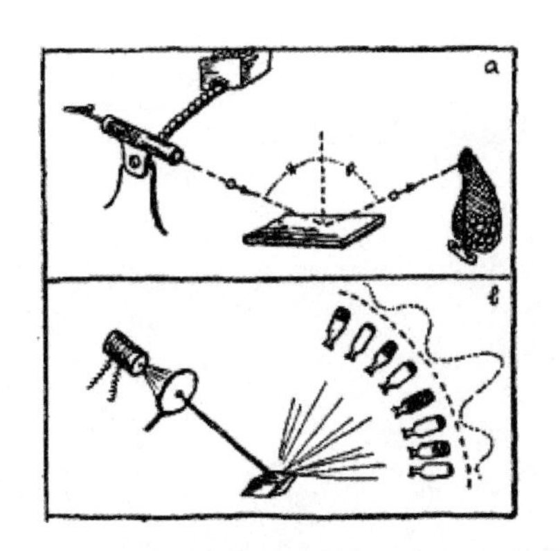

图 56　（a）可通过轨道（轴承滚珠从金属板上反射）的概念来解释的现象。（b）轨迹概念无法解释的现象（钠原子从晶体表面的反射）。

这类实验不可能用经典力学去解释，因为经典力学认为独立原子沿确定轨道运动。但从新的微观力学的观点来看，就如同用现代光学解释光波传播的方式解释粒子运动，从这个视角看，这类实验就完全可以理解了。

第七章
现代炼金术

1.
基本粒子

了解到各种化学元素的原子是有大量电子围绕中心核旋转形成的相当复杂的力学系统。我们难免要问这些原子核就是物质的最终不可分割的结构单元吗？它们是否可以细分为更小、更简单的部分。92 种不同的原子能否拆分成几种简单的粒子呢？

早在上世纪中叶，这种对简单性的渴望，驱使英国化学家威廉·普劳特（William Prout）提出了一个假设，根据这个假设，所有化学元素的原子都有一个共同的性质，只代表氢原子的整数倍。普劳特的假设是基于这样一个事实：在大多数情况下，各种元素的质量都很接近氢的原子的整数倍。因此，根据普劳特的说法，比氢重 16 倍的氧原子被认为是由 16 个氢原子黏在一起组成的。原子量为 127 的碘原子一定是由 127 个氢原子聚合而成，等等。

然而，当时的化学发现不是这一大胆假设能解释的。对原子量的精确测量表明，大多数原子的质量不是氢原子的整数倍，反而大多数情况下只能用非常接近整数的数字来表示，甚至有一小部分元素的原子量与整数相去甚远。（例如，氯的化学原子量为 35.5。）这些事实与普罗特的假设格格不入，所以人们不相信他的理论，直到普罗特死了，他都不知道他事实上有多接近真相。

直到 1919 年，他的假设才通过英国物理学家阿斯顿（F.W.Aston）的发现再次得到证实。阿斯顿指出普通氯是两种不同的氯的混合物，具有相同的化学性质，但具有不同的整数原子量：35 和 37，化学家得到的非整数 35.5 仅代表混合物的平均值。[1]

对各种化学元素的进一步研究揭示了一个惊人的事实，即大多数元素是由几个化学性质相同，但原子量不同的成分组成的混合物。它们被命名为同位素，即在元素周期系统中占据相同位置的物质[2]。不同同位素的质量总是氢原子质量的倍数，这一事实给普劳特被遗忘的假设注入了新的活力。如前一节所述，由于原子的主要质量集中在原子核中，普劳特的假设应被重新表述为：不同种类的原子核由数量不等的基本氢原子核组成，根据它们在物质结构中所起的作用，被命名为“质子”。

然而，上述陈述中有一项需要的更正。例如氧原子的原子核。由于氧是自然序列中的第八种元素，它的原子必须含有 8 个电子，原子核必须带有 8 个正的基本电荷。但是氧原子比氢原子重 16 倍。因此，如果我们假设一个氧原子核是由 8 个质子形成的，我们得到的电荷是正确的，但质量是错误的（均为 8）；假设一个氧原子核是由 16 个质子形成的，那么我们得到的质量是正确的，但电荷是错误的（均为 16）。

很明显，解决这一难题的唯一办法，是假设一些形成复杂原子核的质子失去了正电荷，因此呈中性。

卢瑟福早在 1920 年就提出了这种无电荷质子（现在称为中子）的存在，直到 12 年后我们才找到它们。这里必须指出的是，质子和中子不应被视

[1] 由于较重的氯含量为 25%，较轻的氯含量为 75%，因此平均原子量为：$0.25\times37+0.75\times35=35.5$，这正是早期化学家所发现的。

[2] 源于希腊语“ιδος”，意为相同，“τόπος”代表位置。

为两种完全不同的粒子，它们更像同一基本粒子的两种不同的电状态，这种基本粒子现在被称为“核子”。事实上，已知质子失去正电荷可以变成中子，而中子可以通过获得正电荷而变成质子。

引入中子作为原子核的结构单位，解决了我们前面讨论的难题。为了理解氧原子的原子核有 16 个质量单位，但只有 8 个电荷单位，我们必须接受它是由 8 个质子和 8 个中子组成的。以此类推，碘原子核的原子量为 127，原子序数为 53，由 53 个质子和 74 个中子组成；而铀的重核（原子序数为 238，原子序数为 92）由 92 个质子和 146 个中子组成。[1]

因此，普劳特的大胆假设诞生大约一个世纪后，终于得到了人们的认可，这是当之无愧的，我们现在可以说，尽管已知物质不胜枚举，但它们都是由两种基本粒子的组合而来的：（1）核子，即物质的基本粒子，它可以是中性的，也可以携带正电荷；（2）电子，自由负电荷（图 57）。

图 57

下面是《物质烹饪全书》中的一些食谱，展示了在宇宙厨房里，每道

[1] 通过查看原子量表，你会注意到，在周期系统的开始，原子量等于原子序数的两倍，这意味着这些原子核含有等量的质子和中子。对于较重的元素，原子量增加得更快，表明中子比质子多。

菜是如何从一个装满核子和电子的储藏室里烹制出来的：

水。制备大量的氧原子，通过组合8个中性核子和8个带正电的核子，并用8个电子制成的包层环绕原子核的方式，来制备一个氧原子。再将1个电子附在1个带正电的核子上，来制备2倍多的氢原子。然后向每个氧原子中加入2个氢原子，最后将得到的水分子混合在一起，放入大玻璃杯中冷却饮用。

食盐。用12个中性核子与11个带电荷的核子组合在一起，然后在每个核子上附加11个电子，就制备好了钠原子。制备等量的氯原子，将18个或20个中性核子和17个带电核子（同位素）结合，在每个核子上附着17个电子，将钠和氯原子排列成三维棋盘状，我们就得到了规则的盐晶体。

TNT。将6个中性核子和6个带电核子组成原子核，再加入6个电子，制备出碳原子。再用7个中性、7个带电核子和7个电子组成氮原子。根据上面给出的方法制备氧和氢原子。将6个碳原子排成一个圆环，在环外排列第7个碳原子。将3个氧原子分别贴在环内的3个碳原子上，在每种情况下，都要在氧和碳之间放置1个氮原子。将3个氢原子贴到环外的碳上，再将1个氢原子放入环内的2个空位上。最后将制好的分子排列成规则的图案，形成大量的小晶体，并将所有这些晶体压在一起。你一定要小心，因为这个结构不稳定，爆炸性很强。

虽然，正如我们知道的。中子、质子和负电子是构成任何所需物质的基本单元，但这一基本粒子清单似乎仍然有些不完整。事实上，如果普通电子代表的是自由负电荷，为什么没有自由正电荷，也就是正电子呢？

而且，如果中子能够获得正电荷，从而变成质子，那么为什么它不能带负电荷，形成负质子呢？

自然界中确实存在正电子，除了电性相反之外，它们与普通负电子非常相似。尽管物理学家尚未检测出负质子，但是有存在的可能性。

正电子和负质子（如果有的话）在我们的物理世界中不如负电子和正质子那么丰富，原因在于这两组粒子可以说是相互对立的。大家都知道两个电荷一个正，一个负，放在一起就会相互抵消。因此，这两种电子代表正负自由电荷，它们就不能在同一空间区域共存。事实上，一个正电子遇到一个负电子，它们的电荷将立即相互抵消，并且两个电子将不再以单个粒子的形式存在。然而，两个电子相互湮灭的过程，导致了一种强烈电磁辐射的产生（γ 射线），这种射线从相遇点逸出，并携带着两个消失粒子的原始能量。根据物理学的基本定律，能量既不能产生也不能消灭，我们在这里看到的是，自由电荷的静电能转变成辐射波的电动能。由正负电子相遇而导致的现象被伯恩教授[1]描述为“狂野的婚姻”，而布朗（Brown）[2]教授则悲观地将两个电子描述为“共同自杀”。图 58a 是这种相遇的图示。

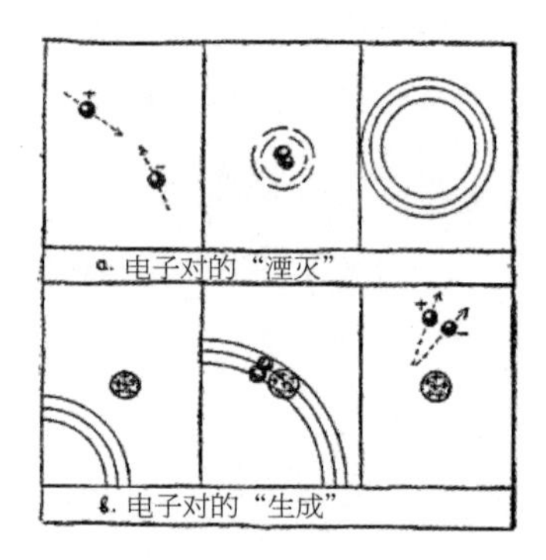

图 58　两个电子产生电磁波的“湮灭”过程，以及电磁波通过原子核附近的“创造”一对电子的示意图

两个带相反电荷的电子的“湮灭”过程有其对偶的逆过程——“正负电子对的产生”。在此过程中，由于强伽马射线，创造了一个正电子和一个负电子。我们说这是从无到有，因为实际上每一对这样的新生电子都是

[1]M. 伯恩，《原子物理学》（G. E. Stechert & Co., New York, 1935）。
[2]T.B. 布朗，《现代物理》（John Wiley & Sons, New York, 1940）。

以 γ 射线提供的能量为代价的。事实上，为了形成电子对，γ 射线释放的能量与湮灭过程中释放的能量完全相同。要形成这种正负电子对当 γ 射线通过原子核近旁时更容易发生[1]，如图 58b 所示。然而，我们不必过于惊讶。在实验中，一根硬橡胶棒和一块羊毛布在相互摩擦时会产生相反的电荷。有了足够的能量，我们可以产生任意多对正电子和负电子。不过，相互湮灭的过程很快就会使它们再次脱离流通，从而“全额”偿还最初消耗的能量。

关于电子对“大量产生”的一个非常有趣的例子是由“宇宙射线簇射”现象呈现的，来自星际空间的高能粒子穿过地球大气中产生了宇宙射线簇射。尽管这些来自宇宙空旷空间纵横交错的粒子流的起源，仍然是一个未解决之谜[2]，我们非常清楚电子以惊人的速度移动撞击大气上层时，会发生什么。在靠近形成大气的原子核时，初级高速电子逐渐失去其原始能量，该能量以 γ 射线的形式沿着轨道发射（图 59）。这种辐射导致了许多正负电子对的产生，新形成的正负电子沿着初级粒子的路径奔流。这些次级电子仍然具有很高的能量，会产生更多的 γ 射线，而 γ 射线又会产生更多的新电子对。在穿越大气层的过程中，这种连续的倍增过程被重复多次，这样初始电子到达海平面时，被一大群二次电子簇拥着，这些电子其中一半带正电，另一半带负电。不言而喻，当高速电子通过大质量物体时，也会产生这样的宇宙射线簇射，由于密度更高，在那里，分支过程以更高的频率发生（见图板 IIA）。

---

[1] 虽然原则上电子对的形成可以在空旷的地方进行，但原子核周围的电场有助于电子对的形成。

[2] 这些高能粒子以高达 99.9999999999999% 的光速移动，对其的起源的最普通，但也可能是最合理的解释是，假设它们被非常高的电势加速，这些电势大概存在于漂浮在宇宙空间的巨大气体和尘埃云团（星云）之间。事实上，人们可以预期，这样的星际云团以类似于我们大气中普通雷暴云的方式积累电荷，由此产生的电位差远远高于那些造成雷暴期间云团间雷击现象的电位差。

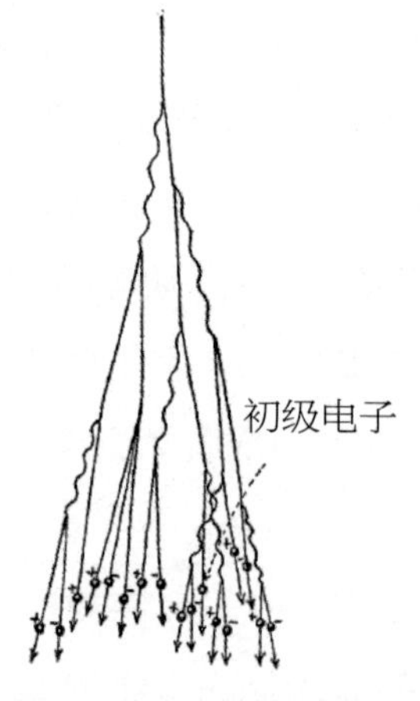

图 59　宇宙射线簇射的起源

现在我们把注意力转移到可能存在的负质子上，这种粒子可能由一个中子形成，中子既能获得负电荷，也可以失去一个正电荷。然而，这样的负质子与正电子一样，不能在任何普通材料中保持。事实上，它们会立即被最近的带正电荷的原子核所吸引和吸收，并且很可能在进入核结构后转变成中子。因此，这种能使基本粒子名录变得更对称的质子，确实存在于物质中，检测它们却不是一项容易的任务。记住，正电子在普通负电子的概念被引入科学后近半个世纪才被发现。假设负质子存在，即反原子——暂且这么说吧。它们的原子核是由普通中子和负质子组成的，又被正电子所包围。这些“反”原子的性质与普通原子的性质完全相同，无法区分反水、反黄油等与同名普通物质之间的差异。除非我们把普通的和“反转”的材料放在一起，否则无法分辨两者的不同。然而，一旦这两种相反的物质相遇，带相反电荷电子的相互湮灭过程，以及相反电荷核子的相互中和过程将立即发生，混合物会以超过原子弹的猛烈程度爆炸。据我们所知，除了我们以外，可能还有其他恒星系统是由这种反转的物质构成的。在这种情况下，当任何普通的岩石从我们的星系被扔到另一个具有其他结构的星系，或者情况相反时，这些岩石一旦着陆就会变成原子弹。

说到这，我们必须放下这些关于反原子的某种奇思妙想，再看看另一种基本粒子，这种粒子可能同样不寻常，它的优点是参与各种物理过程，即所谓的“中微子”，它是“通过后门”进入物理学的，而今却在基本粒子家族中占据着不可动摇的地位，尽管有许多人反对它们。它们是如何被发现和识别的，成了现代科学中最令人兴奋的侦探故事之一。

中微子是数学家用“归谬法”发现的。这个激动人心的发现开始于物理过程中缺少某种东西，而不是存在某种东西。缺失的东西是能量，根据一条最古老且最稳定的物理定律，由于能量既不能创造也不能消灭，发现本应存在的能量不存在，说明一定有一个贼，或一帮贼把它带走了。因此，有井然有序头脑的科学侦探们，连它们的影子都没看到就给它们命名为“中微子”。

故事讲得有点快了。回到“能量抢劫案”，正如我们之前所看到的，每个原子的原子核由核子组成，其中大约一半是中性的（中子），其余的是带正电的。如果通过增加一个或几个中子或质子，打破核内中子和质子的相对数量之间的平衡，[1]就必须进行电荷调节。如果有太多的中子，其中一些会通过释放出一个负电子而变成质子，这个负电子会离开原子核。如果质子太多，其中一些会变成中子，发射出一个正电子。图 60 显示了两个这类过程。原子核的这种电荷调节通常被称为“β 衰变”过程，从原子核发射的电子被称为 β 粒子。由于原子核的内部转变是一个严格的过程，它必须始终携带一定量的能量，能量被传递给了被释放出的电子。因此，我们认为给定物质发射的 β 电子必须以相同的速度运动。然而，有关 β 衰变过程的观测证据与这一预期直接矛盾。事实上，人们发现，由给定物质发射的电子具有从零到某一上限的不同动能。由于没有发现其他粒子，也没有能够平衡这种出入的射线，β 衰变过程中的“能量缺失”情况变得

[1] 这可以通过本章后面描述的核轰击方法来实现。

相当严重。有一段时间人们认为，我们有著名的能量守恒定律失败的第一个实验证据，这对于所有精心构建的物理理论来说都是一场灾难。但是还有另一种可能性：也许丢失的能量被一些新的粒子带走了，它逃过了我们的所有观测手段。泡利（Pauli）提出，这种核能“巴格达大盗”的角色由一种叫中微子的假想粒子来扮演，这种粒子不带电荷，质量不超过普通电子的质量。事实上，人们可以从已知的，关于快速移动粒子和物质相互作用的事实中得出结论，这样的无电荷的轻粒子无法被任何物理装置发现，并且毫无困难地穿透任何物质。因此，虽然可见光会被一根细金属丝完全阻挡，而且高穿透性的 X 射线和 γ 射线需要几英寸的铅才能在强度上显著降低，但一束中微子会毫不费力地穿过几光年厚的铅！难怪它们会逃避任何可能的观察，而人们之所以能注意到它们，仅仅是因为它们逃逸所造成的能量缺失。

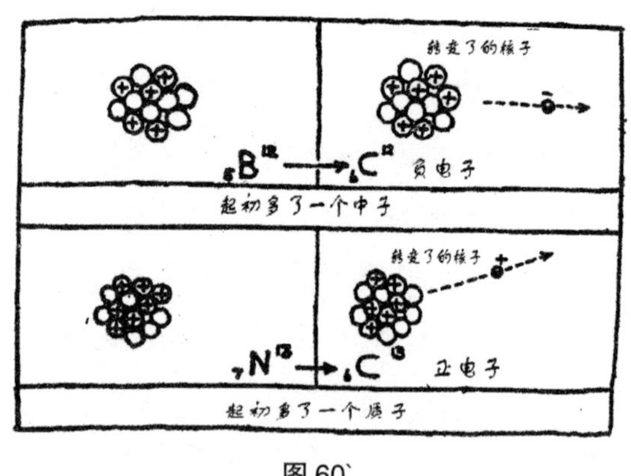

图 60`

但是，尽管一旦这些中微子离开原子核，我们就无法捕获它们，但有一种方法可以研究它们离开所造成的二次效应。当你用步枪射击时，枪托会对你的肩膀产生后坐力；一门大炮在发射出炮弹后炮身会在炮架上滚动。在原子核射出高速粒子的过程中也可以预期会发生同样的力学反冲效应，事实上，人们观察到发生 β 衰变的原子核，总是在与被射出电子的反方向上获得一定的速度。然而，这种核反冲的特殊性质在于，无论是衰变产生的电子速度快与慢，核反冲速度总是差不多的（图 61）。这看起来很奇怪，因为我们自然认为，一个快速的弹丸能在一把枪中产生比慢速弹丸更强的后坐力。这个谜团的答案是：原子核总是和电子一起发射一个中微子，中微是造成能量赤字的原因。如果电子移动很快，吸收了大部分可用能量，中微子就会缓慢移动，反之亦然，因此由于两个粒子的共同作用，观测到的原子核反冲总是很强的。如果这种效应还不能证明中微子的存在，那我们就束手无策了！

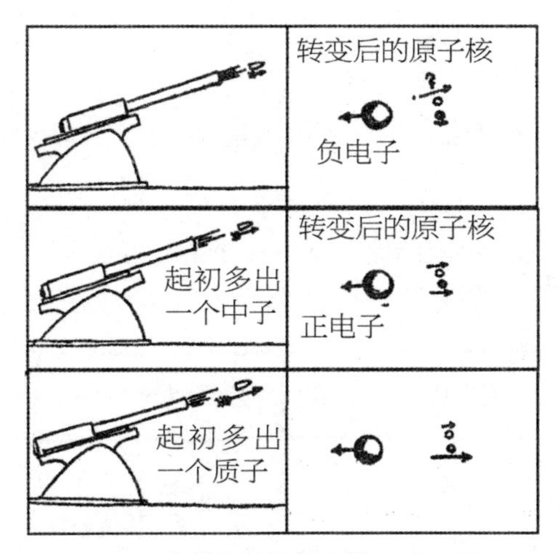

图 61　火炮和核物理中的反冲问题

现在我们总结一下上述讨论的结果，列出参与宇宙结构的基本粒子的完整列表，以及它们之间存在的关系。

首先是核子，代表基本物质粒子。就目前的知识而言，它们要么是中性的，要么带正电荷，但有些可能带负电荷。

然后是电子代表自由的正负电荷。

还有一些神秘的中微子，它们不带电荷，而且比电子轻得多[1]。

最后是电磁波，它们借助电磁力在自由空间传播。

物质世界里的这些基本单元都是相互依存的，能以各种方式结合在一起。因此，中子可以通过释放一个负电子和一个中微子（中子→质子＋负电子＋中微子）变成一个质子；质子可以通过释放一个正电子和一个中微子（质子→中子＋正电子＋中微子）变回一个中子。带有相反电荷的两个电子可以转化为电磁辐射（正电子＋负电子→辐射）或可以反过来由辐射（辐射→正电子＋负电子）形成。最后，中微子可以与电子结合，形成我们在宇宙射线中观察到的不稳定单元，称为介子，或者被失当地称为“重电子”（中微子＋正电子→正介子；中微子＋负电子→负介子；中微子＋正电子＋负电子→中性介子）。

中微子和电子的结合体内携带巨大能量，使其比其组成粒子的总质量重约一百倍。

图 62 显示了参与宇宙结构的基本粒子的示意图。

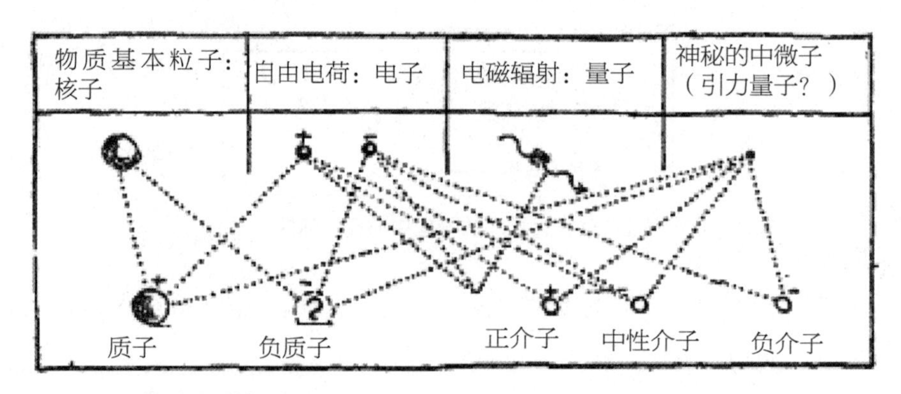

图 62　现代物理学基本粒子名录及其不同组合的基本粒子图

[1] 关于这个问题的最新实验证据表明，中微子的重量还不到电子的十分之一。

“但这就是结局吗？”你可能会问，“我们有什么权利假定核子、电子和中微子是真正的基本元素，它们不能再细分为更小的单元吗？大约半个世纪前我们还认为原子不可分割呢！然而，今天它们呈现的画面是多么复杂！”虽然我们无法预测物质科学的未来发展，但我们现在有更充分的理由相信，粒子就是基本单位，无法进一步细分。从化学、光学和其他性质看原子相当复杂，但现代物理学中基本粒子的性质极其简单；事实上，它们的简单性与几何上的点一样。此外，我们现在只剩下三个本质上不同的粒子：核子、电子和中微子，而不是经典物理学中的“不可分割原子”。尽管科学家努力要把一切都简化，找到最简单的本质，但不可能把实在化为虚无。因此，在对物质形成的基本元素的探索中，我们似乎已经触底了。

2. 原子之心

现在我们已经完全了解了参与物质结构的基本粒子的本质和特征，我们开始对原子的心脏——原子核，进行更深入的研究。尽管原子外体的结构可以在一定程度上与微型行星系统相比，但原子核本身的结构却呈现出完全不同的景象。首先很明显，把原子核结合在一起的力不是纯电性质的，因为中子不带任何电荷，而另一半的质子都带正电荷，因此相互排斥。如果它们之间只有排斥力，就不可能得到一个稳定的粒子群！

因此，要理解原子核的组成部分为什么能结合在一起，我们要假定它们之间存在某种吸引力，它作用于不带电的核子以及带电的核子上。这种力，不论粒子的性质，使它们结合在一起，通常称为“内聚力”，例如，在普通液体中的这种力，阻止独立的分子向各个方向飞散。

在原子核中，我们有相似的内聚力作用于不同的核子，防止板子核在质子间的电斥力作用下分裂。因此，与形成各种原子壳层的电子有足够活动空间的原子外体不同，原子核的图像是大量核子像罐头里的沙丁鱼一样紧密地挤在一起。本书作者首次提出一个观点：可以假设原子核材料的排列方式与普通液体的相同。就像普通液体一样，这里有一个重要的表面张力现象。大家可能还记得，液体之所以产生表面张力，是因为：虽然液体内部的粒子受到各方向上均匀的拉力，而位于表面的粒子受到将其向内拉动的力（图 63）。

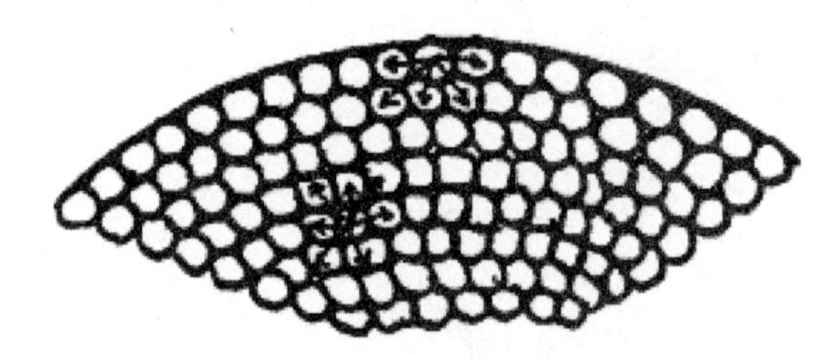

图 63　液体表面张力的解释

这导致任何不受各种外力影响的液滴具有呈现球形的趋势，因为球体是在任何给定体积下具有最小表面积的几何图形。因此，我们得出结论，不同元素的原子核可以简单地视为“核液体”的液滴，然而，我们不能忘记，核液体虽然在定性上与普通液体非常相似，但在定量上却有很大的不同。事实上，它的密度比水的密度高出 240,000,000,000,000 倍，表面张力大约是水的 1,000,000,000,000,000,000 倍。为了使这些大得离谱的数字更容易理解，让我们看看下面的例子。假设我们有一个大致呈倒 U 形的金属线框，大约 2 英寸见方，如图 64 所示，底边横过一根金属直丝，并用肥皂膜横过由此形成的正方形。薄膜的表面张力会把金属丝向上拉。我们可以在横的金属丝上挂一点重物来抵消这些表面张力。如果薄膜是由普通水和溶解在其中的肥皂制成，厚度为 0.01mm，那么它的重量约为 0.25g，可承受的总重量约为0.75g。

图64

现在，如果有可能用核液体制作一个类似的薄膜，薄膜的总重量将是5000万吨（大约相当于1000艘远洋客轮的重量），金属丝能承受大约1000亿吨的负载，这大约相当于火星第2颗卫星“得摩斯”的质量！你想从核液体中吹出肥皂泡，就必须拥有相当强大的肺活量！

把原子核看作是核液体的微小液滴时，我们不能忽视这样一个重要的事实：这些液滴是带电的，因为形成原子核的粒子大约一半是质子。试图将原子核分裂成两个或多个部分的电斥力被表面张力抵消，这种表面张力趋于使核保持为一个整体。这就是原子核不稳定的主要原因。如果表面张力占主导地位，原子核就永远不会自行分裂，两个相互接触的原子核就像两个普通的液滴一样有融合的倾向。

相反，如果斥力占优势，原子核就会自发分裂成两个或两个以上的部分，并高速飞散；这种分裂过程通常被称为“裂变”。

1939年，玻尔和惠勒对不同元素原子核的表面张力和电斥力之间的平衡进行了精确的计算，得出了极其重要的结论，即表面张力在周期系统的上半部分（大约直到银）的所有元素的原子核中占据上风，而电斥力在所有较重的原子核中占优势。因此，所有重于银的元素的原子核基本上是不稳定的，在外部足够强的刺激作用下，会分裂成两个或多个部分，释放出相当数量的内部核能（图 65a）。相反，当两个原子量小于银的轻原子核靠近时，可能会产生自发的聚变过程（图 65b）。

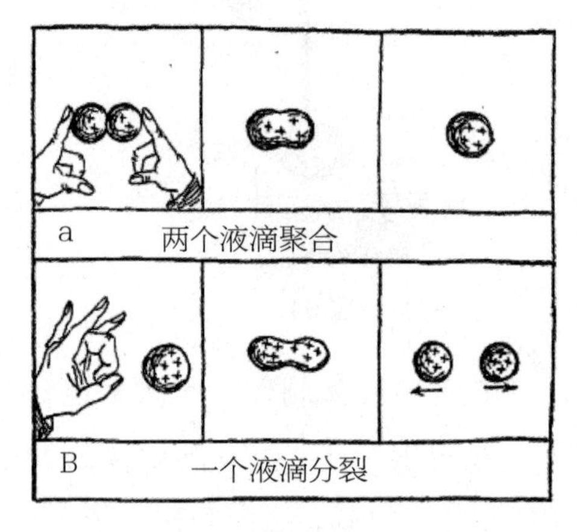

图 65

然而我们必须记住，除非我们对它们做些什么，否则两个轻核的融合和一个重核的裂变通常都不会发生。事实上，为了使两个轻原子核融合，我们必须克服电斥力的作用，让它们靠得很近。要让一个重原子核发生裂变，我们必须给它一个足够大的外力，使它产生大幅的振动。

这种在没有初始激发就不会产生的状态，在科学上被称为亚稳定状态，悬在悬崖上的岩石、口袋里的火柴或炸弹中的 TNT 炸药都处于亚稳定状态。它们都有大量的能量等待释放，除非受力，否则岩石不会滚落；除非与鞋底或其他东西摩擦加热，否则火柴不会燃烧；除非被雷管引爆，否则 TNT 不会爆炸。我们生活在这样一个世界里，除了银币以外[1]，几乎所有物体都是潜在的核爆炸物，它们之所以没有被炸成碎片，是由于核反应开始所需条件

[1] 应当记住，银元素的原子核既不会聚变也不会裂变。

极端苛刻，或者用更科学的语言来说，是由于核转变需要极高活化能。

在核能方面，我们的处境（或者更确切地说，不久前的处境）类似因纽特人的世界。因纽特人生活在一个亚高温的环境中，这个环境中唯一的固体是冰，唯一的液体是酒精。因纽特人从未听说火的事，因为一个人不能用两块冰互相摩擦来生火，他会认为酒精只是一种令人愉快的饮料，因为他无法把酒精的温度提高到燃烧点。我们最近发现的原子大规模释放能量的过程引起了人类极大的困惑，其惊讶程度之大可以与因纽特人第一次看到酒精燃烧时的程度相比。

然而，一旦触发核反应的困难被克服，回报也很丰盛。以等量的氧和碳原子的混合物为例。化学合成方程式为：O+C → CO+ 能量。

这些混合物每克能提供 920 卡路里[1] 的热量。

如果把这两种原子之间普通的化学结合（分子融合）（图 66a），换成用炼金术（聚变迫使两个原子核合为一体）（图 66b）：

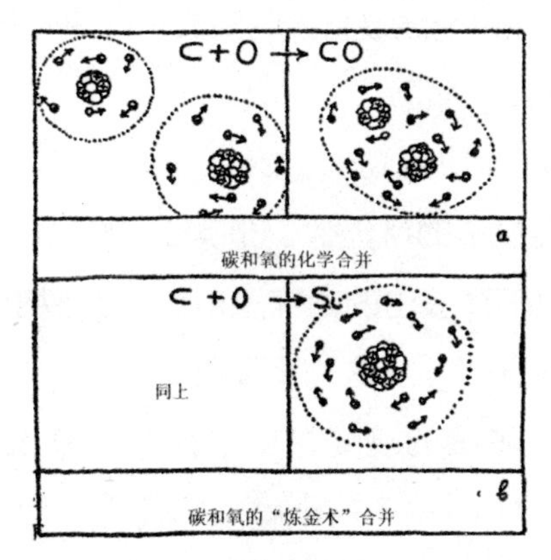

图 66

$$_{6}C^{12}+_{8}O^{16}=_{14}Si^{28}+\text{能量}$$

每克混合物释放的能量为 140 亿卡路里，是原来的 1500 万倍。

[1] 卡路里是热量的单位，定义为使 1 克水升高 1 摄氏度所需的能量。

类似地，一个复杂的 TNT 分子分解成水分子、一氧化碳分子、二氧化碳分子和氮气（分子融合），每克物质释放大约 1000 卡路里能量，而同样的重量，比如说，汞在核裂变过程中给我们总共 100 亿卡路里能量。

然而，不可忘记的是，尽管大多数化学反应只需要几百度的温度，但若温度达不到几百万度之前，核反应根本不会开始！引发核反应需要的条件令人欣慰，我们不用整日担心整个宇宙在巨大的爆炸中变成一大块银子。

3.
原子粉碎

尽管原子量的整数特性作为一个非常有力的证据支持了原子核的复杂性，但证明这种复杂性只能通过直接的实验证据来达成，要将原子核分裂成两个或多个独立的部分才行。

50 年前（1896 年）贝克勒尔（Becquerel）发现了放射性物质，我们第一次看到了分裂原子的可能性。事实上，它表明，位于周期表末端的铀和钍等元素的原子释放出的高穿透射线（类似于普通 X 射线）来自这些原子的缓慢自发衰变。对这一新发现的现象进行仔细研究后，科学家得出了结论：重原子核的衰变在于它自发地分裂成两块大相径庭的部分：（1）一个称为 α 粒子的小碎片，代表氦原子核；（2）原子核的其余部分，代表了初始铀原子核分裂时子元素的原子核，释放出 α 粒子，由此产生的子元素铀 X_I 的原子核，经历了一次内部的电荷重新调整，释放出两个自由的负电荷（普通电子），并转变为铀同位素的原子核，比原来的铀原子核轻 4 个单位。这种电荷调整之后，α 粒子的发射和释放电荷过程反复发生，直到我们得到了铅，铅原子核看起来十分稳定，不会衰变。

我们在另外两个放射系中观察到类似的交替释放 α 粒子和电子的放射性变化：钍系以重元素钍开始，锕系以元素锕、铀开始。在这三个家族中，自发衰变过程一直持续到只剩下三种不同的铅同位素为止。

如前所述，元素周期表的后半部分所有元素的原子核都不稳定，其中，电斥力占主导地位，超过了将原子核保持在一块的表面张力。如果所有重于银的原子核都是不稳定的，那么为什么只观察到铀、镭和钍等少数重元素的自发衰变呢？从理论上讲，所有比银重的元素都必须被视为放射性元素，事实上，它们是通过衰变慢慢转化为较轻元素的。但在大多数情况下，自发衰变发生得非常缓慢，以至于无法察觉。因此，在碘、金、汞和铅等常见元素中，几个世纪才有一两个原子衰变，这种速度即使是最灵敏的物理仪器也无法记录下来。只有在最重的元素中，自发衰变的倾向才足以产生明显的放射性[1]。这种相对转化率也支配着给定不稳定核的分裂方式。例如，铀原子的原子核可以以许多不同的方式分裂：它可以自发地分裂成两个相等的部分，或分成三个相等的部分，或分成大小不等的几个部分。然而，分割它的最简单的方式是把它分成 α 粒子和剩余的重核部分，这就是为什么它通常以这样的方式裂变。据观察，铀原子核自发分裂成两半的可能性，只有原子核剥离出 α 粒子的百万分之一。因此，虽然在一克铀中，每秒约有一万个原子核因分裂释放一个 α 粒子，但我们必须等待几分钟，才能看到一个铀原子核分裂成相等的两半的自发衰变过程！

放射性现象的发现毫无疑问地证明了核结构的复杂性，也为人工产生的（或诱发的）核转变实验铺平了道路。于是产生了这样一个问题：既然重元素的原子核，特别是不稳定元素的原子核能够主动衰变，我们就不能

[1] 例如，在铀中，每克物质每秒有几千个原子发生衰变。

用一些快速移动的核粒子，猛烈地轰击其他稳定元素的原子核，从而使它们分裂吗？

考虑到这一点，卢瑟福决定用核碎片（α 粒子）对稳定元素进行强烈轰击，这种轰击是由不稳定的放射性原子核的自发分裂引起的。1919 年卢瑟福在他第一次核转变实验中使用的仪器（图 67）与今天几个物理实验室中使用的巨型原子粉碎机相比，真是简单到了极点。它由一个真空的圆柱形容器和一个由荧光材料（c）制成的薄屏组成，轰击原子的 α 粒子来自放在金属板（a）上的一薄层放射性物质，被轰击的元素（本例中为铝）是一张金属箔（b）被放置在一定距离处。金属箔的放置方式使所有入射的 α 粒子在遇到它时都能嵌入其中，这样它们就不可能照亮屏幕。因此，除非屏幕受到目标材料因轰击而发射的次级核碎片的影响，否则它将始终保持黑暗。

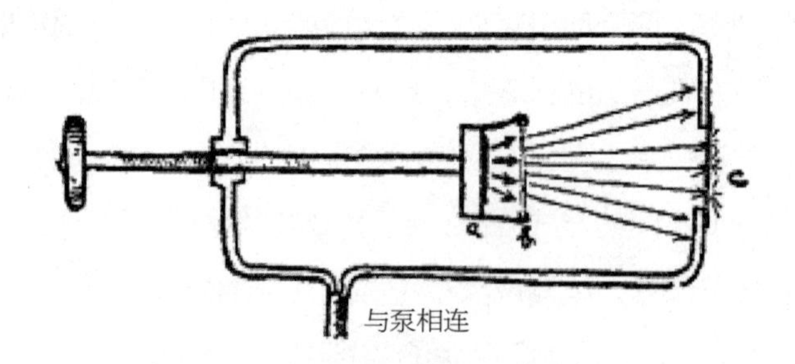

图 67　第一次观察原子是如何分裂的。

将所有物品就位，用显微镜观察屏幕，卢瑟福看到了一幅不同于黑暗的景象。屏幕是活跃的，整个表面到处闪烁着无数的微小火花！每一个火花都是由一个质子撞击屏幕材料产生的，每个质子都是一个“碎片”，被入射的 α 粒子从目标铝原子里踢出。因此，人工化元素的过程理论上可能性成为一个毫无疑问的科学事实。[1]

在卢瑟福经典实验之后的几十年里，人工转化元素的科学成为物理学

[1] 上述过程可以由以下公式表示：${}_{13}Al^{27}+{}_{2}He^{4} \rightarrow {}_{14}Si^{30}+{}_{1}H^{1}$。

中最大、也是最重要的分支之一，在生产用于轰击原子核的高速抛射粒子和对实验结果的观测方面都取得了巨大的进展。

最令人满意的仪器是云室（或威尔逊云室，以其发明者的名字命名），它使我们亲眼看到核抛射粒子击中原子核时发生的情况。它的示意图见图68。它的运行是基于这样一个事实，即快速移动的带电粒子，如 α 粒子，在它们通过空气或其他气体时，导致沿途的原子产生畸变。由于它们强大的电场，这些抛射粒子会从碰巧阻碍它们前进的气体原子中扯下一个或多个电子，留下大量的电离原子。这种状态不会持续很长时间，因为在抛射粒子通过后不久，电离的原子会重新捕获电子，回到正常状态。但是，如果发生这种电离的气体中的水蒸气处于饱和状态，每一个离子上都会形成微小的液滴，这是水蒸气的一个特性，它很容易积聚在离子、尘埃等粒子上，沿着抛射粒子的轨迹产生一条细的雾带。换言之，任何带电粒子在气体中运动的轨迹，都像飞机在空中拉出的烟带一样清晰可见。

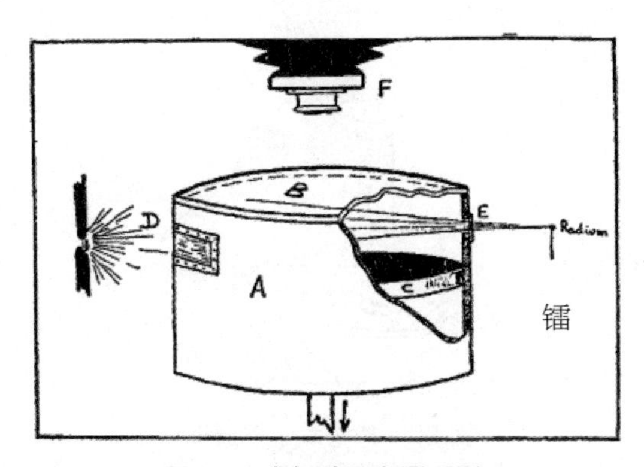

图 68 威尔逊云室原理图

从技术角度来看，云室是一个非常简单的装置，基本上由一个金属圆筒（A）和一个玻璃盖（B）组成，玻璃盖（B）包含一个活塞（C），活塞可以通过未在图中显示的装置上下移动。玻璃盖和活塞表面之间的空间充满了含有水蒸气的普通空气（或任何其他气体，如果需要的话）。高速粒子通过窗口（E）进入云室后，如果马上把活塞拉下，那么活塞上方的空气将冷却，水蒸气会开始沿高速粒子轨道以细雾带的形式凝结。这些雾带通过侧窗（D）被强光照射，在活塞表面上出现，所以我们可以观察，或用由活塞动作自动操作的照相机（F）进行拍照。这个简单装置，是现代物理学中最有价值的设备之一，它使我们能够获得高速粒子轰击原子核的美丽照片。

人们自然也希望设计一种方法，通过这种方法，人们只需在强电场中加速各种带电粒子（离子），就可以产生强大的粒子束。这种方法除了省去了使用稀有昂贵的放射性物质外，还允许我们使用其他不同类型的粒子（例如质子），并获得比普通放射性衰变所提供的更高的动能。产生快速运动的密集粒子束流的最重要的机器是静电发生器、回旋加速器和直线加速器，它们的原理分别在图 69、图 70 和图 71 中作了简短的描述。

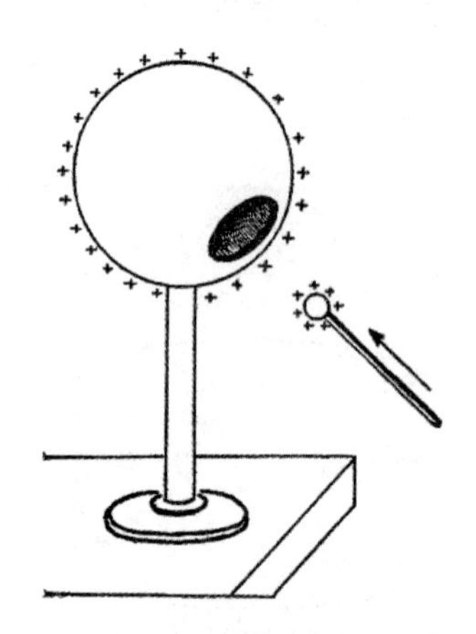

图 69　静电发生器原理

从初级物理学可知，球形金属导体所携带的电荷分布在其表面上。因此，我们可以在金属球上开一个小孔，将带电的导体伸入球体内部，使它可以从内部接触到金属球的外表面，把电荷传导出去，使得金属球的电势升至任意高电位。在实践中，人们使用一条连续的导电，带来携带由小型变压器产生的电荷，让它穿过小孔进入球形导体来获得高电位。

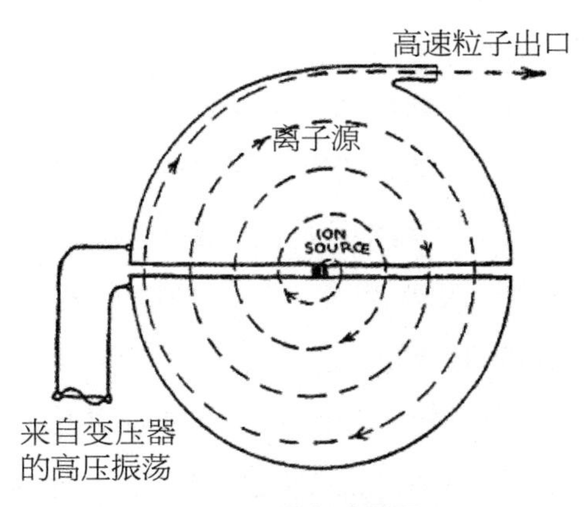

图 70　回旋加速器原理

回旋加速器基本上由两个半圆形金属盒组成，放置在强磁场中（垂直于绘图平面）。这两个盒子与一个变压器相连，被正负电交替充电。来自中央离子源的离子在磁场中沿圆形轨迹运动，它们每次从一个盒子进入另一个盒子时被加速。这些离子以越来越快的速度移动，形成分离的螺旋线，最后以非常高的速度离开加速器。

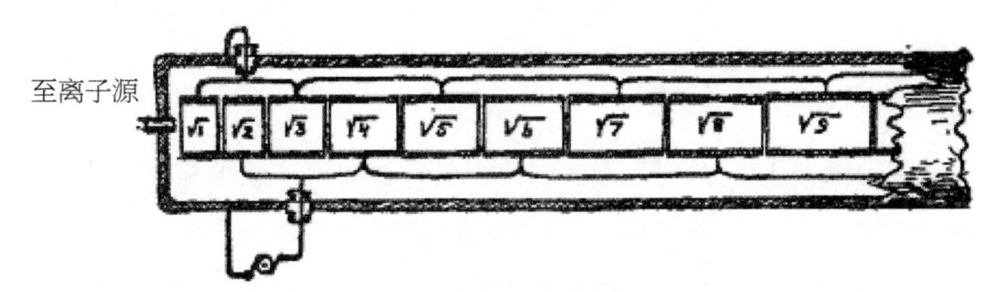

图 71　直线加速器原理

该装置由多个长度不断增加的圆筒组成，这些圆筒由变压器交替地正负充电。从一个圆筒到另一个圆筒，离子会由于存在的电势差而逐渐加速，因此它们的能量每次都会增加特定量。由于速度与能量的平方根成比例，因此，如果圆筒的长度与整数的平方根成比例，则离子将与交变电场保持同相位。把这套系统建造得足够长，我们可以将离子加速到任何所需的速度。

利用上述类型的电子加速器产生各种强大的核粒子束，并让它们轰击不同材料制成的靶子，我们可以获得大量的核反应，这些可以通过云室照片方便地进行研究。其中一些照片显示了核转变的个别过程，分别显示在图版 III 和图版 IV 中。

第一张这类照片是由剑桥的布莱克特（P.M.S.Blackett）拍摄的，图上一束自然产生的 α 粒子穿过充满氮气的云室[1]。它首先表明，轨道有一定的长度，因为粒子在气体中飞行时，会逐渐失去动能，最终停止。有两组长度明显不同的运动轨迹对应于源中存在的两组不同能量的 α 粒子（两种 α 发射元素的混合物：钍 ThC 和钍 ThC^1）。人们会注意到，通常情况下，α 粒子轨迹是相当直的，只有在末端附近显示出清晰的偏转，此时粒子失去大部分的初始能量，并且可以更容易地通过与它们在途中遇到的氮原子核的间接碰撞而偏转。但这张照片的亮点在于一条特殊的 α 粒子轨迹出现了分岔，其中一个分岔又长又细，另一个分岔又短又粗。它意味着了入射的 α 粒子与云室内一个氮原子核发生了正面碰撞。这条细长的轨迹是质子在撞击力作用下从氮原子核中出来的轨迹，而短粗的分岔是被碰撞后的原子核本身。事实上，没有第三条轨迹与被弹回的 α 粒子相对应，这表明入射的 α 粒子已经附着在原子核上并与原子核一起运动。

在图版Ⅲ B 我们看到，人工加速的质子与硼原子核碰撞的效应。加速器出口发出的高速质子束（照片中间的黑影）击中了放在开口上的一层硼，产生了向四面八方飞散的核碎片。这张照片有个有趣的特点：碎片的轨迹总是以三个一组的形式出现（照片中可以看到两组这样的三连体，其中一个标有箭头），因为硼原子核被质子击中后，分裂成三个相等的部分[2]。

另一张照片，图版Ⅲ A 显示了快速移动的氘核（由一个质子和一个中子形成的重氢原子核）与靶物质中其他氘核之间的碰撞。[3]

---

[1] 布莱克特照片（本书未转载）上记录的炼金术反应由以下方程式表示：${}_7N^{14}+{}_2He^4 \rightarrow {}_8O^{17}+{}_1H^1$。

[2] 该反应的方程式为：${}_5B^{11}+{}_1H^1 \rightarrow {}_2He^4+{}_2He^4+{}_2He^4$。

[3] 该反应由以下方程式表示：${}_1H^2+{}_1H^2 \rightarrow {}_1H^3+{}_1H^1$。

图片中显示的较长轨迹对应质子（$_1H^1$ 原子核），而较短轨迹则属于原子量为 3 的重氢原子核，即氚核。

中子和质子是构成每个原子核的主要结构元素。没有中子参与的核反应，就没有完整的云室照片图库。

在云室照片中寻找中子轨迹的努力是徒劳的，因为这些“核物理黑马”不带电荷，通过物质时不会产生任何电离。但是当你看到一个猎人的枪冒烟了，同时有只鸭子从天上掉下来的时候，你知道发射了一颗子弹，尽管你看不见它。类似地，在云室照片中，图版ⅢC上一个氮原子核分裂成氦（轨道向下）和硼（轨道向上），你一定认为这个核受到了来自左边的一些看不见的粒子的重击。而事实上，为了得到这样一张照片，人们必须在云室的左壁放置镭和铍的混合物，这是公认的高速中子源[1]。

把中子源的位置和氮原子发生分裂的点连接起来，立刻就能看到中子穿过腔室的直线。

铀原子核的裂变过程如图版Ⅳ所示。这张照片由包基尔德（Boggild）、布罗斯特伦（Brostrom）和劳里森（Lauritsen）拍摄，图片显示两块裂变碎片从铀层的薄铝箔上朝相反方向飞行。当然，无论是引发裂变的中子，还是由此产生的中子，都不会出现在照片上。电加速粒子的核轰击原子产生核反应的例子不胜枚举，但现在是时候讨论一个更重要的问题了：关于这种轰击的效率。在图版Ⅲ和图版Ⅳ中，照片代表了单个原子解体的个别情况，为了把一克硼完全转化成氦，我们现在必须把其中 55,000,000,000,000,000,000,000 个原子中的每一个都打破。最强大的电子加速器每秒产生约 1,000,000,000,000,000 个粒子，因此即使每个粒子都能击碎一个硼原子核，我们也必须将机器运行 55,000,000 秒或两年。

[1] 根据炼金术方程式，此处发生的过程可以用以下形式表示：（a）中子的产生：$_4Be^9+_2He^4 \rightarrow _6C^{12}+_0n^1$；（b）中子对氮原子核的撞击：$_7N^{14}+_0n^1 \rightarrow _5B^{11}+_2He^4$。

然而，在各种加速机器中产生的带电核粒子的实际有效性远小于此，而且通常只能指望在数千个粒子中有一个能在被轰击的材料中产生核裂变。原子轰击效率极低的原因在于原子核被电子层包围，这些电子层有能力减慢带电粒子穿过它们的速度。由于原子层的靶区比原子核的靶区大得多，当然，由于我们不能将粒子直接对准原子核，因此每一个这样的粒子必须穿透许多原子层，才有机会对其中一个原子核进行直接打击。图 72 形象地解释了这种情况，原子核由实心黑色球体表示，其电子外壳由较轻的阴影表示。原子直径大约是核直径的 10,000 倍，因此靶子面积比例为 100000000:1。另一方面，我们知道带电粒子通过一个原子的电子层时，会损失大约万分之一的能量，因此在通过大约 10,000 个原子后，它将完全停止。从上面引用的数字很容易看出，在粒子的所有初始能量在原子包层中消散之前，每 10,000 个粒子中只有大约 1 个粒子有机会撞击原子核。考虑到带电粒子对靶材料的原子核进行破坏性打击的效率如此之低，我们发现，为了完全转化 1 克硼，我们必须将其置于现代原子粉碎机的粒子束中至少 2 万年！

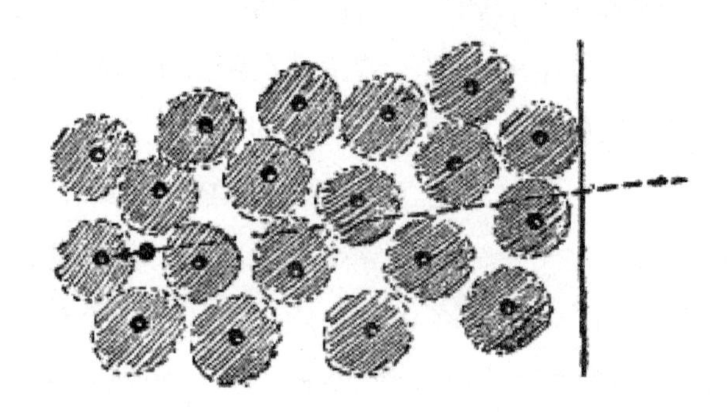

图 72

4.
核物理学

“核物理学”是一个非常不恰当的词，但和许多类似的词一样，它似乎就是这么用的，对此我们也没什么办法。由于“电子学”一词是用来描述自由电子束在广泛领域中实际应用的知识，因此“核物理学”一词应理解为研究大规模释放核能的实际应用科学。我们在前面的章节中已经看到，各种化学元素（除银以外）的原子核都承载着大量的内能，这些内能可以通过核聚变过程释放出来，在重元素的情况下，可以通过核裂变释放出来。我们还看到，人工加速带电粒子的核轰击方法虽然对各种核转变的理论研究具有重要意义，但由于其效率极低，不能指望被实际应用。

由于普通核抛射粒子，如 α 粒子、质子等效率低下的原因，本质上是因为它们带有电荷，这导致它们在通过原子时失去能量，并阻止它们充分靠近被轰击物质的带电核，我们肯定觉得，使用不带电的抛射粒子和用中子轰击各种原子核将获得更好的结果。然而，这里是关键！由于中子可以毫不困难地穿透核结构，它们在自然界中不以自由形式存在，当一个自由中子被一个入射粒子（例如受到 α 粒子轰击的铍原子核中的一个中子）从某个原子核中被踢出时，它很快就会被另一个原子核再次捕获。

因此，为了产生用于核轰击的强中子束，我们必须把它们逐个从某个元素的原子核中踢出来。这使我们又回到带电抛射粒子的低效率中。

然而，有一种方法可以摆脱这种恶性循环。如果有可能让中子踢出中子，并使每个中子产生一个以上的后代，这些粒子会像兔子（图 97）或被感染的组织中的细菌那样繁殖，然后一个中子的后代很快就数目可观，足以攻击一大块物质中的每一个原子核。

人们发现了一种特殊的核反应过程，中子能呈几何级增殖，导致了核物理学的大繁荣，把它从关注物质隐秘性质的纯科学的象牙塔带上了引人注目的报纸头条，激烈的政治辩论，以及惊人的工业和军事发展的喧嚣旋涡。读报纸的人都知道，核能，或者俗称原子能，可以通过哈恩（Hahn）和斯特拉斯曼（Strassman）在1938年底发现的铀核的裂变过程释放出来。但如果认为核裂变本身，即重核分裂为两个几乎相等的部分，可能有助于进行核反应，那就错了。事实上，导致裂变的两个核碎片携带着大量电荷（每块碎片大约有铀核的一半电荷），这就阻止了它们靠近其他原子核。因此，这些碎片会很快地在邻近原子的电子层上失去最初的高能量，而不产生任何进一步的裂变。

是什么使（铀的）裂变过程对自发持续的核反应如此重要？人们发现，（铀核）的每个裂变碎片在进入静止状态之前都释放一个中子（图73）。

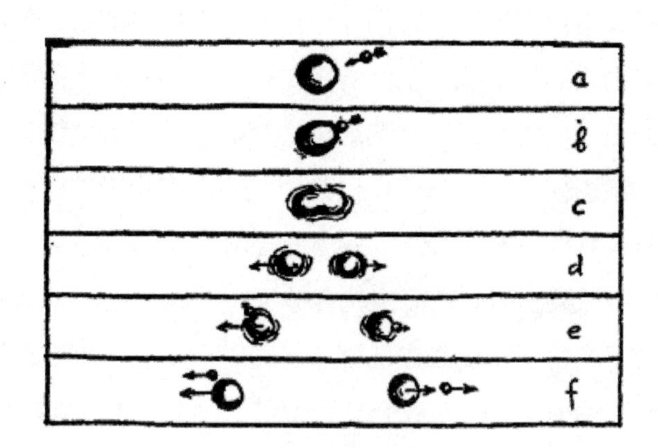

图73　连续裂变过程的各个阶段

裂变的这种特殊的余波是由于：开始时一个重原子核的两个断裂的碎片产生时伴随相当剧烈的振动，就像两个断裂的弹簧一样。这些振动并不能引起（每个碎片分裂为两个）二次核裂变，但足以引起某些核结构单元的分离。当我们说每个碎片释放一个中子时，我们指的只是统计意义上的中子； 在某些情况下，单个碎片可能会释放两个甚至三个中子，而在其他情况下则没有。裂变碎片发出的中子的平均数量取决于其振动的强度，而振动的强度又取决于原始裂变过程中释放的总能量。由于上述原因，裂变中释放的能量随重量增加，因此我们必须期望每个裂变碎片的平均中子数也在元素周期表上后移。因此，金原子核的裂变（由于在这种情况下需要很高的初始能量，因此尚未通过实验实现）可能使每个碎片产生的中子小于 1。铀核裂变平均每个碎片约有 1 个中子（每个裂变约有两个中子）；而在更重元素（例如钚）的裂变中每个碎片的平均中子数可望大于 1 个。

为了满足中子进行增殖的条件，必要从进入该物质的 100 个中子中制造出超过 100 个的下一代中子。特定类型原子核的裂变中产生中子的有效性，以及在完成的裂变中产生的新中子的平均数量，决定了它是否能满足这个条件。必须记住，尽管中子是比带电粒子更有效的核抛射物，但它们产生裂变的效率却不是百分之百。实际上，总是有一种可能，即高速中子进入原子核后，只会将其动能的一部分传递给原子核，而带着其余部分逃逸了；在这种情况下，能量会在几个原子核之间消散，没有一个原子核得到足够的能量来引起裂变。

从核结构的通用理论可以得出结论，中子的裂变效率随着所讨论元素的原子量的增加而增加，对于排在元素周期表末端的元素来说，这个效率变得接近 100%。

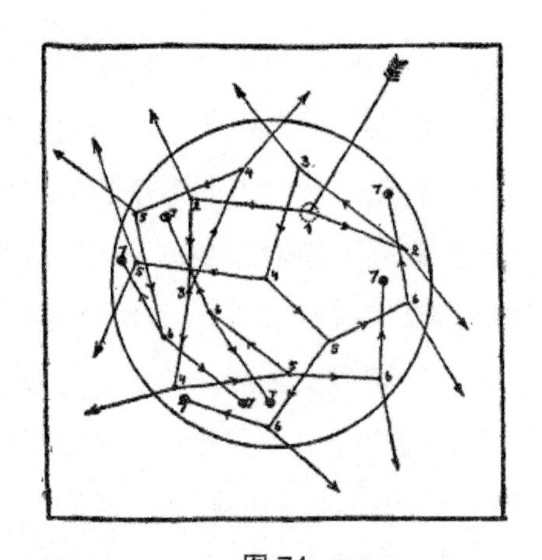

图 74

原子核链式反应是由松散中子在球形可裂变材料中开始的。尽管许多中子穿过球表面而消失，但下一代中子的数量却在增加，从而导致爆炸。

现在，我们可以算出两个数值，分别对应中子增殖的有利条件和不利条件：（a）假设我们有一个元素，其中高速中子的裂变效率为 35%，每次裂变产生的中子平均数为 1.6[1] 个。在这种情况下，100 个初始中子将产生 35 次裂变，从而产生 35 × 1.6=56 个下一代中子。显然，在这种情况下，中子的数量将随着时间的推移而迅速下降，每一代中子的数量仅为上一代中子的一半左右。（b）假设现在我们采用一个较重的元素，其中中子的裂变效率为 65%，每次裂变产生的中子平均数达到 2.2。在这种情况下，我们的 100 个初始中子将产生 65 次裂变，产生总共 65 × 2.2=143 个中子。新一代中子的数量总是增长约 50%，那么不用太久，就有足够的中子攻击并分裂样本中的每个原子核。这个过程叫作分支链式反应，能发生这样的反应的物质叫作可裂变物质。

对渐进分支链式反应发展所必需的条件进行深入的实验和理论研究后，我们得出这样一个结论：在自然界中所有天然原子核中，只有一个特

[1] 这些数值完全是出于示例的目的而选择的，并不对应于任何实际的核种。

定类型的原子核能发生这种反应，它就是著名的铀的轻同位素——铀235的原子核，它是唯一的天然可裂变物质。

然而，在自然界中并没有纯净的铀235，并且总是掺杂在更重的不可裂变的同位素铀238（铀235占0.7%，铀238占99.3%）里，这阻碍了天然铀中的渐进链式反应的发展，就像湿木头很难燃烧一样。事实上，这恰恰是由于惰性同位素的稀释，使得铀235的高裂变原子得以保存在自然界中，否则它们早就在快速连锁反应中被全部摧毁了。因此，为了能够使用铀235的能量，我们要么将它们从铀238的重核中分离出来，要么设计一种在不真的移除重核的情况下，抵消重核的干扰作用的方法。在原子能释放问题上，这两种方法实际上都被人们使用过，并且都取得了成功。我们在这里只作简短的讨论，因为这类技术问题不属于本书的范围。[1]

这两种铀同位素的直接分离是一个非常困难的技术问题，因为它们的化学性质相同，用普通的工业化学方法无法实现这种分离。这两种原子之间的唯一区别在于它们的质量，铀238比另铀235重1.3%。这就要采取基于质量分离原子的办法，如扩散、离心或离子束在磁场和电场中偏转等的分离方法，在这些过程中，分离原子的质量起主导地位。在图75a、b中，我们给出了两种主要分离方法的示意图，并对每种方法进行了简短说明。

[1] 想要更详细的了解这些知识，读者可以参考塞利格·赫克特（Selig Hecht）的《解释原子》（Explaining the Atom）一书，该书于1947年首次由维京出版社出版。由尤金·拉宾诺维奇（Eugene Rabinowitch）博士修订和扩充的新版本可在《探险家》平装本丛书中找到。

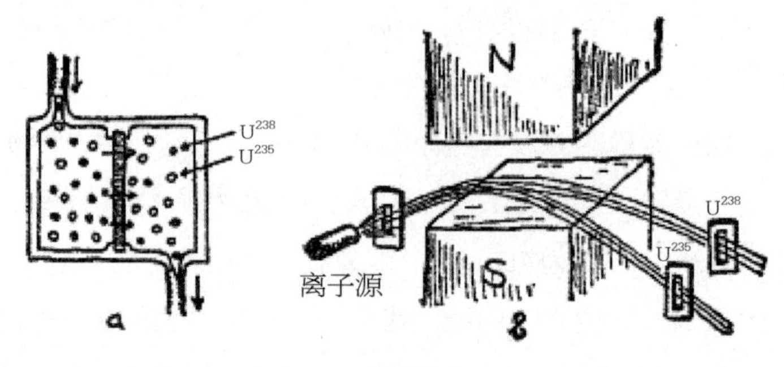

图 75

（a）通过扩散法分离同位素。包含两种同位素的气体被泵入反应室的左侧，并通过将其与另一部分分隔开的壁扩散。由于轻分子扩散得更快，右侧的舱室中富含铀 235。

（b）用磁场分离同位素。离子束通过一个强磁场，含有较轻铀同位素的分子偏转得更强烈。由于要获得良好的离子束强度，我们必须使用宽的缝隙，所以两个束（含铀 235 和铀 238）会部分重叠，两种同位素不能完全分离。

这些方法的缺点有：由于两种铀同位素的质量差别很小，无法一步完成分离，而是需要大量重复，导致产物越来越富集于轻同位素。然而，只要重复足够的次数，最终我们可以获得纯度合理的铀 235 样品。

一种更为巧妙的方法是让天然铀直接进行链式反应，其中较重同位素的干扰作用通过所谓的慢化剂被人为地减少。为了理解这种方法，我们必须记住，重铀同位素的负面影响实质上是吸收铀 235 裂变中产生的大量中子，从而切断了进行链式反应的可能性。因此，如果我们能阻止导致铀 235 原子核裂变的中子在与它们相遇之前被铀 238 的原子核绑架，这个问题将得到解决。铀 238 原子核的数量是铀 235 原子核的 140 倍，乍一看，阻止铀 238 原子核获得最大的中子份额似乎是不可能的任务。然而，因为两种铀同位素的“中子俘获能力”，因中子运动速度的不同改变这一事实，帮我们解决了难题。对于高速中子，由于它们来自裂变的原子核，两种同位素的俘获能力是相同的，因此铀 235 每俘获一中子，铀 238 将俘获 140 个。

对于中速的中子来说，铀 238 原子核是比铀 235 原子核稍好一点的捕集器。然而，重要的是，对于移动缓慢的中子，铀 235 的原子核是更佳的捕集器。因此，如果我们能够减慢裂变中子的速度，使其原来的高速度在遇到第一个铀原子核（238 或 235）之前大大降低，那么铀 235 的原子核虽然是少数，但比铀 238 的原子核更有机会捕获中子。

可以通过在一些材料（慢化剂）中放置大量的天然铀碎片来实现减速，这会使中子减速而不捕获太多中子。这个实验的最佳材料是重水，碳和铍盐。在图 76 中，我们给出了这样一个由分布在慢化物质中的铀颗粒组成的反应“堆”实际工作原理的示意图。[1]

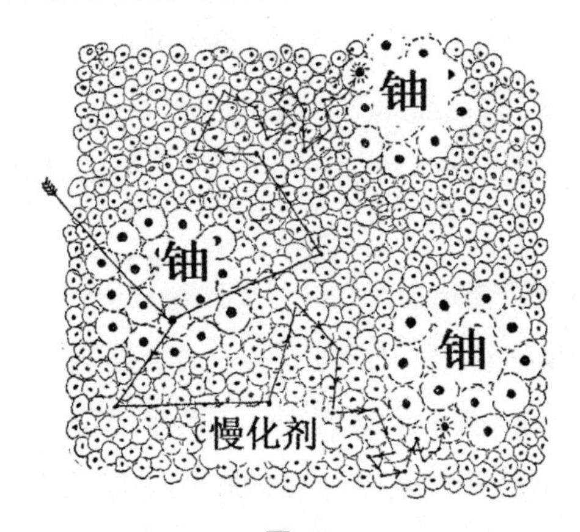

图 76

这张看起来有点像生物的图片代表了嵌入在慢化剂物质（小原子）中的铀块（大原子）。左边铀块中的一个铀原子裂变产生的两个中子进入慢化剂，并通过与其原子核的一系列碰撞而逐渐减慢速度。当这些中子到达其他铀块时，它们的速度大大减慢，并被铀 235 原子核捕获，相对于铀 238 原子核，铀 235 原子核对慢中子的捕获效率要高得多。

如上所述，轻同位素铀 235（仅代表天然铀的 0.7%）是唯一能够支持渐进链式反应的可裂变核，从而导致核能的大规模释放。然而，这并不意味

[1] 为了更详细地讨论铀堆，读者可以再次查阅原子能方面的专门书籍。

着我们不能人工构建与铀 235 相同特性的其他原子核类，虽然自然界中通常找不到它们。事实上，通过在一个可裂变元素中使用由渐进链式反应大量产生的中子，我们可以把其他通常不可裂变的原子核变成可裂变的原子核。

第一个这样的例子发生在上述“核反应堆”中，它是天然铀与慢化剂的混合物。我们已经看到，使用慢化剂，我们可以减少铀 238 原子核的中子俘获，从而允许铀 235 原子核之间发生链式反应。然而，一些中子仍然会被铀 238 捕获。这意味着什么？

当然，铀 238 俘获中子的直接结果是产生更重的铀同位素铀 239。然而，人们发现，这个新形成的原子核不稳定，也会相继释放两个电子，过渡成原子序数为 94 的新化学元素的原子核。这种被称为钚（Pu–239）的新型人造元素比铀 235 更易裂变。如果我们用另一种天然放射性元素钍（Th–232）代替铀 238，那么它俘获中子和释放两个电子的结果将产生另一种人工可裂变元素铀 233。

因此，从天然可裂变元素铀 235 开始，循环进行反应，原则上当然可以将天然铀和钍的全部储量转化为可裂变产物，得到高浓度核能原料。

在本节结束时，我们来粗略估计一下可用于和平发展或人类自毁的能源总量。据估计，已知铀矿床中铀 235 的总量可以提供足够的核能，满足世界工业（完全转化为核能）数年的需要。然而，如果铀 238 能变成钚来使用，核为人类服务的时间估计将延长到几个世纪。计入钍（变成铀 233）的储量，其储量大约是铀的 4 倍，地球上的核能源足够我们用至少一两千年，这个时间长到让所有人不担心“未来的原子能短缺”。

然而，即使所有这些核能资源都用光了，也没有发现新的铀和钍矿藏，后代仍然能够从普通岩石中获得核能。事实上，和所有其他化学元素一样，几乎在任何普通材料中都含有少量的铀和钍。例如，普通花岗岩每吨含有 4 克铀和 12 克钍。乍一看似乎很少，但让我们算一下：我们知道，一公斤可裂变物质中含有相当于 2 万吨 TNT 爆炸（如在原子弹中）的核能，或者相当于大约 2 万吨汽油燃烧所产生的能量。因此，一吨花岗岩中所含的 16 克铀和钍，如果变成可裂变物质，相当于 320 吨普通燃料。这足以抵消分离材料带来的麻烦，特别是在矿藏枯竭时。

在征服了铀等重元素核裂变的能量释放后，物理学家转向核聚变的相反过程，即两个轻元素核融合在一起形成一个更重的核，释放巨大的能量。在第十一章中我们将讲到，太阳通过这样一种聚变过程获得能量，在这种聚变过程中，普通的氢原子核由于内部剧烈的热碰撞而合并形成较重的氦原子核。要复制这些热核反应，产生聚变的最佳材料是重氢，即氘[1]，它在普通水中少量存在。氘的原子核称为氘核，包含一个质子和一个中子。当两个氘核相撞时，会发生以下两种反应之一：

2 氘核→氦 -3+1 个中子；

2 氘核→氢 -3+1 个质子

为了实现该转化，氘必须经受几亿度的高温。

第一个成功的核聚变装置是氢弹，其中氘的反应是由裂变弹爆炸引发的。然而，有一个更复杂的问题：如何产生受控热核反应，来为和平目的提供大量能源。产生可控热核反应的主要困难在于限制极其热的气体，这可以通过强磁场来克服，因为磁场可以通过把氘核限制在一个中心热区内，防止它们接触容器壁。（器壁会熔化和蒸发！）

[1] 氢有三种同位素，氕、氘和氚是这几种同位素的名称，氕（P）原子核内只有 1 个质子，丰度为 99.98%；氘（D）又叫重氢，原子核内有 1 个质子和 1 个中子，丰度 0.016%；氚（T）又叫超重氢，原子核内有 1 个质子和 2 个中子，丰度 0.004%。——译者

第八章
无序定律

1.
热无序

如果你倒一杯水，看着它，你会看到一种清澈均匀的液体，没有任何内部结构或运动的痕迹（当然，前提是你不要摇晃杯子）。然而，我们知道水的均匀性仅仅是表面上的，如果将水放大几百万倍，我们就会发现大量紧密堆积在一起的独立分子，形成了清晰的颗粒结构。

在同样的放大倍数下，很明显可以看到水离静止还很远，它的分子处于剧烈的运动状态，四处移动，互相碰撞，就好像他们是高度兴奋的人群。水分子或任何其他物质的分子的这种不规则运动称为热（或温度）运动，原因很简单，热现象就是它造成的。因为，虽然肉眼不能直接辨别分子运动以及分子本身，但正是分子运动对人体的神经纤维产生某种刺激，才产生我们称之为热的感觉。对于那些比人类小得多的有机体，例如悬浮在水滴中的小细菌，热运动的影响要明显得多，这些可怜的生物不断地被从四面八方的躁动分子脚踢、推挤或抛掷（图 77）。这一有趣的现象被称为布朗运动，是以英国植物学家罗伯特・布朗的名字命名的。他在一个多世纪前对微小植物孢子的研究中首次注意到这一现象。布朗运动具有相当普遍的性质，在研究悬浮在液体中的小颗粒，或悬浮在空气中的烟和尘的微观颗粒时都可以观察到。

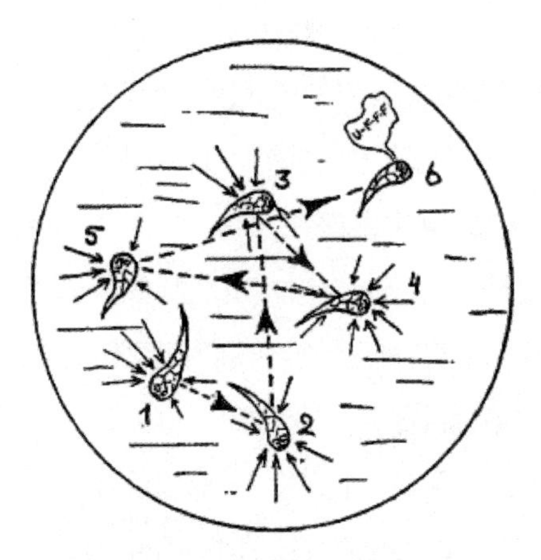

图 77　一个细菌在水分子的撞击下连续换 36 个位置
（物理学上正确；细菌学上不完全如此）

我们加热液体时，悬浮在其中的微小颗粒的狂舞会变得更加剧烈；一旦降温，运动的强度明显减弱。毫无疑问，我们在这里观察到的是物质看不见的热运动的影响，而我们通常所说的温度不过是对热分子运动程度的度量。通过研究布朗运动对温度的依赖性，发现在 −273° C 或 −459° F 时，物质的热运动完全停止，并且其所有分子静止。这显然是最低温度，它得到了“绝对零度”的名字。谈论更低的温度太荒谬了，因为显然没有比绝对静止更慢的运动了！

在接近绝对零度的温度下，任何物质的分子几乎都没有能量，以至于作用在它们身上的内聚力将它们黏结在一起形成一个固体块，它们所能做的只是在冻结状态下轻微颤动。当温度升高时，颤动变得越来越激烈，并且在某一阶段，分子获得了一定的运动自由度，能够彼此滑动。冷冻物质的刚性消失，变成流体。熔化过程发生所需的温度取决于作用在分子上的内聚力的强度。在某些物质中，如氢，或形成大气空气的氮氧混合物中，分子的内聚力非常弱，在相对较低的温度下，热运动会打破冻结状态。因此，氢仅在低于 14° K（即低于 259° C）的温度下以冷冻状态存在，而固体氧和氮分别在

55° K和64° K（即 –218° C和 –209° C）下熔化。在其他物质中，分子之间的内聚力更强，在更高的温度下仍然能保持固态。因此，纯酒精的熔点达到了 –130℃，而冷冻水（冰）仅在 0° C时才融化。有些物质在更高的温度下保持固态；铅在 327℃熔化，铁在 1535℃熔化，而被称为锇的稀有金属在 2700℃的温度下仍保持固态。在物质的固态状态下，分子牢固地结合在其位置上，但这并不意味着它们完全不受热运动的影响。实际上，根据热运动的基本定律，在给定的温度下，所有物质，无论是固体、液体还是气体，每个分子中的能量都是相同的，它们的区别仅仅在于：某些情况下，这种能量足以把分子从固定的位置上扯下来，让它们四处移动，而在另一些情况下，它们只能在同一地点颤抖，就像受到短链子限制的愤怒的狗一样。

图 78

在前一章所描述的 X 射线照片中，我们观察到固体分子的热颤动或振动。确实，由于在晶格中拍摄分子的照片需要相当长的时间，因此在曝光期间，分子不应离开其固定位置，这一点是至关重要的。但围绕固定位置不断晃动，不利于取得良好的摄影效果，反而会导致图像模糊。在图版 I

中分子的集体照片就能看到这种效果。要获得更清晰的照片，就要尽可能冷却晶体。可以将它们浸入液态空气中降温。另一方面，如果加热被拍摄的晶体，则图像变得越来越模糊，在熔点处，由于分子离开它们的位置并开始到处移动，导致图像完全消失。

固体材料熔化后，分子仍然保持在一起，因为热运动虽然足够强，足以使它们从晶格的固定位置脱离，但仍不能使它们完全分离。然而，在更高的温度下，内聚力无法再将分子保持在一起，它们会向各个方向飞散，除非容器壁阻止分子这样做。当然，当这种情况发生时，物质已处于气态。如同固体的熔化一样，不同材料汽化的温度不同。相对于内聚力较强的物质，内聚力较弱的物质在较低的温度下会变成蒸汽。在这种情况下，这一过程也基本上取决于液体所承受的压力，因为外部压力显然有助于内聚力将分子保持在一起。因此，众所周知，一个封闭的水壶里的水比在一个开放的水壶里的水沸腾的温度高。另一方面，在大气压力相对低的高山之巅，水会在 100℃以下沸腾。顺便提一下，通过测量使水沸腾的温度，可以计算出大气压力，从而计算出某一特定地点的海拔高度。

但请你不要效仿马克・吐温的例子，根据他的说法，他曾经把一个无液气压计放进一个煮沸的豌豆汤锅里。这样做不仅不会让你知道海拔高度，氧化铜反而会使汤的味道变差。

物质的熔点越高，其沸点越高。因此，液态氢在 −253℃下沸腾，液态氧和氮在 −183℃和 −196℃下沸腾，乙醇在 78℃下沸腾，铅在 1620℃下沸腾，铁在 3000℃下沸腾，锇仅在 5300℃以上沸腾。[1]

固体美丽的晶体结构一旦破裂，内部分子首先像一群蠕虫一样在周围爬行，然后像一群受惊的鸟一样飞散。但后一种现象仍然不是热运动增加时破坏力的极限。如果温度进一步升高，分子的存在就受到威胁，因为不

[1] 所有数值均在大气压下测量。

断增加的分子间碰撞的暴力，能够将它们分解成单个原子。这种所谓的热分解作用，取决于受其影响的分子的相对强度。一些有机物质的分子会在几百度的温度下分解成独立的原子或原子团。其他更坚固的分子，如水分子，需要一千度以上的温度才能被破坏。但是当温度上升到几千度时，将不会留下任何分子，物质将是纯化学元素的气体混合物。

我们太阳表面的情况就是这样，那里的温度高达 6000℃。另一方面，在相对较冷的红巨星[1]大气中，仍然存在一些分子，这一事实已通过光谱分析方法得到证实。

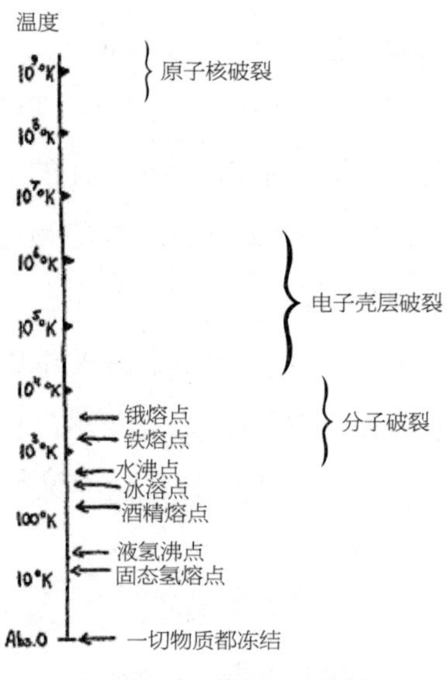

图 79　温度的破坏作用

高温下热碰撞剧烈地将分子分解成原子，而且通过剥落原子的外层电子而损坏原子本身。当温度上升到几万度和几十万度时，如果温度升高到几十万甚至几百万度时，这种热电离作用变得越来越明显。这种极高的温

[1] 参见第十一章。

度并不能在实验室产生，但在恒星内部，尤其是在太阳内部却很常见，而在此酷热环境下原子已不复存在。所有的电子层都被完全剥离，物质变成了裸核和自由电子的混合物，它们在空间中狂奔，并剧烈地相互碰撞。然而，尽管原子形体被完全毁坏，物质仍然保留其基本化学特征，因为原子核仍保持完整，如果温度下降，原子核将重新获得电子，原子的完整性将重新建立。

为了实现物质的完全热分解，也就是把原子核本身分解成独立的核子（质子和中子），温度必须上升到至少数十亿度。即使在最热的恒星内部，也达不到这样的高温，虽然数十亿年前我们的宇宙还很年轻，这种温度很可能确实存在。我们将在本书的最后一章回到这个令人兴奋的问题。

由此我们可以看出，热运动的作用是逐步破坏物质的精细结构，把这座宏伟的建筑变成一团广泛运动的粒子，它们四处乱窜，彼此冲撞，没有任何明显的法则或规律。

2.

如何描述无序运动？

然而，如果有人认为由于热运动的不规则性，就将它关在物理学门外，那将是一个严重的错误。的确，热运动是完全不规则的这一事实本身就使得它服从一种新的规律，即无序定律，也就是人们熟知的统计行为规律。为了理解上面的说法，让我们把注意力转移到著名的“醉鬼漫步”问题上。假设我们看到一个醉鬼靠在一个大城市广场中间的灯柱上（没人知道他是怎么到的，什么时候到的），然后突然决定随意走一走。于是他离开了，朝一个方向走了几步，然后又朝另一个方向走了几步，一程又一程，每走几步，他的路线就会以一种完全不可预测的方式改变（图 80）。他进行着不规则的“之”字形旅程，比如说换了 100 次方向之后，这个酒鬼离灯柱多远？最初，人们会认为，由于醉鬼每次转弯都不可预测，因此无法回答这个问题。但是，如果更仔细地考虑这个问题，我们会发现，尽管我们确实无法确定醉鬼走完路时会在哪里，但我们可以回答关于他离灯柱有多远。为了用一种强有力的数学方法来处理这个问题，让我们在路面上画两条坐标轴，原点在灯柱上，X 轴朝向我们，Y 轴朝向右侧。设 R 为酒鬼在总共 N 个转折之后离灯柱的距离（图 80 中 N=14）。如果现在 X_N 和 Y_N 代表醉鬼走过的第 N 支在相应轴上的投影，根据毕达哥拉斯定理显然可给出：

图 80　醉鬼漫步

$$R^2=(X_1+X_2+X_3+\cdots+X_N)^2+(Y_1+Y_2+Y_3+\cdots+Y_N)^2$$

其中 X 和 Y 的值是正的还是负的，取决于醉鬼在他行走的这个特定阶段是走近还是远离灯柱。注意，由于他的运动是完全无序的，所以 X 和 Y 的正数和负数个数差不多。在根据代数的基本规则计算括号中的项的平方时，括号中的每一项都必须乘以它本身和所有其他项。

从而得到

$$(X_1+X_2+X_3+\cdots+X_N)^2$$
$$=(X_1+X_2+X_3+\cdots+X_N)(X_1+X_2+X_3+\cdots+X_N)$$
$$=X_1^2+X_1X_2+X_1X_3+\cdots+X_2^2+X_1X_2+\cdots+X_N^2$$

这个长算式包含所有 X 的平方项（X_1^2，X_2^2，… X_N^2），以及所谓的混合乘积，例如 X_1X_2，X_2X_3 等。

到目前为止，这是一个简单的算法，但现在的统计点是基于酒鬼走路的无序性。由于他完全是随机移动的，朝向或者背向柱子走的可能性相等，所以 X 的值有 50% 的可能是正的或负的。因此，在查看“混合乘积”时，你多半会发现，总是有数值相同但符号相反的项，从而相互抵消，并且总转折次数越多，发生抵消的可能性就越大。最后剩下的只有 X 的平方项，因为平方项总是正的。因此，整个结果可以写成 $X_1^2+X_2^2+\cdots+X_N^2=N_X^2$，其中 X 是“之”字形路程的每一段在 X 轴上投影的平均长度。

以相同的方式，我们发现包含 Y 的第二个括号可以简化为 NY^2，Y 是每段路程在 Y 轴上的平均投影。这里必须再次重申，我们刚才所做的并不是严格意义上的代数运算，而是基于统计论据的关于“混合乘积”的相互抵消，因为路程是随机的。对于醉鬼离灯柱最可能的距离，我们现在得到的只是：

$$R^2=N(X^2+Y^2)$$

或

$$R=\sqrt{N}\times\sqrt{X^2+Y^2}$$

但是每段路程在两个轴上的平均值投影都是 45°，所以 $\sqrt{X^2+Y^2}$（还是根据毕达哥拉斯定理）就等于路程的平均长度。用 1 米表示，我们得到

$$R=1\times\sqrt{N}$$

用通俗的话来说，我们的结果意味着：在大量不规则转弯之后，醉鬼到灯柱的距离等于他所走的每条直线的平均长度，再乘以其条数的平

方根。

因此，如果醉鬼每次在转身前走一码，（以一个不可预知的角度！）他走了总共一百码后，很可能离灯柱只有十码。如果他没有转弯，而是径直走，那他就在一百码外，这说明散步时保持清醒是绝对有利的。

以上例子的统计性质由以下事实可见：我们这里仅指最可能的距离，而不是每种情况下的确切距离。尽管可能性不大，对于一个醉鬼来说，可能会发生这样的情况，他根本不作任何转弯，因此沿着直线远离灯柱。也可能会发生这样的情况，他每次都转弯，比如说，180 度，这样每转一圈便返回灯柱一次。但是，如果大量醉鬼都是从同一根灯柱开始，走在不同的曲折道路上，彼此之间互不干扰，那么在较长一段时间后，你会发现他们散布在灯柱周围的某个区域，这样他们与灯柱的平均距离就可以根据上述规则计算出来。图 81 给出了一个此类由于不规则运动而导致扩散的例子，我们画了 6 个步行醉鬼。不言而喻，醉鬼的数量越多，他们无序行走的转弯次数越多，规则就越精确。

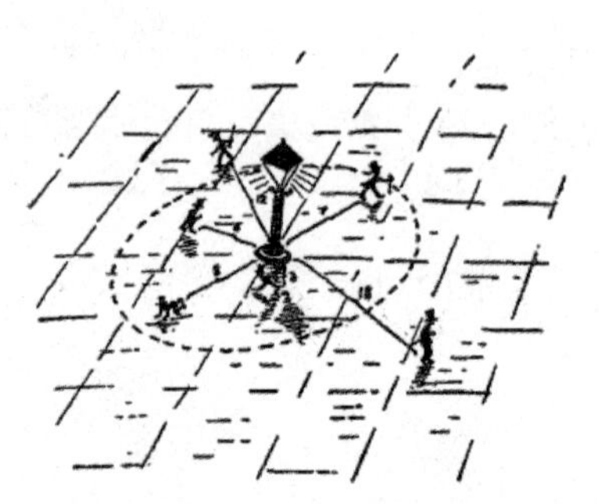

图 81　灯柱周围六个醉鬼的步行统计分布图

现在，用一些微观物体来代替醉鬼，比如悬浮在液体中的植物孢子或细菌，你会看到植物学家布朗在他的显微镜中看到的那张照片。没错，孢子和细菌并没有喝醉，但正如我们前面所说，它们正不断地被参与热运动的分子踢向各个方向，因此，他们像一个在酒精影响下完全丧失方向感的人一样。

透过显微镜观察悬浮在水滴中的大量小颗粒的布朗运动，你会把注意力集中在某一特定的小区域（靠近“灯柱 5”）中的某一特定群体上。你会注意到，随着时间的推移，它们逐渐散布到整个视野中，它们与原点的平均距离与时间间隔的平方根成比例地增加，正如我们计算醉鬼走路距离的数学定律所要求的那样。

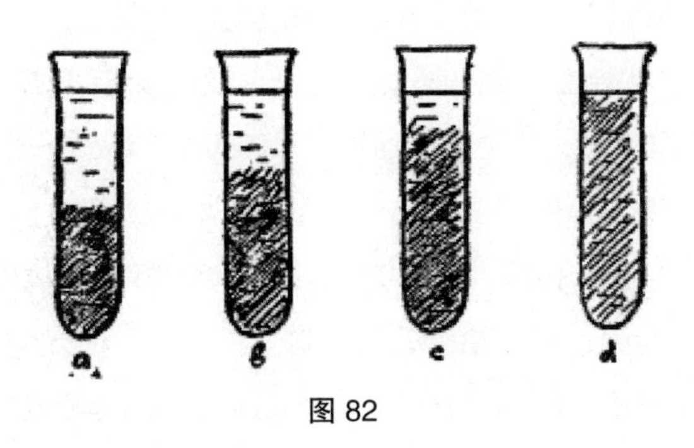

图 82

当然，同样的运动定律也适用于水滴中的每一个独立的分子；但是你看不到独立的分子，即使你可以，你也无法区分它们。要使这种运动可见，必须使用两种不同的分子，例如通过它们的颜色不同来区分。因此，我们可以用高锰酸钾水溶液填充半个化学试管，使水呈现出美丽的紫色。然后在它上面倒一些清水，小心不要把这两层混在一起，我们会注意到紫色逐渐渗透到清澈的水里。如果等待足够长的时间，你会发现从底部到表面的所有的水都变成了均匀的颜色。这种现象，众所周知，被称为扩散，是由于染料分子在水分子间不规则的热运动所致。我们必须把高锰酸钾的每一个分子想象成一个小醉鬼，在其他分子不断的撞击下来回奔波。由于分子在水中的排列非常紧密（与气体中的排列相反），每个分子在两次连续碰撞之间的平均自由路程非常短，只有大约 1 亿分之一英寸。另一方面，由于分子在室温下以每秒十分之一英里的速度运动，一个分子从一次碰撞到另一次碰撞只需要百万分之一秒。因此，在一秒钟内，每一个染料分子将参与大约一百万次连续碰撞，并多次改变运动方向。第一秒的平均距离是1亿分一英寸（自由路径的长度）乘以100万的平方根。这使得平均扩散速度仅为每秒百分之一英寸；这是一个相当缓慢的过程！考虑到如果它不因碰撞而偏转，同一分子将在十分之一英里之外。如果你等待100秒，分子将挣扎着通过10倍那么远（$\sqrt{100}=10$）的巨大距离，在10,000秒，也就是说，在大约3小时内，扩散作用将把染料分子带到100倍（$\sqrt{10000}=100$）的距离外，也就是说，大约1英寸远。是的，扩散是一个相当缓慢的过程；当你把一块糖放进你的茶杯里时，你最好搅拌它，而不是等着直到糖分子通过自身的运动扩散到各处。

再举一个扩散过程的例子，这是分子物理学中最重要的过程之一，让我们来看热通过铁棒的传播，铁棒的一端放在壁炉里。根据你自己的经验，你知道要花很长时间，直到铁棒的另一端变得烫手，但你可能不知道热是通过电子沿着金属棒扩散的。是的，一个普通的铁棒实际上充满了电子，任何金属物体都是如此。金属和其他材料，例如玻璃的区别在于：前者的原子失去了一些外层电子，这些电子在金属晶格中游荡，参与不规则的热运动，与普通气体中的微粒非常相似。

金属块外边界上的表面力阻止了这些电子的逸出[1]，但在材料内部它们的运动几乎是完全自由的。如果在金属线上施加一个力，自由的、未被束缚的电子将朝着产生电流现象的力的方向猛冲。另一方面，非金属通常是良好的绝缘体，因为它们的所有电子都被束缚在原子上，不能自由移动。

当一根金属棒的一端被放在火中时，自由电子在这部分金属中的热运动大大增加，并且快速移动的电子开始扩散到其他区域，并携带额外的热量。该过程与染料分子在水中的扩散非常相似，只是我们这里没有两种不

[1] 当我们将金属线加热到高温时，电子在其内部的热运动变得更加剧烈，其中一些电子从表面散发出来。这是电子管中的现象，并为所有无线电爱好者所熟悉。

同的粒子（水分子和染料分子），而是把热电子气体扩散到冷电子气体占据的区域。但是，醉鬼行走的定律同样适用于此，热量沿金属棒传播的距离随着相应时间的平方根而增加。

我们举一个宇宙学中至关重要又与其他例子不同的扩散例子。正如我们将在后续章节中所讲的，太阳的能量是来自内部化学元素的炼金术转化产生的。这种能量以强烈辐射的形式释放，而“光粒子”（光量子）开始了它们穿过太阳内部向太阳表面移动的漫长旅程。由于光以每秒 30 万公里的速度运动，而太阳的半径只有 70 万公里，因此只要光量子在不偏离直线的情况下运动，它只需要 2 秒多一点就可以走到太阳表面。然而，事实远非如此！在路上光量子与太阳物质中的原子和电子发生了无数次的碰撞。光量子在太阳物质中的自由行程大约是一厘米，（比分子的自由行程要长得多！）由于太阳的半径是 700 亿厘米，我们的光量子必须迈出 $(7\times10^{10})^2$ 或 5×10^{21} 个醉鬼步才能到达太阳表面。由于每一步需要 $\frac{1}{(3\times10^{10})}$ 或 3×10^{-11} 秒，因此整个行程时间为 $3\times10^{-11}\times5\times10^{21}=1.5\times10^{11}$ 秒或约 5000 年！在这里我们再次看到扩散过程是多么缓慢。光从太阳的中心到它的表面需要 50 个世纪，而进入空旷的行星际空间并沿着直线行进后，只需 8 分钟就能跨越从太阳到地球的整个距离！

3.
计算概率

上述扩散的例子只代表了概率统计定律应用于分子运动问题的一个简

单例子。在进一步讨论并试图理解最重要的熵定律之前，我们必须首先了解更多关于计算不同简单或复杂事件概率的方法。熵控制着每个物体的热行为，无论是液体的微小水滴还是巨大的恒星组成的宇宙。

到目前为止，掷硬币是最简单的概率计算问题。每个人都知道，扔硬币（不作弊）有平等的机会得到正面或反面。人们通常说正面或反面的概率是50:50，但在数学中更常见的说法是概率各半。如果你把得到正面和反面的机会相加，你会得到$\frac{1}{2}+\frac{1}{2}=1$。概率论中的1意味着一种必然性；事实上，你很确定，抛硬币时，硬币不是正面就是反面，除非它滚到沙发下面，让你找不到。

假设现在你连续投两次硬币，或者，同样地，你同时投两个硬币。很容易看出，这里有4种不同的可能性，如图83所示。

图83　抛两个硬币的4种可能组合

在第一种情况下，你会得到两次正面，在最后一种情况下，会得到两次反面，中间两种情况实际上完全相同，因为正面或反面出现的顺序（或硬币出现的顺序）对你来说并不重要。因此你说两次正面的机会是四分之一或$\frac{1}{4}$，两次反面的机会也是$\frac{1}{4}$，而正面和反面的机会是$\frac{2}{4}$或$\frac{1}{2}$。这里又是1/4+1/4+1/2=1，这意味着您一定会得到3种可能的组合中的一种。现在让我们看看如果我们把硬币扔3次会发生什么。下表总结了8种可能性：

	I	II	II	III	II	III	III	IV
第一次投	正	正	正	正	反	反	反	反
第二次	正	正	反	反	正	正	反	反
第三次	正	反	正	反	正	反	正	反

如果检查此表，你会发现有$\frac{1}{8}$的机会得到三次正面，3 次得到反面的机会也是$\frac{1}{8}$。其余的可能性被正面 2 次和反面 1 次，或者正面 1 次和反面 2 次平分，每个事件的概率为$\frac{3}{8}$。

我们的各种可能性的表扩展得相当快，但让我们再迈出一步，投掷4次。现在我们有以下 16 种可能性：

	I	II	II	III	II	III	III	IV	II	III	III	IV	III	IV	IV	V
第一次投	正	正	正	正	正	正	正	正	反	反	反	反	反	反	反	反
第一次	正	正	正	正	反	反	反	反	正	正	正	正	反	反	反	反
第二次	正	正	反	反	正	正	反	反	正	正	反	反	正	正	反	反
第三次	正	反	正	反	正	反	正	反	正	反	正	反	正	反	正	反

这里我们有 1/16 的概率，正面是 4 次，反面是 4 次。正面 3 次和反面 1 次或反面 3 次和正面 1 次的混合情况，其概率分别为 4/16 或 1/4，而相同次数的正面和反面的概率分别为 6/16 或 3/8。

如果你尝试以类似的方式继续进行更大数量的投掷，则表会变得更长，以至于很快就会用完纸张；因此，例如，对于 10 次投掷，您有 1024 种不同的可能性（即 2×2×2×2×2×2×2×2×2）。但是根本没有必要列这么长的表，因为在前面的简单例子中可以观察到简单的概率定律，然后将其直接用于更复杂的情况。

首先，你会发现，两次获得正面的概率等于第 1 次和第 2 次投掷中分别获得正面的概率之积，实际上$\frac{1}{4}=\frac{1}{2}\times\frac{1}{2}$。同样地，连续3次或4次获得正面的概率是每次投掷中分别获得正面概率的乘积（$\frac{1}{8}=\frac{1}{2}\times\frac{1}{2}\times\frac{1}{2}$；$\frac{1}{16}=\frac{1}{2}\times\frac{1}{2}\times\frac{1}{2}\times\frac{1}{2}$）。因此，如果有人问你，10次投掷每次都获得正面的机会有多大，你可以用$\frac{1}{2}$乘以10次$\frac{1}{2}$来给出答案。结果将是0.00098，这表明机会确实非常低：大约千分之一的机会！这里我们有一个“概率相乘”的法则，它声明如果你想（同时）得到几个不同的事物，你可以把（单独）每个事物的数学概率相乘来得到它们的数学概率。如果你想要的东西很多，而且每一件都不太可能，那么你得到它们的机会就低得惊人！

还有另一个规则，即“概率相加”，它规定：如果你只想要几个事物中的某一个（不管是哪一个），那么得到它的概率就是所有获得单个项目的概率之和。

可以从抛硬币时得到等分结果的例子中得到解释。你实际上想要的是“正面1次，反面2次”或者“反面2次，正面1次”。以上每种组合的概率是$\frac{1}{4}$，得到其中一种的概率是$\frac{1}{4}$加$\frac{1}{4}$或$\frac{1}{2}$。因此，如果你想要“那个和那个以及第3个……”你将不同项目的个别数学概率相乘。但是，如果你想要“这个，或那个，或第3个”，你就得把概率相加。

在第一种情况下，你想要的越多，得到的概率就越低。在第二种情况下，你得到“什么都行”时，你被满足的概率就会增加。

投掷硬币的实验提供了一个很好的例子：当进行的实验次数越多时，概率定律就越准确。这如图84所示，它表示：2次、3次、4次、10次和100次抛投中获得不同相对数量的正面和反面的概率。你看，随着数量的增加，概率曲线变得越来越尖锐，正反面比率为50：50时的最大值变得越来越明显。

因此，对于 2 次或 3 次，或甚至 4 次，每次都是正面或反面的机会还是相当可观的，但在 10 次中，甚至 90% 的正面或反面都是非常不可能的。

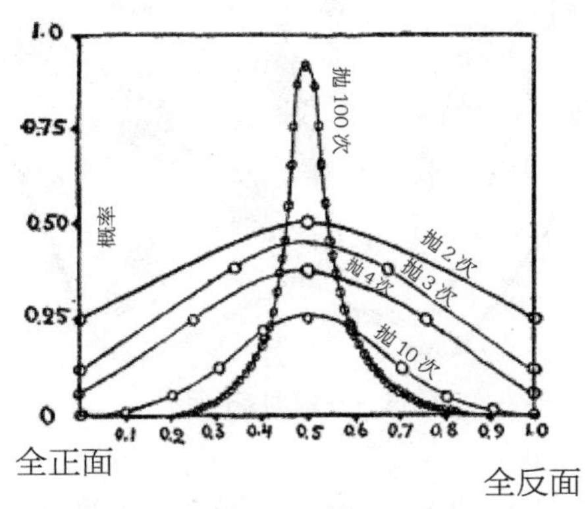

图 84　正面和反面的相对数量

对于更多的投掷次数，比如说 100 或 1000 次，概率曲线变得像针一样尖锐，甚至你不可能得到 50 : 50 以外的结果。

现在，让我们使用我们刚刚学习的概率计算的简单规则，来判断在著名的扑克游戏中遇到的五张纸牌的各种组合的相对概率。

假设你不会玩扑克，这个游戏中的每个玩家都会得到 5 张牌，得到最高组合的人会获得筹码。在这里，我们省略通过交换一些牌得到更好的牌的情况，以及通过使对手相信你的牌比你实际拥有的好得多而使他们屈服的心理策略。虽然这种虚张声势实际上是游戏的核心，丹麦著名物理学家尼尔斯・玻尔据此发明了一种全新的游戏，在这种游戏中不使用任何纸牌，玩家只是通过谈论他们所拥有的假想组合来虚张声势，但它完全不在概率演算的范畴之内，纯粹是心理课题。

为了熟悉概率演算我们来进行一些练习，让我们计算一下扑克游戏中某些组合的概率。这些组合之一称为“同花”，代表 5 张全都是同花色的牌（图 85）。

图 85　一副同花(黑桃)

如果你想拿到同花，则你拿到的第一张牌是什么并不重要，仅需计算其他 4 张牌属于同一花色的概率即可。一副牌总共有 52 张，每一种花色有 13 张，[1] 因此，在你拿到第 1 张牌后，整副牌中这一花色的牌剩余 12 张。所以第 2 张牌是正确花色的概率是 12/51。同样，第三，第 4 和第 5 张牌具有相同花色的概率由分数 11/50、10/49 和 9/48 给出。既然希望所有 5 张卡都同一花色，因此必须应用概率乘法法则。据此计算出同花的概率为：

$$\frac{12}{51}\times\frac{11}{50}\times\frac{1}{49}\times\frac{9}{48}=\frac{13068}{5997600}$$

或者大约 1/500。

[1] 这里我们省略了“王牌”的出现带来的麻烦，这是额外的牌，可以根据玩家的意愿来代替任何其他牌。

图 86　满堂红

但请不要认为一定会在 500 手牌中拿到一手同花。你可能一无所获，也可能会拿到两次。这仅仅是概率计算，可能会发生这样的情况：发牌已经远远超过了 500 次你可能还没有拿到想要的组合，或者相反，你可能会在第一次拿牌的时候就摸到了同花。概率论所能告诉你的是：你可能会在 500 手牌中碰到一次同花。通过遵循相同的计算方法，你还可以了解到，玩 3000 万次游戏，你可能拿到约 10 次 5 张 A（包括王牌）。

扑克牌的另一种组合更为罕见，因此牌面更大，它是所谓的“全手”，更通俗地说叫“满堂红”。满堂红由“一对”和“三张同一类”组成（也就是说，2 张同一点数 2 个花色，3 张另一点数 3 个花色，例如 2 张 5 和 3 张 Q，如图 86 所示）。

如果要拿到一手满堂红，你先拿到哪两张牌无关紧要，但是当你拿到它们时，你必须让其余 3 张牌中的 2 张与其中一张匹配，剩下两张和第二张一样。由于有 6 张牌会与你的牌相匹配（如果你有一张 Q 和一张 5，则还有另外 3 张 Q 和另外 3 张 5），3 张牌符合要求的概率是 6/50，由于现在仅剩 49 张牌中的 5 张符合要求，4 张牌符合要求的概率是 5/49，而第 5 张牌符合要求的概率是 4/48。因此，满堂红的总概率为：

$$\frac{6}{50}\times\frac{5}{49}\times\frac{4}{48}=\frac{120}{117600}$$

或者说大约是同花概率的一半。

以类似的方式，可以计算其他组合的概率，例如，一个“顺子”（点数相连的 5 张牌），还可以算出王牌的出现和换牌所带来的概率变化。

通过这样的计算，人们发现扑克中出现的概率越小的组合价值就越高。作者不知道这样的安排是由旧时的一些数学家提出的，还是纯粹由数以百万计的赌棍，在豪华赌场和世界各地的小黑场子里冒着破产的危险总结出来的。如果是后者，我们必须承认，这是一项相当好的、对复杂事件的相对概率的统计研究！

概率计算的另一个有趣的例子是“生日巧合”的问题，这个例子可以得出一个非常出乎意料的答案。试着记住你是否曾被邀请参加同一天的两个不同的生日聚会。你可能会说，这种双重邀请的机会很小，因为你只有大约 24 个朋友有可能邀请你，而他们的生日可能是一年中 365 天里的任何一天。因此，有这么多日期可供选择，你的 24 个朋友中的任何两个将不得不在同一天切生日蛋糕的可能性很小。

然而，听起来令人难以置信，你在这里的判断是完全错误的。事实上，在一个 24 人的公司里，很有可能有一对，甚至几对，同一天过生日。事实上，有这种巧合的可能性比没有巧合的可能性大。

您可以通过列出大约 24 人的生日清单来验证这一事实，或者更简单地说，通过随机打开某本参考书的某一页，譬如《美国名人录》，选出连续 24 人的生日加以比较。或者可以通过使用简单的概率演算规则来确定概率，这些规则我们已经在抛硬币和扑克的问题上得以熟悉。

假设我们先尝试计算一下，在一个 24 人组成的公司中每个人都有不同的出生日期。让我们问一下小组中的第一个人的生日；当然这可能是 365 天中的任何一天。现在，我们遇到的第二个人的出生日期和第一个人的出生日期有什么不同？由于这个（第二个）人可能在一年中的任何一天出生，因此，在 365 个生日中，有一个机会与第一个生日重合，365 天中有 364 个（即 364/365 的概率）不一致的机会。同样，第三个人的出生日期与第一个或第二个的出生日期不同的概率为 363/365，因为一年中有两天被排除在外。我们询问的下一个人的出生日期与我们之前接触过的人的出生日期不同的概率是：362/365、361/365、360/365 等等，直到最后一个人的概率是$\frac{(365-23)}{365}$，即$\frac{342}{365}$。

由于我们试图算出所有人生日各不相同存在的概率，因此我们必须将上述所有分数相乘，从而获得所有人具有不同的出生日期的概率值：

$$\frac{364}{365}\times\frac{363}{365}\times\frac{362}{365}\times\cdots\times\frac{342}{365}$$

用高等数学的某些方法，几分钟内就可以得到这个结果，但如果你不会这些方法，你可以用直接相乘这种费力的方式来做[1]，这也花不了太多时间。结果是 46%，这表明不出现重合生日的概率略小于一半。换句话说，你的 24 个朋友中没有任何两人在同一天过生日的概率只有 46/100，而两个或更多的朋友在同一天过生日的概率是 54/100。因此，如果你有 25 个或更多的朋友，而且从来没有被邀请参加同一天的两个生日聚会，结论很可能是：你的大多数朋友都没有组织生日聚会，或者他们没有邀请你参加！

生日巧合问题是一个很好的例子，说明了关于复杂事件概率的常识判断可能是完全错误的。作者向许多人，包括许多著名的科学家提出了这个问题，结果除了一个人以外，其他所有人都以 2：1 甚至 15：1 的赌注赌这样的巧合不会发生。如果有人接受了所有这些赌邀，他现在一定是个有钱人了！[2]

有一点再怎么强调也不过分，那就是尽管我们能根据给定的规则计算出不同事件的概率，并从中选出其中最有可能的事件，但我们根本不能确定这正是即将要发生的。除非我们正在进行的测试的数量达到数千、

[1] 如果可以，请使用对数表或计算尺！

[2] 当然，这个例外是匈牙利数学家（请参阅本书第一章的开头）。

数百万或者数十亿次，当然这样更好，否则预测的结果只是“可能”而不是“确定”。但用于次数较少的测试时，概率定律的准确度有所下降。例如在破译较短的密码和暗语时，统计分析几乎没什么用。例如，让我们来看看埃德加・爱伦・坡（Edgar Allan Poe）在他著名的小说《金甲虫》中描述的一个著名案例。他告诉我们一个叫罗格朗的先生在南卡罗来纳州一个荒芜的海滩上散步时，捡到一张半埋在湿沙里的羊皮纸。在罗格朗先生海滩小屋里，这张羊皮纸被火炙烤后，显现出一些用墨水写的神秘标记，这些记号在羊皮纸冷却的时候看不见，但加热后变成红色很容易辨认。纸上有一个头骨的图片，表明文件是一名海盗写的，纸上还有一只山羊头，毫无疑问这个海盗不是别人，正是著名的基德船长，而除此以外的几行文字明显是用来表明宝藏的埋藏地点的（图 87）。

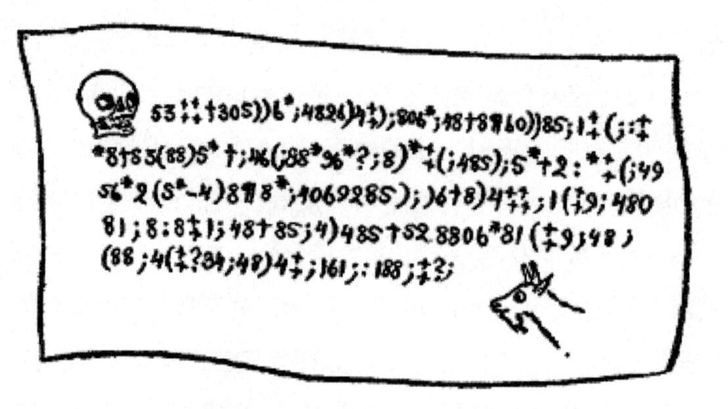

图 87　基德船长的留言

我们姑且尊重埃德加・爱伦・坡的权威，承认 17 世纪的海盗们熟悉分号和引号等印刷符号，以及其他诸如：*，†和 ¶。

出于对金钱的需求，罗格朗先生绞尽脑汁，试图破译这段神秘的暗文，最后根据不同字母在英语中出现的相对频率完成了破译。他的方法基于这样一个事实：计算英语文本中不同字母的数量，无论是在莎士比亚十四行诗还是埃德加华莱士（Edgar Wallace）的推理小说中，你会发现字母“e”出现的频率目前为止是最高的。在“e”之后，最常用的字母的顺序如下：

a，o，i，d，h,n，r，s，t，u，y，c，f，g，l，m,w,b，k，p，q，x，z。

通过计算基德船长密码中出现的不同符号，罗格朗发现，信息中出现频率最高的符号是数字 8。“啊哈”，他说，“这意味着 8 最有可能代表字母 e。”

好吧，他是对的，但是当然这只是非常有可能，但不是绝对的。实际上，如果秘密信息是“你将在鸟岛北端一个旧小屋以南两千码处的树林中的铁箱里发现大量黄金和硬币”（You will find a lot of gold and coins in an iron box in woods two thousand yards south from an old hut on Bird Islands north tip），它连一个“e”都不包含！ 但是概率定理垂青勒格朗先生，他的猜测确实是正确的。

在第一步成功之后，罗格朗先生变得过于自信，于是以同样的方式继续，按照字母出现的可能性来挑选字母。在下表中，我们给出了基德船长信息中出现的符号，按其相对使用频率的顺序排列：

符号“8”出现了 33 次		e	e
;	26	a	t
4	19	o	h
‡	16	i	o
(	16	d	r
*	13	h	n
5	12	n	a
6	11	r	i
†	8	s	d
1	8	t	
0	6	u	
g	5	y	
2	5	c	
i	4		
3	4	g	g
?	3	l	u
¶	2	m	
-	1	w	
·	1	b	

右边的第一列包含字母表中的字母，按照它们在英语中的相对频率排列。因此，我们可以合理地假设，左边宽栏中列出的符号代表右边第一窄列中与之相对的字母。但通过这种安排，我们发现基德船长的信息开头写着：ngiisgundrhaoecr…

完全不知所云！

怎么回事？这个老海盗是不是太狡猾，以至于使用出现频率不规则的字母？根本不是；只是消息的文本不够长，无法进行更好的统计采样，而且字母出现的频率完全不符合统计学。如果基德船长把他的宝藏藏得非常隐秘，以至于寻找宝藏的密文需要写上好几页，或者，最好是一整册，那么罗格朗先生将有更多的机会运用频率规则来解开这个谜团。

如果你投掷一枚硬币 100 次，你可能非常确定，出现正面大约 50 次，但在只有 4 次的投掷中，可能出现正面三次，反面一次或相反。如果要为此制定规则，那么试验次数越多，概率法则运算就越精确。

简单的统计分析方法因密文中的字母数量不足而失败，罗格朗先生不得不根据英语中不同单词的详细结构进行分析。首先，他强化了他的假设，即最常见的符号“8”代表“e”，他注意到组合“88”经常（5 次）出现在这个相对较短的消息中，因为众所周知，英文单词中的字母“e”经常翻倍（如：meet，fleet，speed，seen，been，agree 等）。此外，如果“8”真的代表“e”，人们会期望它经常作为单词“the”的一部分出现。通过检查密码的文本，我们发现这个组合；“48”在几行短行中出现了 7 次。但如果这是真的，我们就能得出结论：“;”代表 t，而“4”代表“h”。

我们请读者参阅爱伦·坡的原著，进一步了解破译基德船长信息的细节。罗格朗最后发现完整的密文是：“A good glass in the bishop's hostel in the devil's seat. Forty-one degrees and thirteen minutes northeast by north. Main branch seventh limb east side. Shoot from the left eye of the death's head. A bee-line from the tree through the shot fifty feet out.（在主教旅馆的魔鬼座位上有一面好玻璃杯。东北偏北41 度 13 分。主干上东侧第七根树枝。从死者头部左眼射击，从树沿射击方向走出 50 英尺。）"

罗格朗先生最后破译的不同字符的正确含义见第表格的最右列，你会发现它们并不完全符合根据概率定律合理预期的分布。当然，这是因为文本太短，因此不能为概率定律提供充分的操作机会。但是，即使在这个小的“统计样本”中，我们也可以注意到字母按照概率论所要求的顺序排列的趋势，如果信息中的字母数量大得多，这种趋势几乎成为一种不可打破的规则。

似乎只有一个例子（除了保险公司不会破产的事实）可以用来说明概率论的预测实际上已经被大量的试验所验证。这就是著名的“美国国旗和火柴问题”。

为了解决这个特殊的概率问题，你需要一面美国国旗；如果没有国旗，就拿一张大纸，在上面画一些平行且等距的线。然后再拿一盒火柴，任何类型的都可以，只要它们比条纹的宽度短。接下来你需要一个希腊字“派”，它不是什么吃的东西，只是一个希腊语字母表中的字母，相当于我们的“p”。它看起来像这样：π。除了是希腊语字母表中的一个字母外，它还用来表示圆的周长与其直径的比值。你可能知道其数值上等于 3.1415926535……（已知的数字位数更多，但我们不需要全部）。

现在把旗子铺在桌子上，把一根火柴抛向空中，看着它落在旗子上（图 88）。它可能完全落在条带内，也可能落在两条条带之间的边界上。这两种情况发生的可能性有多大？

图 88

按照我们确定其他概率问题的程序，我们必须首先弄清每种情况各有几种可能性。

但是，很显然，火柴可以以无数种不同的方式落在旗子上，怎么能穷尽所有的可能性呢？

让我们更详细地探究这个问题。图 89 中，落下的火柴相对于其落点处条纹的位置，可以由火柴中点距最近的边界线的距离以及火柴与条纹方向的夹角来表示。我们给出了下落的火柴的三个典型示例，为了简单起见，假设火柴的长度等于条纹的宽度，每一根都是，比如说，两英寸。如果火柴的中心离边界线很近，并且角度很大（如例 a），则火柴将与该线相交。相反，如果角度较小（如例 b）或距离较大（如例 c），则火柴将保持在一条条纹的边界内。更确切地说，如果火柴的一半在垂直方向上的投影越过条纹的一半宽度（如例 a），则火柴将与直线相交；如果相反，则不相交（如例 b）。图 89 下半部分体现了这一结论。我们在水平轴（横坐标）上绘制下落火柴的角度，该角度由半径为 1 的相应弧的长度表示。在垂直轴（纵坐标）上，我们绘制了半根火柴在垂直方向上的投影长度；在三角学中，此长度称为对应于给定弧的正弦。很明显，当弧为零时，正弦为零，因为在这种情况下，火柴占据水平位置。当弧为$\frac{1}{2}$时，相当于直角[1]，正弦等于 1，因为火柴占据垂直位置，因此与其投影重合。对于弧的中间值，正弦由熟悉的数学波形曲线（称为正弦曲线）给出。（在图 89 中，在 0~ $\frac{\pi}{2}$之间，我们给出了完整曲线的$\frac{1}{4}$。）

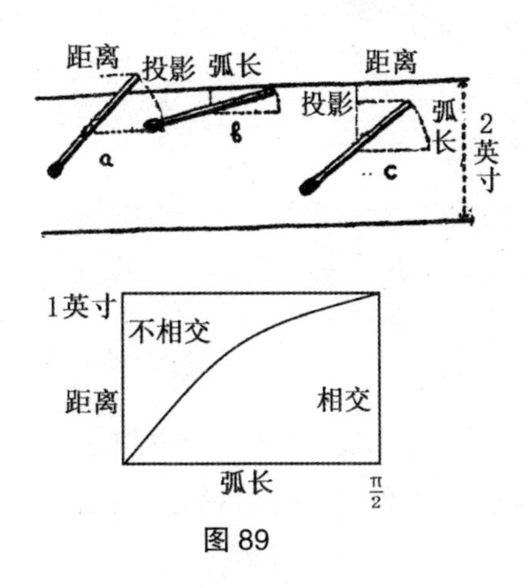

图 89

构建了这个图之后，我们可以方便地使用它来评估落下的火柴是否有越过线的机会。事实上，正如我们在上面看到的（再看图 89 上部的三个例子），如果火柴中心到边界线的距离小于相应的投影，即小于弧的正弦，则火柴将穿过条纹的边界线。这意味着在我们的图表中，在绘制距离和弧线时，我们得到一个正弦线以下的点。与此相反，完全位于条纹边界内的火柴将给出正弦线上方的点。

因此，根据我们的概率计算规则，相交与不相交两种情况的概率与曲线下面积与曲线上方面积的比率相同；或者两个事件的概率可以通过将两个面积除以矩形的整个面积来计算。我们可以从数学上证明（参见第二章），在我们的图表中，正弦的面积正好等于 1。由于矩形的总面积

[1] 半径为 1 的圆的周长是其直径的 2 倍或 2π。因此，圆的一个象限的长度是 2r/4 或 π/2。

为$\frac{\pi}{2}\times 1=\frac{\pi}{2}$，我们发现火柴与边界线相交（对于长度等于条纹宽度的火柴）的概率为：$\frac{1}{\pi/2}=\frac{2}{\pi}$。

π 突然出现在人们最不可能预料到的地方，这个有趣的事实是 18 世纪科学家布丰伯爵（Count Buffon）首次观察到的，所以现在“火柴与国旗”问题就叫“布丰问题”。

实际的实验是勤勉的意大利数学家拉兹瑞尼（Lazzerini）做的，他投掷了 3408 次火柴，观察到其中 2169 次与边界线相交。把准确的实验数据代入布丰公式：$\pi=\frac{2\times 3408}{2169}\approx 3.1415929$，精确到小数点后第 7 位！

当然，这代表了概率定律有效性的一个最有趣的证明，但并不比把一枚硬币抛几千次，把抛硬币的总数除以正面出现的次数来确定一个数字“2”更有趣。在这种情况下，你最后算出的数字肯定是 2.000000……与拉兹瑞尼确定 π 的值误差一样小。

4.
“神秘”的熵

从上面概率演算的例子来看，所有这些都与日常生活有关，我们已经了解到，这种预测，当涉及很小的数字时往往令人失望，而涉及非常大的数字时，就会变得越来越准确。这使得这些定律特别适用于描述无穷多的原子或分子，即便很小的物质也包含大量的原子或分子。因此，在醉鬼漫步的例子中，醉鬼的数量只有半打，每个酒鬼可能会拐二三十次弯，统计定律只给我们一个近似的结果。而应用到数十亿的染料分子，这些分子每秒经历数十亿次的碰撞时，我们却能得出最准确的物理学扩散定律。我们还可以说，最初仅溶解在试管内一半的水中的染料，经过扩散过程，趋向于均匀地扩散到整个液体中，因为这样的均匀分布状态比最初状态的概率更大。

出于完全相同的原因，你坐在房间里面读这本书，你的房间从一面墙到另一面墙，从地板到天花板都均匀地充满空气，你甚至从来没有想过房间里的空气会意外地聚集到远处的角落，让你在椅子上窒息而死。然而，这一可怕的事件并不是完全不可能发生的，而只是概率很低。

为了澄清这一问题，让我们假设房间被一个垂直平面分成相等的两半，空气分子在这两个部分之间会怎样分布。当然，这个问题与前一章讨论的抛硬币问题是一样的。如果我们只取一个单分子，则它有相等的机会出现在房间的右边或左边，与被抛掷的硬币能正面或反面朝上落在桌子上的方式完全相同。

第二个、第三个和所有其他分子也有同样的机会在房间的右边或左边，而不管其他分子在哪里[1]。因此，在房间的两半之间分配分子的问题，等同于多次抛掷硬币的正面和反面分布规律的问题，如图 84 所示，在这种情况下，概率各半是最可能的。我们还从图中看到，随着抛掷次数的增加（在我们的例子中是空气分子的数量），五五开的可能性变得越来越大，当这个数字变得非常大时，实际上变成了一个确定的数字。因为在普通大小的房间里大约有 10^{27} 个分子[2]，所有这些分子同时聚集在房间的右侧的概率是：

$$\left(\frac{1}{2}\right)^{10^{27}} \cong 10^{-3\times10^{27}}$$

[1] 实际上，由于气体的各个分子之间的距离巨大，所以该空间根本不拥挤，并且在给定体积中大量分子的存在根本不会阻止新分子的进入。

[2] 一个 10 英尺宽、15 英尺长、高 9 英尺的房间，容积为 1350 立方英尺，即 5×10^7 立方厘米，因此含有 5×10^4 克空气。由于空气分子的平均质量为 $30\times1.66\times10^{-24}\approx5\times10^{-23}$ 克，因此分子总数为（5×10^4）/（5×10^{-23}）$=10^{27}$。

即$1/10^{3\times10^{26}}$。

另一方面，由于空气分子以每秒约 0.5 公里的速度移动，从房间的一端移动到另一端仅需 0.01 秒，因此它们在房间内的分布每秒都会重新调整 100 次。因此，正确组合的等待时间为 $10^{299999999999999999999999998}$ 秒，相比之下，宇宙总年龄只有 10^{17} 秒！所以，安静地继续读你的书吧，不用担心突然窒息而死。

再举一个例子，想想放在桌子上的一杯水。我们知道，参与不规则热运动的水分子在所有可能的方向上高速运动，然而，它们之间的内聚力阻止了它们的飞散。

由于每个独立分子的运动方向完全由概率定律决定，我们想一想有没有这样的可能性：在某一时刻，一半分子（玻璃杯上部的分子）的运动，方向向上，而另一半分子（玻璃杯下部的分子）会向下运动[1]。在这种情况下，作用在两组分子的水平面上的内聚力将无法对抗它们“分离的共同愿望”，出现玻璃杯中一半的水会以子弹的速度朝着天花板自发喷出的不寻常的物理现象！

另一种可能性是，水分子的热运动总能量偶然地集中在玻璃杯上部，在这种情况下，靠近底部的水会突然冻结，而其上层开始剧烈沸腾。为什么你从来没见过这样的事情？不是因为这样的事情绝对不可能，而仅是因为概率很低。事实上，如果你计算最初随机分布的水分子，突然一半向上，一半向下运动的概率，你会发现这个概率与所有空气分子都聚集在一个角落里一样低。类似地，由于相互碰撞，一些分子失去大部分动能，而另一部分得到相当过剩的动能，这种概率也小到可以忽略。我们所观测到的分子运动分布通常是具有最大概率的分布情况。

如果现在我们从与分子位置或速度的排列最不可能一致的情况开始，

[1] 我们必须考虑这种五五分的分布，因为动量守恒定律排除了所有分子朝同一方向运动的可能性。

譬如在房间的一个角落放出一些气体，或者在冷水的上方倒一些热水，那么一系列的物理变化将发生，使我们的系统从这个不太可能的状态变成一个最可能的状态。气体会扩散直到它均匀地充满整个房间，玻璃杯顶部的热量会流向底部，直到所有的水都达到相同的温度。因此，我们可以说，由分子决定的不规则运动的所有物理过程，都朝着可能性更大的方向发展，当没有外力干扰时，平衡状态就是可能性最大的状态。因为，正如我们从室内空气的例子中看到的那样，各种分子分布的概率通常用极小数字来表示（如空气聚集在半个房间中的概率是$10^{-3\times10^{26}}$），所以我们通常用对数来指代它们。这个量被称为熵，它在所有与物质不规则热运动有关的问题中起着重要作用。上述关于物理过程中概率变化的陈述现在用以下形式重写：物理系统中的任何自发变化都朝着熵增的方向发生，并且最终的平衡状态对应于熵的最大可能值。

这就是著名的熵增定律，也称为热力学第二定律（第一定律是能量守恒定律），如你所见，其中没有任何东西可以吓到你。

熵定律也可以称为无序度增加定律，因为正如我们在上面给出的所有例子中所看到的，当分子的位置和速度完全随机分布时，熵达到最大值，因此在其运动中引入有序的任何尝试都会导致熵的降低。还有一个更实用的熵定律公式，可以通过把热转化为机械运动的问题得到。如果你还记得热实际上是分子的无序机械运动，那么你就不难理解，将一个特定物体的热能完全转化为大规模运动的机械能，相当于迫使该物体的所有分子朝同一方向运动。然而，以一杯水为例，它可能会自发地将其中一半的水射向天花板，我们已经看到，这样的现象是极度不可能的，实际上被认为就是不可能的。因此，尽管机械运动的能量可以完全转化为热（例如，通过摩擦），但热能永远不能完全转化为机械运动。这就排除了所谓的“第二类永动机”[1]的可能性，其在常温下从物体中提取热量，从而使它们冷却下来，并将由此获得的能量用于做功。例如，不可能建造这样一艘蒸汽船，其锅炉中的蒸汽不是通过燃烧煤炭产生的，而是通过从海水中提取热量产生的，海水首先被泵入机舱，然后其中的热量被提取后以冰块的形式抛回船外。

但是，普通蒸汽机如何在不违反熵定律的情况下将热量转化为运动呢？其奥秘在于，在蒸汽机中，燃烧燃料释放的热量实际上只有一部分转化为能量，另一大部分以废气的形式被排放到空气中，或者被专门安装的蒸汽冷却器吸收。在这种情况下，熵在我们的系统中有两个相反的变化：（1）熵的减少对应于一部分热量转化为活塞的机械能；（2）熵的增加是由于另一部分热量从热水锅炉流入冷却器。熵定律仅要求系统的总熵增加，而这可以通过使第二种变化大于第一种变化来达成。通过举例我们能更好地理解它的这种特性，将一个 5 磅重的物体放在离地板 6 英尺的架子上，根据能量守恒定律，这个重量是不可能自发地、在没有任何外部帮助的情况下上升到天花板的。从另一方面来说，该物体有可能把其一部分重量掷向地板，利用释放出来的能量将其另一部分向上举起。

同样，我们可以减小系统某一部分中的熵，只要另一部分中的熵补偿性增加。换言之，考虑到分子的无序运动，我们可以让一个区域变得更有序，如果我们不介意这会使其他部分的运动更加无序的话。在许多实际情况下（各种热功机械），我们的确并不介意。

[1] 这与“第一类永动机”相反，永动机违反了能量守恒定律，在没有任何能量供应的情况下工作。

5. 统计起伏

上一节的讨论一定已经让你明白，熵定律及其所有的结果完全基于这样一个事实：在物理学中，我们总是与大量的独立分子打交道，因此任何基于概率考虑的预测几乎都是绝对确定的。然而，当样本非常少时，这种预测就变得相当不确定了。

因此，例如，如果我们在上一例中讨论的不是整个房间的所有空气，而是体积小得多的气体，譬如一个边长仅为百分之一微米的立方体中的气体，情况就会大不一样。因为立方体的体积是 10^{-18} 立方厘米，它将只包含$\frac{10^{-18}\times10^{-3}}{3\times10^{-23}}$=30个分子，这些分子只聚集在立方体的一半空间的概率是$(\frac{1}{2})^{30}=10^{-10}$。

另一方面，由于立方体的体积要小得多，分子每秒位置更新的频率是 5×10^{10} 次（每秒 0.5 千米的速度，只有 10^{-6} 厘米的距离），这样每过一秒我们会发现立方体空了一半。毫无疑问，当只有一小部分分子集中在小立方体的一端时，这种情况发生的频率更高。例如，20 个分子在一端，10 个分子在另一端的分布（即只有 10 个额外的分子在一端聚集）将以$(\frac{1}{2})^{10}\times5\times10^{10}=10^{-3}\times5\times10^{10}=5\times10^{7}$的频率出现，即每秒50,000,000次。

因此，在小范围内，分子在空气中的分布很不均匀。如果可以放大足够的倍数，我们就会注意到分子在气体内在某个点瞬间聚集，然后又散开，并被其他点出现的类似聚集所取代。这种效应被称为密度涨落，在许多物理现象中起着重要作用。因此，例如，当太阳光线穿过大气层时，这种不均匀性会导致光谱中蓝色光线的散射，使天空呈现出熟悉的颜色，使太阳看起来比实际更红。这种变红的效果在日落时尤其明显，这时太阳光必须穿过较厚的空气层。如果这些密度的起伏不存在，那么天空看起来永远是漆黑的，我们在白天都可以看到星星。

类似地，虽然不太明显，密度和压力的波动也发生在普通液体中，因此可以用另一种方式来描述布朗运动的原因：悬浮在水中的微小颗粒，由于作用在其对侧的压力的迅速变化而被推来推去。当液体加热到接近沸点时，密度的波动变得更加明显，并导致轻微的乳浊。

我们现在可以问问自己，对于受统计起伏影响非常大的小物体，熵增定律到底是否适用，它当然会嘲笑热不能转化为机械运动这一说法！但在这种情况下，更准确的说法是熵增定律失去了意义，而不是说它被违反了。事实上，这个定律所说的就是分子运动不能完全转化为包含大量独立分子的大物体的运动。对于一个比分子本身大不了多少的细菌来说，热运动和机械运动之间的差别实际上已经消失了，分子碰撞就像我们在兴奋的人群中被我们的同胞推搡一样。如果我们是细菌，我们只需把自己绑在一个飞轮上，就可以制造出第二类永动机，但是细菌没有大脑来考虑如何利用它。因此，事实上没有理由为我们不是细菌而感到遗憾！

生物体提出了一个似乎与熵增定律相矛盾的问题。事实上，一个正在生长的植物吸收二氧化碳（来自空气）和水（来自地面）的简单分子，并将它们合成植物所组成的复杂有机分子。从简单到复杂分子的转化意味着熵的降低；事实上，熵增加的正常过程是木材的燃烧和其分子分解成二氧化碳和水蒸气。植物真的违背了熵增定律吗？它们的生长是得到了古代哲学家所主张的某种神秘的生命力的帮助吗？

对这个问题的分析表明，这两者之间不存在矛盾，因为除了二氧化碳、水和某些盐，植物还需要充足的阳光来生长。除了储存在植物生长材料中的能量，以及植物燃烧时可能再次释放的能量之外，太阳光还携带着所谓的“负熵”（低熵），当光被绿叶吸收时，负熵就会消失。因此，植物叶片中发生的光合作用涉及两个相关的过程：a）将太阳光的光能转化为复杂有机分子的化学能；b）利用太阳光的低熵来降低将简单分子转化为复杂分子的熵。就“有序与无序”的术语而言，人们可以说，当被绿叶吸收时，太阳辐射被剥夺了和它一起到达地球的内在秩序，而这个秩序被传递给了分子，允许它们形成更复杂、更有序的结构。植物本身是从无机化合物构建的，从太阳光中获得负熵（秩序），而动物必须吃植物（或彼此）来提供负熵，可以说，动物是负熵的间接使用者。

第九章
生命之谜

1.
我们由细胞组成

在我们对物质结构的讨论中，到目前为止，我们故意省略了对一组相对较少但极其重要的物体，这些物体与宇宙中所有其他物体不同，因为它们具有生命的特殊性质。有生命和无生命物质的重要区别是什么？现象能否在那些成功解释非生命物质性质的基本物理定律的基础上被理解？

当我们谈到生命现象时，我们通常会想到一些相当大而复杂的生物，如树、马或人。但是，通过研究这些复杂的有机系统来研究生物的基本性质，就如同拿研究汽车之类的复杂机器来研究无机物的结构一样，是徒劳的。

你若坚持必定困难重重，因为汽车是由数千个不同材料、不同物理状态、形状各异的零件组成。其中一些（如钢底盘、铜线和玻璃挡风板）是固态的；一些（如散热器中的水、油箱中的汽油和气缸油）是液态的；还有一些（如从化油器进入气缸的混合物）是气态的。然后，在分析被称为汽车的复杂物质时，第一步是把它分解成单独的、物理上均匀的组成部分。而我们发现，它由金属材料（如钢、铜、铬等）、玻璃材料（如建筑用玻璃、塑料）、各种均质液体（如水、汽油）等等组成。

现在，我们可以继续进行分析，并使用可用的物理研究方法，我们发现，铜质零件由单独的小晶体组成，这些晶体是由单个铜原子紧靠并相互叠加形成的；散热器中的水由大量相对松散的水分子组成，每个分子由 1 个氧原子和 2 个氢原子构成； 而通过阀门流入气缸的燃烧剂混合物，由氧和氮分子与汽油分子组成，而汽油分子又由碳和氢原子组成。

同样地，在分析复杂的生物体，例如人体时，我们必须首先将其分解为独立的器官，如大脑、心脏和胃，然后再将其分解为各种生物学上均质的材料，这些材料通常被称为“组织”。

从某种意义上说，各种类型的组织代表了构建复杂的活生物体的材料，就像机械装置是由各种物理上均匀的物质构成一样。根据不同组织的特性来分析生物体功能的解剖学和生理学，从此种意义上来说类似于工程学，后者把各种机器的功能建立在已知的机械、磁、电以及用来构建机器本身的物理性质上。

因此，对生命之谜的答案不能仅仅从组织是如何组成复杂有机体的角度找，更要从这些组织是如何由独立的原子构成的角度来找，因为这些原子最终构成了每一个活的有机体。

如果认为生物上同质的活体组织可以与普通的物理上同质的物质相比较，那就大错特错了。事实上，对任意选择的组织（无论是皮肤、肌肉还是大脑）在显微镜下进行的初步分析表明，它由大量单个单元组成，其性质或多或少决定了整个组织的性质（图 90）。这些生命物质的基本结构单位通常被称为“细胞”；从某种意义上说，它们也可以被称为“生物原子”（即“不可分割的”），因为一种给定类型的组织的生物特性只有在它至少包含一个单独的细胞时才会被保留。

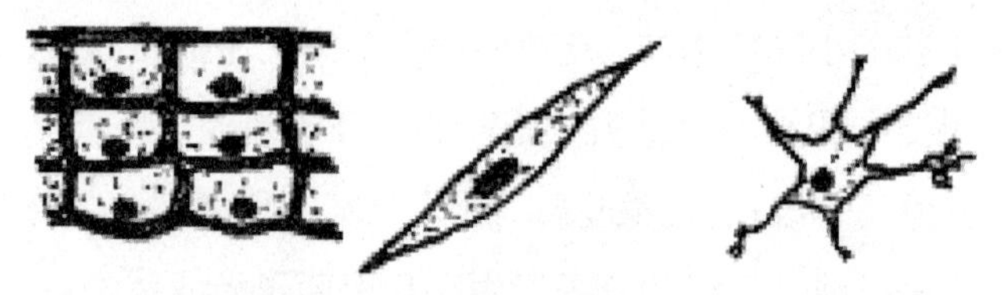

构成植物组织的细胞　来自肌肉组织的细胞　来自脑组织的细胞

图90　各种类型的细胞。

例如，肌肉组织，被切割成只有一个细胞一半大小，就会失去肌肉收缩的所有特性。同理，就像一根只有半个镁原子的镁丝不再是镁金属，而是一小块煤！[1]

形成组织的细胞体积相当小（平均直径为百分之一毫米[2]）。任何熟悉的植物或动物都必须由大量的独立细胞组成。例如，一个成熟的人的身体是由数十万亿个不同的细胞组成的！

当然，较小的生物是由较少数量的细胞组成的；例如，家蝇或蚂蚁所含的细胞只有几亿个。还有一大类单细胞生物，如阿米巴、真菌（使皮肤起“癣”的真菌）和各种类型的细菌，它们仅由一个细胞组成，并且只有通过良好的显微镜才能看到。对这些必须在复杂有机体中，不受干扰地承担“社会功能”的个体活细胞的研究，是生物学中最激动人心的章节之一。

为了全面了解生命问题，我们必须从活细胞的结构和性质上寻找解决方案。

活细胞有什么特性使它们与普通无机材料如此不同，或者，与构成写字台木头或鞋子皮革的细胞有什么不同？

活细胞的基本区别特性在于它的能力：（1）从周围介质中吸收其结

[1] 记得在对原子结构的讨论中，镁原子（原子序数12，原子量24）是由12个质子和12个中子组成，原子核被12个电子包围。把一个镁原子平分，我们就可以得到两个新原子，每个原子含有6个质子、6个中子和6个外层电子，换句话说，就是2个碳原子。

[2] 有时单个细胞会达到巨大的尺寸，就像我们熟悉的鸡蛋黄的例子，它只是一个细胞。然而，在这些情况下，负责其生命的细胞的重要部分仍然是微小的，蛋黄只是积累的食物，为鸡胚的发育服务。

构所需的物质；（2）将这些原料转化为身体生长所需的物质；（3）当其几何尺寸过大时，分成两个相似的细胞，每个细胞是原来尺寸的一半（并且能够生长）。当然，这些“进食”、“生长”和“繁殖”的能力更复杂的有机体都拥有。

具有批判性思维的读者可能会反对说，这三种特性也可以在普通无机物质中找到。例如，如果我们将一个小的盐晶体放入盐的过饱和水溶液[1]中，晶体将通过向其表面添加从水中提取（或者更确切地说是“赶出”）的连续盐分子层而生长。我们甚至可以想象，由于一些机械效应，例如生长晶体的重量增加，在达到一定尺寸后会分裂成两半，这样形成的“晶体婴儿”将继续该生长过程。为什么我们不把这个过程也归类为“生命现象”？

在回答这个问题和类似的问题时，首先必须指出的是，如果简单地把生命看作普通物理和化学现象的一个更复杂的情况，我们不应该期望在这两个情况之间有一个明确定义的界限。同样，使用统计定律来描述由大量独立分子形成的气体的行为（见第八章），我们无法确定这种描述在多大程度上准确有效。事实上，我们知道充满房间的空气不会突然聚集在房间的一个角落，或者至少这样一个不寻常事件发生的概率是微不足道的。另一方面，我们也知道，如果整个房间里只有两个、三个或四个分子，它们都会相当频繁地来到某个角落。

一个陈述所适用的数量和另一个陈述所适用的数量之间的确切界限在哪里？一千个分子？一百万？十亿？

同样地，即便降至基本的生命过程，我们也不能在水溶液中的盐结晶这种分子现象与活细胞的生长和分裂现象之间找到一个清晰的界限，尽管

[1] 将大量盐溶于热水中，冷却至室温，可制得过饱和溶液。由于在水中的溶解度随着温度的降低而降低，水中的盐分子将比水在溶液中可能保持的多。水中的盐分子将超过水中可能保留的盐分子。但是，过量的盐分子会在溶液中停留很长一段时间，除非我们放入一个小晶体，可以说，这个晶体提供了最初的动力，并充当盐分子从溶液中逸出的组织者。

两者基本上没有什么区别。

然而，对于这个特定的例子，我们可以说，晶体在溶液中的生长不应被视为生命现象，因为晶体用于生长的“食物”被吸收到它的身体中，而不改变它在溶液中的形态。先前与水分子混合的盐分子只是聚集在正在生长的晶体表面上。这只是一个普通的物质机械堆积，而不是典型的生化同化作用。此外，这只是普通的机械堆积过程，晶体的增殖有时会分裂成形状不规则的碎片，与生物学上活细胞分裂过程几乎没有相似之处，而这种分裂主要是由内力引起的。

我们应该有一个更接近生物过程的模拟，例如，如果一个单一的乙醇分子（C_2H_5OH）在二氧化碳气体的水溶液中，则它应该开始一个自我增殖的合成过程，该过程将水中的水分子（H_2O）和溶解气体中的二氧化碳分子（CO_2）一个接一个地结合起来，形成新的乙醇分子[1]（图91）。的确，如果一滴威士忌，放进一杯普通的苏打水里，那么这种苏打水就变成了纯威士忌，我们不得不把酒精当成生命物质了！

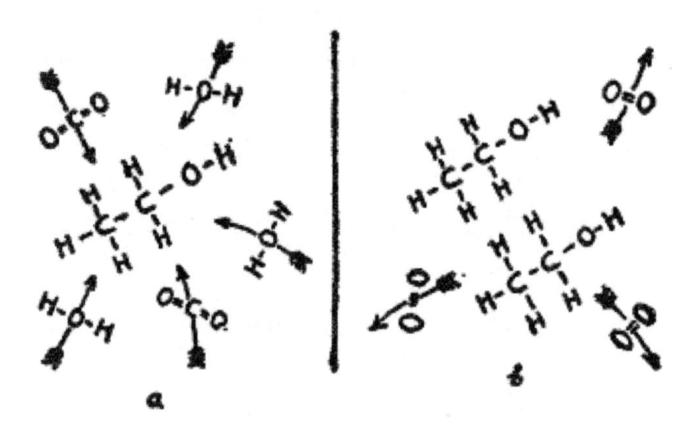

图91　酒精分子将水和二氧化碳分子组织成另一种酒精分子的示意图。如果可以实现酒精的“自我繁殖”，我们就必须视它为有生命物质

[1] 这个虚构的反应方程：$3H_2O+2CO_2+[C_2H_5OH] \rightarrow 2[C_2H_5OH]+3O_2$，一个酒精分子能制造出两个同样的酒精分子。

这个例子并不像看上去那么奇妙，因为正如我们稍后会看到，实际上存在着病毒，其复杂的分子（每一个由数十万个原子组成）能将周围介质中的其他分子变得与自身相似。这些病毒颗粒被视为普通的化学分子，同时又是活的有机体，因此代表了生物与非生物之间的“缺失环节”。

但是，我们现在必须回到普通细胞的生长和繁殖问题，尽管它们非常复杂，但复杂度仍远不如分子，因此必须被视为最简单的生物。

如果我们用高倍显微镜观察一个典型的细胞，就会发现它是由半透明胶状材料制成的，这种材料的化学结构非常复杂。它被称为原生质。它被细胞壁包围，细胞壁在动物细胞中是薄而柔韧的，但在不同植物的细胞中又厚又重，给它们的身体提供了高度的弹性（参见图 90）。每个细胞的内部都包含一个称为细胞核的球形小体，由称为染色质的物质组成的精细网络构成（图 92）。在这里必须注意的是，在正常情况下，形成细胞体的原生质的各个部分具有相同的透明度，因此，仅仅通过显微镜观察活细胞无法观察到这种结构。为了观察结构，我们必须对细胞的材料进行染色，利用原生质吸收染色材料的能力不同。形成细胞核网络的材料特别容易受到染色过程的影响，在较浅的背景下显得清晰可见[1]。因此，“染色质”这个名字在希腊语中的意思是“吸收颜色的物质”。

[1] 你也可以用类似的方法，用蜡烛在纸上写字。在你试图用黑色铅笔给纸涂上阴影之前，这些文字是看不见的。因为石墨不会粘在蜡覆盖的地方，所以笔迹会在阴影的背景上清晰地显现出来。

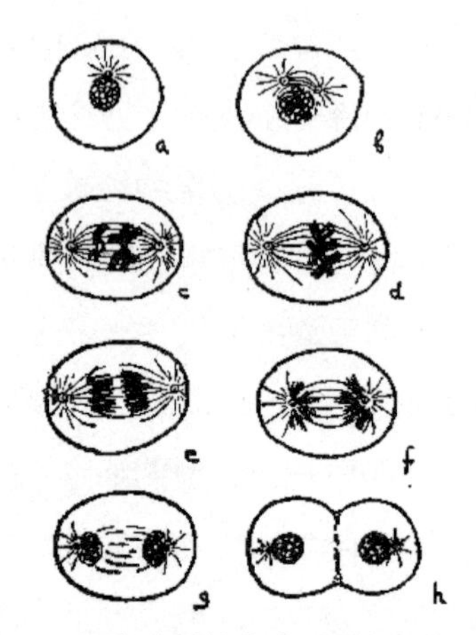

图92　细胞分裂的各个阶段(有丝分裂)

当细胞为重要的分裂过程做准备时，核网络的结构与以前有了很大的不同，并且可以看到它由一组分离的颗粒组成（图 92b，c），这些颗粒通常是纤维状或棒状，称为“染色体”（即“吸收颜色的物体”）。见图版ＶＡ，Ｂ。[1]

一个特定生物物种体内的所有细胞（除了所谓的生殖细胞）都含有完全相同的染色体数量，通常，越高级生物体中的染色体数量越多。

黑腹果蝇有引以为傲的拉丁名字：*Drosophila melanogaster*，帮助生物学家了解了许多有关生命之谜的东西，它的每个细胞都有 8 条染色体。豌豆植株的细胞有 14 条染色体，而玉米的有 20 条染色体。生物学家本人和其他人都携带 46 条染色体；从数学角度看人类比苍蝇强 6 倍，但并不意味着有 200 条染色体的龙虾比人类强 4 倍。

生物细胞中染色体数总是偶数的；事实上，在每一个活细胞中（本章后面讨论的除外），我们都有两组几乎相同的染色体（见图版ＶＡ）：

---

[1] 必须记住，在将染色过程应用于活细胞时，我们通常会杀死它，细胞从而停止其进一步发育。因此，细胞分裂的连续图像，例如图 92 中的图像，不是通过观察单个细胞获得的，而是通过染色（和杀灭）处在发育的不同阶段的不同细胞的方法。然而，原则上这并没有太大的区别。

一组来自母亲，一组来自父亲。所有生物的来自双亲的两套染色体上携带着复杂的遗传特性，这些特性世代相传。

细胞分裂的主动权在染色体，每一条染色体沿着其整个长度整齐地分裂成两条相同但稍细的纤维，而整个细胞作为一个单元保持完整（图92d）。

大约在最初缠结的细胞核内的染色体束开始组织以准备分裂的时候，两个离得很近，靠近细胞核的外边界，被称为中心体的点，逐渐彼此远离，移向细胞相对的两端（图92a、b、c）。似乎还有一些细丝连接着这些分开的中心体和细胞核内的染色体。当染色体分裂成两条时，每半条染色体都附着在相反的中心体上，并通过细线的收缩被用力从另一条染色体上拉开（图92e，f）。当这一过程接近完成时（图92g），细胞壁开始沿着中心线塌陷（图92h），穿过细胞的每一半长出一层薄薄的细胞壁，细胞的两半彼此分离，两个不同全新的细胞出现了。

如果这两个子细胞能从外部获得足够的养分，它们将成长到它们母细胞2倍的大小，而在一定的休息期之后，它们将进一步分裂，它们遵循的模式与为它们提供独立实体的细胞完全相同。

对细胞分裂各个步骤的这些描述是直接观察的结果，而且科学在试图解释这一现象上的努力几乎到此为止了，因为在了解导致该过程的物理化学作用的确切性质方面，几乎没有观察到什么。细胞作为一个整体似乎仍然过于复杂，无法进行直接的物理分析，在解决这个问题之前，我们必须了解染色体的性质——相比之下，这个问题要简单一些，下一节将讨论这个问题。

但首先，思考细胞分裂对生殖的作用是有益的。这里，我们可能会问，先有鸡还是先有蛋？但事实是，在描述这样一个周期性的过程时，起点并不重要，不管我们是从一个“蛋”开始，还是从一只鸡开始，结果相同。

假设我们从一只刚孵出的“鸡”开始。在孵化（或出生）的那一刻，它体内的细胞正在经历一个连续的分裂过程，从而影响有机体的快速生长和发育。记住，一个成熟动物的身体含有数千亿个细胞，所有这些细胞都是由单个受精卵细胞的连续分裂形成的，乍一想，为了达到这一结果，自然需要非常大量的连续分裂过程。然而，我们只需记住西萨·本·达希尔的故事就能看到，相对较少的连续细胞分裂确实会产生大量的细胞。西萨·本·达希尔曾向一位心存感激的国王讨赏，和世界末日问题。如果我们用 x 来指代一个成熟的人类生长所必需的连续细胞分裂的次数，那么在每个分裂中生长体中的细胞数量是原来的两倍（因为每个细胞分裂成两个），我们就可以得出在单个卵细胞从形成到成熟之间，人体发生分裂的总数的关系式为：$2^x=10^{14}$，得出 x=47。

因此，我们的身体中的每个细胞，都是初始卵细胞的大约第五十代的子孙。[1]

在幼年动物体内，细胞分裂相当迅速，但成年个体的大多数细胞通常处于“休眠状态”，而且分裂只是偶尔的，以确保生命中身体的“维持”和补偿磨损。

现在我们来讨论一种非常重要的、特殊类型的细胞分裂，这种分裂导致了所谓的“配子”或“结合细胞”的形成，而这些细胞导致了生殖现象的产生。

在任何双性别生物的最早阶段，一些细胞被单独“储存”起来，以备将来的生殖活动。这些细胞位于特殊的生殖器官中，在生物体的生长过程中比任何其他细胞所进行的分裂都少，直到生物准备繁殖新的后代时，它们还是新鲜的，充满活力。此外，这些生殖细胞的分裂以一种不同的、更简单的方式进行，而不是上述的普通体细胞的分裂方式。它们

---

[1] 将该计算及其结果与原子弹爆炸有关的类似计算进行比较很有趣（请参阅第七章）。通过相似的等式计算导致一千克材料（总共 $2\times5\times10^{24}$ 个原子）中每个铀原子发生裂变（受精）所需的连续原子分裂过程的数量：$2^x=2\times5\times10^{24}$，得出 x = 61。

形成细胞核的染色体不像普通细胞那样分裂成两条，而只是彼此分开（图93a、b、c），因此每个子细胞只含有母细胞染色体的一半。

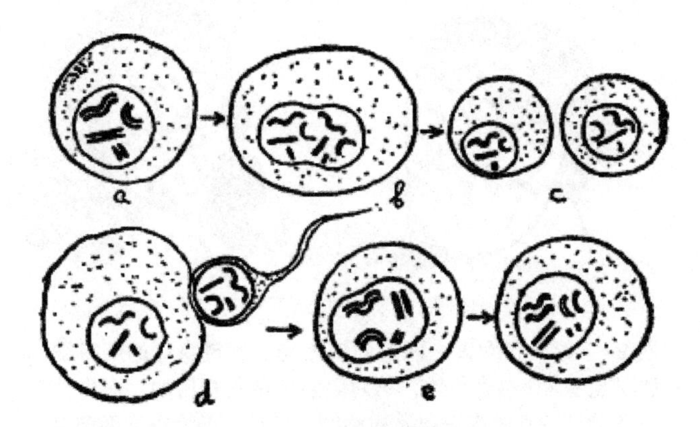

图 93　配子的形成（a，b，c）和卵细胞的受精（d，e，f）。在第一个过程（减数分裂）中，保留的生殖细胞的成对染色体被分离成两个"半细胞"，而没有初步分裂。在第二个过程（合一）中，雄性精子细胞穿透雌性卵子细胞，它们的染色体配对。结果，受精细胞开始准备进行常规分裂

导致这些"染色体数量不足"的细胞形成的过程被称为"减数分裂"，与通常被称为"有丝分裂"的分裂过程不同。由这种分裂产生的细胞被称为"精子细胞"和"卵子细胞"，或被称为雄配子和雌配子。

细心的读者可能想知道，原始生殖细胞是分裂成两个相等的部分的，怎么会造成配子有雌雄两种特性呢？要回答这个问题，我们回头去看看我们对染色体的描述，每个活细胞有两套完全相同的染色体。而对于那一对特殊的染色体，它的两个组成部分在雌性体内是相同的，但在雄性体内是不同的。这些特殊的染色体被称为性染色体，并用符号 X 和 Y 来区分。雌性体内的细胞始终有两个 X 染色体，而雄性则有一个 X 和一个 Y[1]。用 Y 染色体替换其中一条 X 染色体代表了两性之间的基本区

[1] 这种说法对人类和所有哺乳动物都是正确的。然而，在鸟类中，情况是相反的：公鸡有两条相同的性染色体，而母鸡有两条不同的性染色体。

别（图 94）。

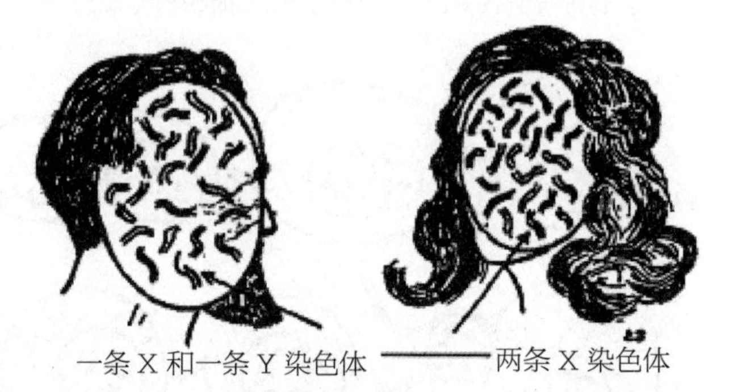

图 94　男人和女人之间的面值差异。女性身体的所有细胞都含有 46 对染色体，每对染色体都是相同的，而男性身体的细胞则含有一对不对称的染色体。与女性的两条 X 染色体不同，男性有一条 X 染色体和一条 Y 染色体

由于雌性生物体中保留的所有生殖细胞都有一套完整的 X 染色体，当一个生殖细胞在减数分裂过程中一分为二时，每个半细胞或配子接受一条 X 染色体。但是由于雄性生殖细胞都有一个 X 染色体和一个 Y 染色体，当其中一个生殖细胞分裂时，其结果是两个配子中一个包含 X 染色体，另一个包含 Y 染色体。

在受精过程中，当雄性配子（精子细胞）与雌性配子（卵子细胞）结合时，有对半的可能性结合形成一个具有两个 X 染色体的新细胞，或具有一个 X 染色体和一个 Y 染色体的细胞；在第一种情况下，孩子是女孩，在第二种情况下，孩子是男孩。

我们将在下一节中回到这个重要的问题上，现在继续描述生殖过程。

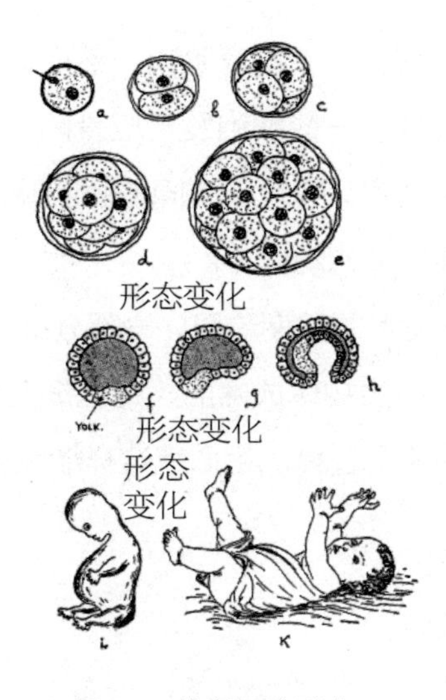

图 95　从卵细胞到人

当雄性精子细胞与雌性卵细胞结合时，一个被称为“融合”的过程就形成了一个完整的细胞，在“有丝分裂”过程中开始分裂为两个细胞，如图 92 所示。在短暂的休息期后，两个新形成的细胞再次分裂为两个；四个新形成的细胞中的每一个都重复这一过程，等等。每个子细胞从原始受精卵中获得所有染色体的精确复制品，其中一半来自母亲，另一半来自父亲。受精卵逐渐发育为成熟个体的过程如图 95 所示。在（a）中，我们看到精子进入静止卵细胞。

两个配子的结合刺激了完整细胞中的一种新活动力，现在它先分裂成 2 个，然后分裂成 4 个，然后分裂成 8 个，然后分裂成 16 个，等等（图 95b、c、d、e）。当单个细胞的数量变得相当大时，它们倾向于以这样一种方式排列自己，即让所有细胞都位于表面上，在那里它们能够更好地从周围的营养介质中获取养料。这一发育阶段的有机体看起来像一个有内腔的小气泡，被称为“囊胚”（f）。随后，腔壁开始弯曲（g），生物体进入称为“原肠胚”（h）的阶段，在此阶段，它看起来像一个带有开口的小袋，既可用来吸收新鲜食物，又可将废物从消化的材料中排出。简单的动物，例如珊瑚虫，从来没有超过这个发育阶段。然而，在更高等的物种中，生长和分化的过程仍将继续。一些细胞发育成骨骼，另一些细胞发育成消化系统、呼吸系统和神经系统，并经历不同的胚胎阶段（i），生物体最终成为一个可识别为其物种一员的幼体（k）。

如上所述，在生长发育的早期阶段，一部分细胞可以说是被搁置起来，以备将来的繁殖之用。当生物体成熟时，这些细胞经历减数分裂的过程，并产生配子，从头开始整个过程。生命就这样继续向前。

2.
遗传与基因

繁殖过程中最显著的特征在于，来自双亲的一对配子结合而生的新生物体，不会成长为任何一种其他生物，而是发育成一个相当忠实的，其父母和父母的父母的复制品，尽管不一定必然精确。

事实上，我们可以肯定，一对爱尔兰塞特犬所生的幼犬会像一只狗而不是像大象或兔子，而且不会长得像大象那么大，或者像兔子那么小，而且它会有四条腿，一条长尾巴，脑袋两边各有一只耳朵和一只眼睛。我们还可以合理地确信它的耳朵是柔软耷拉的，它是长毛的，金棕色的，而且它很可能会喜欢狩猎。除此之外，还有许多地方可以追溯到它的父亲，母亲，或者，也许它早期的祖先，除此以外，它也有一些属于它自己的独特特征。

两个配子由微观物质构成，它们的结合启动了我们小狗的发育，但微观物质是如何携带构成优良爱尔兰塞特犬的各种特征的呢？

正如我们在上面所看到的，每个新生物都从其父亲那里获得正好一半的染色体，从母亲那里获得另一半。显然，特定物种的主要特征必须在父本和母本染色体中都包含，反之可能因个体而异的不同，次要特征可能分别仅来自父母之一。毫无疑问，在经历了很长一段时间，经过数量非常多的世代后，动植物的基本特性可能发生变化（生物进化就是明证），但是在人类现有的知识背景下，我们只看到了一些次要特征发生的微小变化。

对这些特征及其从父母到孩子的转移过程的研究，是新遗传学的主要课题，尽管它实际上还处于婴儿期，它仍然能够告诉我们关于生命中最私密、最激动人心的故事。例如，我们已经认识到，与大多数生物现象相比，遗传规律几乎遵循简单的数学规律，这表明我们在这里处理的是一种基本的生命现象。

例如，像色盲这样众所周知的人类视力缺陷，其最常见的一种形式是无法区分红色和绿色。为了解释色盲，我们首先研究了视网膜的复杂结构和特性，以及不同波长的光引起的光化学反应等等问题，了解我们为什么会看到颜色。

但如果我们问自己关于色盲的遗传特征，这个初看上去似乎比解释这种现象本身还要复杂的问题，答案却出人意料地简单明了。从观察到的事实可知：（1）色盲中男人比女人比率高；（2）色盲男人和“正常”女人所生的孩子不是色盲；（3）在色盲女人和“正常”男人的孩子中，儿子是色盲，而女儿不是。了解到这些事实清楚地表明色盲的遗传与性别有关，我们只需假设色盲的特征是由一条染色体上的缺陷引起的，并且随着这条染色体一代又一代地转移，以便将知识和逻辑假设结合起来，进一步假设色盲是由我们先前用 X 表示的性染色体缺陷导致的。

在这个假设下，色盲的经验法则变得清晰如镜。记住，女性细胞拥有两条 X 染色体，而男性细胞只拥有一条（另一条是 Y 染色体）。如果男性中的单个 X 染色体恰好有这种特殊缺陷，那么他就是色盲。在女性身上，两条染色体都必须受到影响才会导致色盲，因为只有一条染色体就足以保证对颜色的感知。一个 X 染色体有这种颜色缺陷的概率是多少呢，比如说，千分之一，那么一千个男人中就会有一个色盲。根据概率相乘定理（见第八章）计算出女性的两个X染色体都有色觉缺陷的先验概率：在1,000,000位女性中，只有1个可能是色盲。

现在让我们思考一下一个色盲丈夫和一个“正常”妻子的情况（图96a）。他们的儿子从父亲那里得不到X染色体，从母亲那里得到一条“好的”的X染色体，因此没有理由色盲。

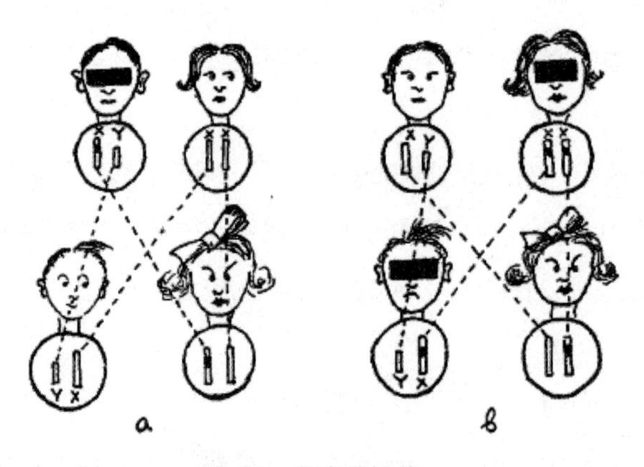

图96　色盲的遗传

另一方面，他们的女儿会得到来自母亲的“好的”X染色体和来自父亲的“坏的”X染色体。

她们不会色盲，尽管她们的孩子（儿子）可能是色盲。

与之相反，色盲妻子和“正常”丈夫（图96b）的儿子肯定是色盲，因为他们的单个X染色体来自母亲。他们的女儿将有一个来自父亲的“好的”X染色体和一个来自母亲的“坏的”X染色体，她们不会是色盲，但和以前的情况一样，她们的儿子也会是色盲。再简单不过了！

像色盲这样的遗传特性，要求该对的两个染色体都受到影响才能产生明显的效果，被称为“隐性”的。它们可以以一种隐藏的形式从祖辈传给孙辈，比如，偶然情况下，两只漂亮的德国牧羊犬生出的小狗，一点不像它的父母。

所谓的“显性”特征恰恰相反，只要一对染色体中的一条受到影响，这些特征就变得明显起来。为了讲得更容易理解，我们暂时脱离现实，将用一只虚构的兔子作例子来说明。这只兔子长着米老鼠那样的耳朵。如果我们假设“米老鼠耳朵”是一种显性遗传特征，也就是说，一个单一染色体的改变足以使耳朵以这种丢脸的方式（对兔子来说）生长，我们可以通过观察图 97 来预测下一代兔子后代的耳朵类型，假设在最初和随后结合中出生的兔子都与正常兔子交配。在我们的图表中，染色体中偏离正常造成米老鼠耳朵的地方用一个黑点标记。

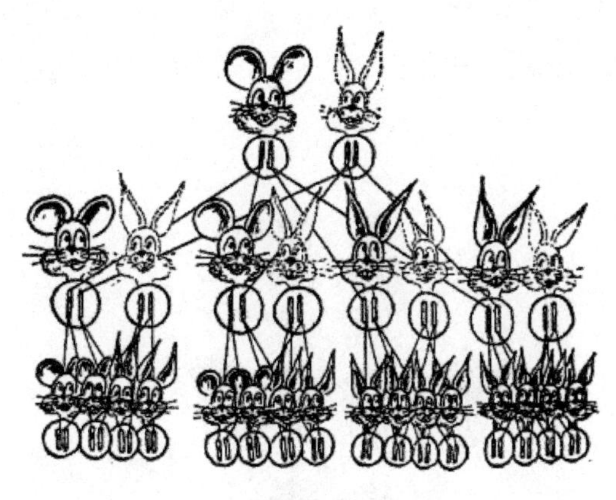

图 97

除了显性和隐性的锯齿状特征外，还有一些可以称为“中性”的特征。如果我们的花园里有红色和白色的胭脂花，那么当红色开花植物的花粉（植物中的精细胞）被风或昆虫带到另一种红色植物的雌蕊上时，它们与位于雌蕊底部的胚珠（植物中的卵细胞）结合并发育成种子，从而再次产生红色花朵。因此，如果来自白花的花粉使其他白花受精，下一代的花都将是白色的。然而，如果白花的花粉落在红色的花粉上，或红色花粉落在白色花粉上，那么用白花产生的种子培育出来的植物就会开粉红色的花。然而，很容易看出，粉红色的花并不是一个稳定的品种。如果我们对其进行组内繁殖，我们会发现下一代有50%的粉红色，25%的红色和25%的白色。

要解释这种现象，我们只要做如下假设：红色或白色的特性是由植物细胞中的一条染色体携带的，并且为了获得纯色，则这对染色体在这方面必须相同，即如果一条染色体是“红色”，而另一条是“白色”，那么色彩之争就会产生粉红色的花朵。图98列出了“彩色染色体”在后代中的分布，我们可以看到上面提到的数字关系。此外也很容易表明，通过培育白色和粉色胭脂花，我们可以在第一代中获得50%粉色花和50%白色花，但没有红色的花。同样地，红色和粉红色的花会产生50%的红色花，50%的粉红色花，但没有白色的花。这就是一个世纪前，谦逊的摩拉维亚神父孟德尔（Gregor Mendel）在布吕恩附近的修道院种植豌豆时首次发现的遗传规律。

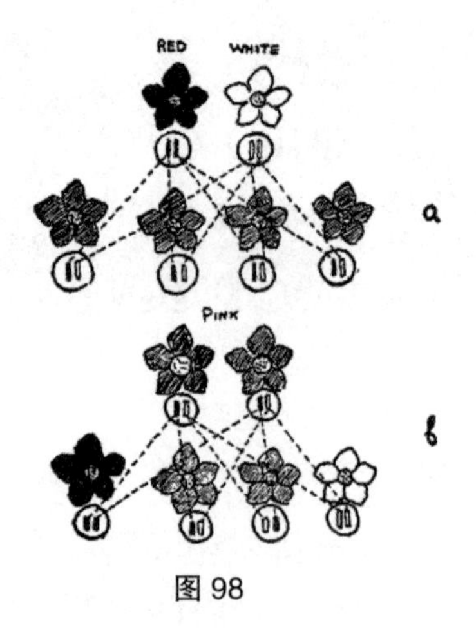

图98

迄今为止，我们已经将幼体继承的各种特性与它从父母那里获得的不同染色体联系起来。但是，由于几乎有数不清的遗传性状，与相对较少的染色体相比（苍蝇的每个细胞8条染色体，人的每个细胞46条染色体），我们不得不承认每个染色体都携带着一长串的个体特征，可以想象遗传性状整齐地密集地排在细纤维状的染色体上。事实上，从代表果蝇[1]（Drosophila melanogaster）唾液腺染色体的图版 Va 上看，我们很难摆脱这样的印象：横切穿过染色体长丝的无数黑色带状结构代表了其携带的不同性状的位点。这些交叉带一些可以调节苍蝇的颜色，一些可以调节其翅膀的形状，还有一些可能导致它有六条腿，每条大约四分之一英寸长，并且总的看起来像果蝇，而不是蜈蚣或鸡。

事实上，遗传学告诉我们，这种印象是完全正确的。我们不仅可以证明染色体上这些被称为“基因”的微小结构单元本身携带着各种个体遗传特性，而且在许多情况下，还可以分辨出哪个特定基因携带着一种或另一种特定性状。

当然，即使最大可能地放大，所有基因看起来也几乎相同，它们的功能差异隐藏在分子结构的深处。

因此，只有通过仔细研究不同的遗传特性在特定种类的动植物中代代相传的方式，才能找到它们各自的“生命的意义”。

我们已经看到，任何新生的生物都有一半的染色体来自父亲，一半来自母亲。由于父本和母本的染色体又分别来自祖父母的染色体，我们可能以为孩子只从两边的祖父母中的一个获得遗传，然而，众所周知这不一定是正确的，在某些情况下，所有四个祖父母都将其特征传给了他们的孙辈。

这是否意味着上述染色体转移方案是错误的？不，这没有错，只是有些简化。仍需考虑的是，在准备减数分裂的过程中，保留的生殖细胞分裂成两个配子，成对的染色体通常彼此缠绕在一起，并且可以部分交换。这种交换过程如图 99a，b 所示，导致从亲本获得的基因序列混合在一起，并导致遗传混合。在某些情况下（图 99c），单个染色体可以折叠成一个环，然后可能以不同的方式分解，从而搅和了其中的基因顺序（图 99c；图

[1] 果蝇是个特例，与其他许多生物相比，果蝇的染色体是非常巨大的，它的结构非常适合通过显微摄影的方法来研究。

板 Vb）。

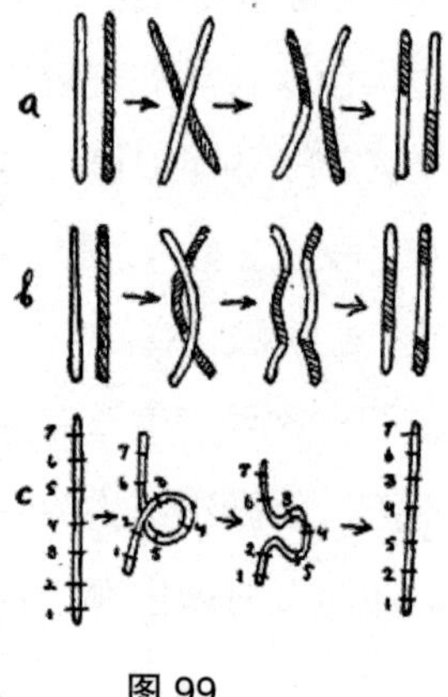

图 99

很明显，在一对染色体的两条染色体之间，或者在一条染色体内，这样的基因重组将更可能影响那些原本相隔很远的基因的相对位置，而不是那些近邻的。同样，切牌会改变切口下面和上面的牌的相对位置（并且会把在最上面的牌和在最下面的牌放在一起），但是只会把一对相邻的牌分开。

因此，观察到两个确定的遗传特性几乎总是在染色体的互换中一起传播，我们可以得出结论，相应的基因是近邻。相反，在交叉过程中经常分离的性状在染色体中必定位于相距遥远的部分。

按照这些思路，美国遗传学家摩根（T.H. Morgan）和他的学派捋清了果蝇染色体的基因顺序，并将其用于研究。图 100 是一张图表，显示了果蝇的不同特征是如何分布在构成果蝇的四条染色体的基因中的，这正如该研究所发现的那样。

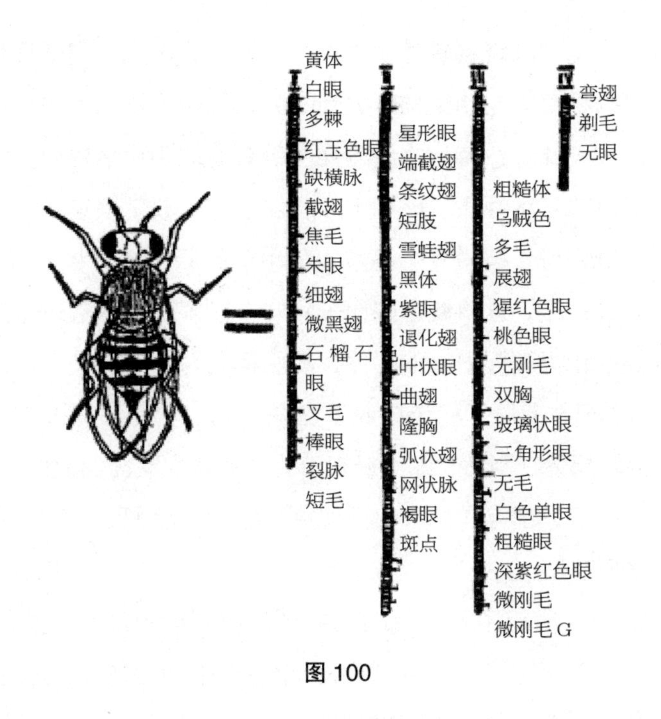

图 100

图 100 是为蝇绘制的，当然，也可以为包括人类在内的更复杂的动物绘制一张这样的图表，尽管这需要更细致和详尽的研究。

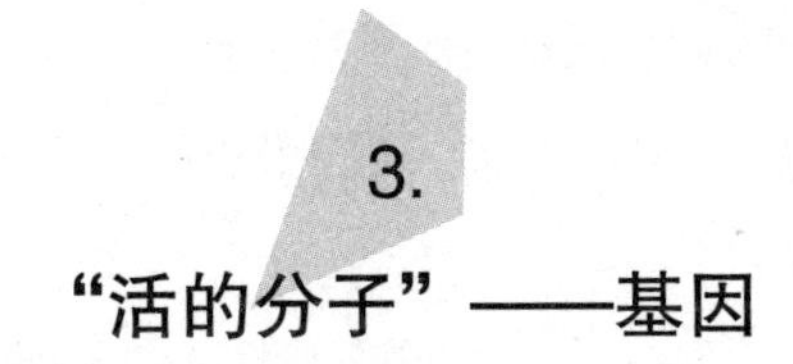

3.
“活的分子”——基因

通过逐步分析活生物体的极为复杂的结构，我们现在似乎已经触及到生命的基本单位。事实上，我们已经看到，成熟有机体的整个发展过程和几乎所有的性状都受到隐藏在其细胞深处的一组基因的控制；可以说，每一种动物或植物都“围绕着其基因生长”。如果这里允许高度简化的物理类比，我们可以将基因与活生物体之间的关系和原子核与大块无机物之间的关系进行比较。此处，特定物质的几乎所有物理和化学性质实际上都可以归结为原子核的基本性质，该基本性质仅用一个数字指定其电荷即可表征。因此，举例来说，携带 6 个基本电荷单位的原子核，将被每个拥有 6 个电子的原子层包围，这将使这些原子倾向于以规则的六边形排列，并形成具有特殊硬度和极高折射率的晶体，我们称之为钻石。类似地，一组带有电荷 29、16 和 8 的原子核造成原子黏在一起，从而形成被称为硫酸铜的物质的蓝色软晶体。当然，即使最简单的生物体也比任何晶体复杂得多，但在这两种情况下，都存在如下典型现象，即微观组织活动中心决定了宏观组织的最终细节。

这些组织中心决定了从玫瑰的香味到象鼻形状等所有生物的特性，它们有多大？通过将正常染色体的体积除以其中包含的基因数量，可以轻松地回答这个问题。根据显微镜观察，一条染色体的平均厚度约为千分之一毫米，这意味着它的体积约为 10^{-14} 立方厘米。然而育种实验表明，一条染色体负责多达数千种不同的遗传特性，这个数字也可以通过计数穿过黑腹果蝇（图版 V）那极过度生长的染色体[1]长丝的暗带（可能是单独的基因）数量直接获得。用染色体的总体积除以独立基因的数目，我们发现一个基因的体积不大于 10^{-17} 立方厘米。由于平均原子体积约为 10^{-23} 立方厘米 [$\approx (2\times10^{-8})^3$]，我们得出结论，每个独立的基因由大约一百万个原子构成。

我们还可以估计基因在人体内的总重量。如上所述，一个成年人由大约 10^{14} 个细胞组成，每个细胞包含 46 条染色体。因此，人体内所有染色体的总体积约为 $10^{14}\times46\times10^{-14}\approx50$ 立方厘米，并且（由于生命物质的

[1] 正常尺寸的染色体是如此之小，以至于显微镜研究无法将它们解析为独立的基因。

密度与水的密度相当）它的重量必定小于 2 盎司。正是这种几乎可以忽略不计的少量“组织物质”，在其自身周围构建了数千倍于自身重量的复杂动植物“外壳”，并从“内部”控制着其生长的每一步、结构的每一个特征，甚至是其行为的很大一部分。

但基因本身是什么呢？它是否必须被视为一种复杂的“动物”，可以被细分为更小的生物单元？这个问题的答案肯定是否定的。基因是生命物质的最小单位。此外，虽然可以肯定的是，基因具有区分生命体和非生命体的所有特征，但它们与复杂分子（如蛋白质分子）毫无疑问在另一方面具有联系，而这些分子完全遵循普通化学法则。

换言之，在基因中，似乎存在有机物和无机物之间缺失的联系，即本章开头所设想的“活分子”。

的确，考虑到基因的显著永久性，即它们几乎毫无偏差地携带着一个特定物种的特性历经数千代，以及形成一个基因的单个原子数量相对较少这两方面，我们把它视为精心设计的结构。不同基因特性造就了形形色色的生物，这些都是由于基因结构内原子分布的变化所导致的。

举一个简单的例子，让我们以 TNT（三硝基甲苯）分子为例，TNT 是一种爆炸性物质，在两次世界大战中发挥了重要作用。TNT 分子由 7 个碳原子、5 个氢原子、3 个氮原子和 6 个氧原子组成，按照以下方案之一排列：

α　β　γ

这三种排列方式的区别在于$\mathrm{N}^{\mathrm{O}}_{\mathrm{O}}$基团与碳环的连接方式不同，由此产生的材料通常被称为 α TNT、β TNT 和 γ TNT。这三种物质都可以在化学实验室合成。这三种炸药在性质上都很容易爆炸，但在密度、溶解度、熔点、爆炸威力等方面有细微差别。使用标准化学方法，人们可以很容易地将分子内的一组连接点上的$\mathrm{N}^{\mathrm{O}}_{\mathrm{O}}$基团迁移到另一组，从而将一种类型的 TNT 改为另一种类型。这类例子在化学中非常常见。所讨论的分子越大，由此产生的变体（同分异构体）的数量就越大。如果我们把基因看作一个由百万个原子组成的巨大分子，那么在分子中不同位置排列不同原子群的可能性就变得非常大。

我们可以认为基因是一条长链，由周期性重复的原子团和与其相连的其他原子团组成，就像坠饰系在一个迷人手链上一样；的确，生化领域的最新进展使我们能够绘制出遗传精确图，如同手链。它由碳、氮、磷、氧和氢原子组成，被称为核糖核酸。在图 101 中，我们给出了遗传手链中部分，决定新生儿眼睛颜色的一幅图片，看起来有点超现实主义（省略了氮原子和氢原子）。四个手链的吊坠表明婴儿的眼睛是灰色的。

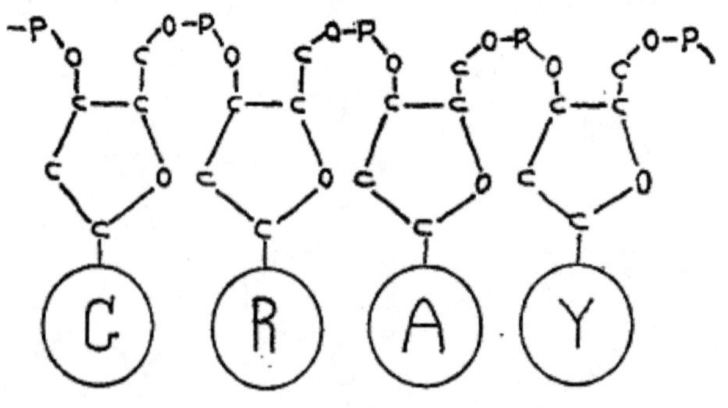

图 101　决定眼睛颜色的“遗传手链”（核糖核酸分子）的一部分（高度抽象图！）

通过将不同的吊坠从一个钩子移到另一个钩子，我们可以得到无限不同的分配方式。

因此，例如，有一个带有10个不同吊坠的手链，我们可以得到1×2×3×4×5×6×7×8×9×10=3628800种不同的方式来分配它们。

如果某些吊坠是相同的，可能的排列数量会少一些。因此，如果只有5种吊坠（每种2个），将只有113,400种不同的可能排列方式。然而，随着吊坠总数的增加，可能的排列方式数量迅速增长，并且如果我们有25个吊坠，每种不同类型的5个，可能分布的数量大约为62,330,000,000,000种。

因此，我们看到，可以在长长的有机分子的各个“悬挂位置”之间重新分配不同的“吊坠”，由此获得不同组合的数量当然是巨大的，这不仅足以解释所有已知生命形式的变化，而且可以解释我们的想象力可以创造出的最奇特的不存在的动植物形式。

关于不同性状吊坠沿纤维状基因分子分布的这一点非常重要。这种分布会自发变化，从而导致整个生物体发生相应的宏观变化。引起这种变化的最常见原因是普通的热运动，该运动使分子整体像强风中的树枝一样弯曲和扭转。在足够高的温度下，分子的这种振动运动变得足够强，以至于将其分解成独立的碎片，这一过程称为热解离（见第八章）。但是，即使在较低的温度下，当分子整体上保持其完整性时，热振动也会导致分子结构的某些内部变化。例如，我们可以想象，分子以某种方式扭曲，使得附着在一个点上的吊坠之一靠近其结构的另一点。在这种情况下，吊坠可能会很容易从其先前的位置断开，并附着在新的位置。

这种被称为同分异构体转化的现象在分子结构相对简单的情况下，[1]在普通化学中是众所周知的，并且与所有其他化学反应一起遵

[1] 如同已经解释过的，术语“同分异构体”是指由相同原子构建的分子，但是它们以不同的方式排列。

循化学动力学的基本定律。根据该定律，温度每升高 10℃，反应速率大约增加 2 倍。

就基因分子而言，其结构是如此复杂，以至于有机化学家需要很长一段时间才能征服它。目前尚无办法直接通过化学分析来证明异构体的变化。但是，在这种情况下，从某种角度来看，我们认为某些东西要比费力的化学分析好得多。如果这样的异构体变化发生在雄配子或雌配子内部的一个基因中，配子结合将产生一种新的生物体，它将在基因分离和细胞分裂的后续过程中忠实地重复进行，并且会影响由此产生的动植物的一些容易观察到的宏观特征。

事实上，生物体中的自发遗传变化总是以不连续跳跃的形式发生，即突变，这一事实是遗传学研究最重要的成果之一，1902 年由荷兰生物学家德弗里斯（de Vries）发现。

举个例子，让我们看看果蝇（黑腹果蝇 Drosophila melanogaster）的繁殖试验。野生种类的果蝇有灰色的身体和长的翅膀；只要你在花园里捉到一只果蝇，你会发现它几乎完全满足这些规格。然而，在实验室条件下繁殖的果蝇，人们偶尔会获得一种奇特的“怪胎”蝇，它们的翅膀异常短，身体几乎是黑色的（图 102）。

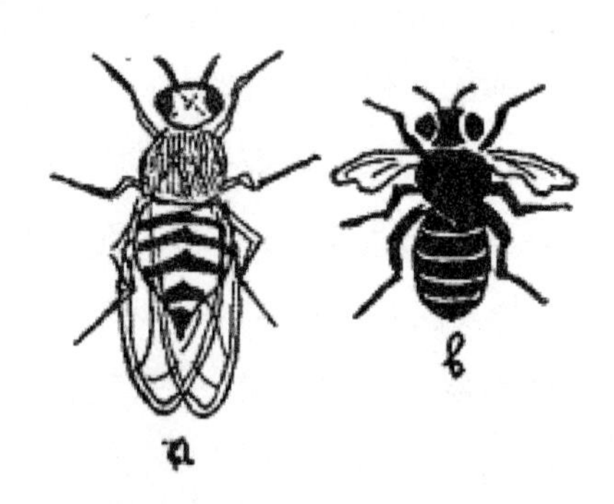

图 102　果蝇的自发突变

（a）正常型：灰色身体，长翅。

（b）变异型：黑色身体，短（退化）翅。

重点是，除了它，你可能找不到与短翅黑蝇一样的变体，它们身体灰度各异、翅膀长短不一，这种极端例子（几乎黑色的身体和非常短的翅膀）和“正常”祖先之间不存在逐渐的过渡阶段。通常，新一代的所有成员（可能有数百之多！）差不多都是同样的灰色，同样长的翅膀，只有一只（或几只）是完全不同的。要么没有实质性的变化，要么有相当大的变化（突变）。在其他数百个案例中也观察到类似的情况。因此，举例来说，色盲不一定是遗传造成的，而且一定有这样的情况：婴儿出生时是色盲，而其祖先没有任何“罪责”。在人类色盲的案例中，就像果蝇的短翅膀例子一样，遵循相同的“全有或全无”原则；这不是区分一个人在辨别两种颜色方面是好是坏的问题，而是他能不能分辨两种颜色。

每一个曾听过查尔斯·达尔文(Charles Darwin)名字的人都知道，新生代的性状变化，是自然选择优胜劣汰，导致了物种的进化[1]，并且是造成以下事实的原因：一种简单的软体动物，是几十亿年前统治自然界的简单的软体动物，现在发展成了像诸位这样的高智能生物，读懂深奥的书籍譬如本书也不在话下。

从上述基因分子的同分异构变化来看，遗传特性的跳跃式变化是完全可以理解的。事实上，如果一个基因分子中决定性质的吊坠改变了位置，它就不能半途而废；它要么留在旧的位置，要么附着到新的位置，从而导致生物体特性的不连续变化。

突变率取决于动物或植物繁殖所处的环境温度，有力地支持了“突变”是由基因分子的同分异构变化引起的观点，事实上，季莫斐耶夫和齐默关于温度对突变率影响的实验工作表明（除了培养介质和其他因素的影响），它遵循与任何其他普通分子反应相同的基本物理化学定律。这一重要发现使马克斯·德尔布吕克（Max Delbruck）（以前是理论物理学家，现在

[1] 突变的发现引入达尔文经典理论后，唯一的分歧是，进化是因为不连续的跳跃式变化，而不是像达尔文所想的那样因为持续的微小变化。

是实验遗传学家）对突变的生物学现象与分子同分异构变化的纯物理化学过程之间的等价性形成了划时代的观点。

基因理论的物理证据宠大，尤其是通过研究 X 射线和其他辐射产生的突变所提供的重要证据来进行讨论，但是之前说过的话似乎足以使读者相信这一事实：科学目前正在跨越对生命“神秘”现象的纯粹物理解释的门槛。

如果不提及被称为病毒的生物单元，我们就无法完成这一章，这些单元似乎代表着没有细胞围绕的自由基因。直到最近一段时间，生物学家才相信最简单的生命形式是由各种细菌，即在动植物的活组织中生长和繁殖的单细胞微生物所代表的，这些微生物有时会引起各种疾病。例如，显微镜下显示，导致伤寒的是一种特殊类型的细菌，其形状细长，长约 3 微米，宽约 0.5 微米，而引发猩红热的细菌是直径约 2 微米的球形细胞。然而，也有一些疾病，例如，人的流感或烟草植物的所谓花叶病，普通的显微镜观察不到。然而，由于已知这些特殊的“细菌性”疾病与所有其他普通疾病一样以“传染性”的方式从患病个体的身体传播给健康的个体，并且由于“感染”迅速传播到受感染个体的整个身体，因此有必要假设它们与某种假想的生物载体有联系，这种生物载体被命名为病毒。

但是，直到最近，超微技术（使用紫外线）的发展，尤其是电子显微镜的发明（使用电子束代替普通光线，可以放大更大的倍数）才使得微生物学家第一次看到病毒以前隐藏着的结构。

人们发现各种病毒是大量单个颗粒的集合，它们的大小完全相同，比普通细菌小得多(图 103)，例如，流感病毒的颗粒是直径为 0.1 微米的小球，烟草花叶病毒细棒状颗粒长 0.280 微米，宽 0.15 微米。

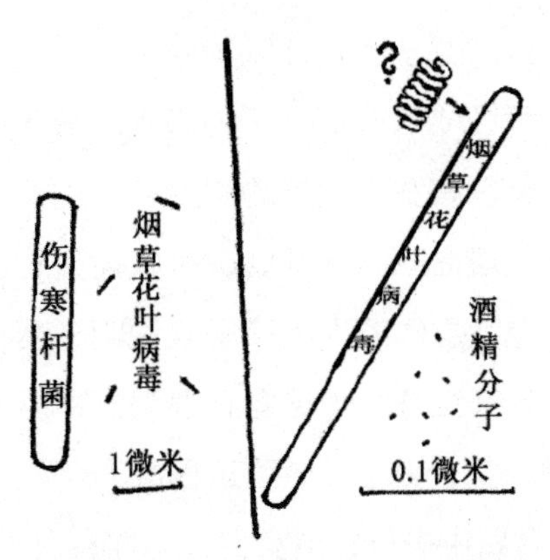

图 103　细菌、病毒和分子之间的比较。用电子光束代替普通光线可以放大很多倍）使微生物学家第一次看到病毒以前隐藏的结构

在图版 VI 中，我们获得了令人印象深刻的烟草花叶病毒颗粒的电子显微镜照片，该颗粒是目前已知的最小的生命单位。记住一个原子的直径约为 0.0003 微米，而烟草花叶病毒颗粒的直径仅有大约 50 个原子，轴向长度大约有 1000 个原子。总共不超过几百万个原子！[1]

这个数字立刻让我们想到了单个基因中原子数量的相似数字，并提出了病毒粒子可能被认为“自由基因”的可能性，这些基因不愿花费精力在我们称之为染色体的长聚居区中联合，也不愿被相对沉重的细胞原生质团包围。

确实，病毒颗粒的繁殖过程似乎与细胞分裂过程中染色体倍增的过程完全一致：它们的整个身体沿着其轴分裂，产生两个新的全尺寸病毒颗粒。显然，我们在这里观察到了基本的繁殖过程（图 91 所示为一个虚构的酒精分子繁殖过程），在这个过程中，沿着复杂分子长度分布的各种原子团

[1] 形成病毒颗粒的原子数实际上可能比这少得多，因为它们很有可能是由图 101 所示类型的盘绕分子链形成的，“内部是空的”。如果我们假设烟草花叶病毒实际上具有这样的结构（如图 103 所示），因此各种原子团仅位于圆柱体的表面上，每个颗粒的原子总数将减少到只有几十万个。当然，同样的论点也适用于单个基因中原子的数量。

从周围介质中吸引相似的原子团，并以与原始分子完全相同的模式排列它们。当排列完成时，已经成熟的新分子与原来的分子分离。事实上，就这些原始生物而言，似乎没有发生通常的“生长”过程，新的生物只是在旧的生物旁边“按零件”建造的。这种情况可以通过想象一个在母亲身体外部发育，但又依附于母亲身体的人类孩子来说明，当孩子长成一个男人或女人时，他会自我分离并走开。（尽管有很强的诱惑力，但作者不会描绘这种情况。）不用说，为了使这种增殖过程成为可能，发育必须在一种特殊的、部分有组织的介质中进行；事实上，与拥有自己原生质的细菌相比，病毒颗粒只能在其他生物体的活性原生质中繁殖，而其他生物体通常对它们的“食物”非常挑剔。

病毒的另一个共同特征是，它们容易发生突变，并且突变的个体会根据所有熟悉的遗传学规律将新获得的特征传递给后代。实际上，生物学家已经能够区分同一种病毒的几个遗传株，并跟踪它们的“血统进化”，可以肯定的是，它们是由一些新的变异型流感病毒引起的，这种病毒有一些新的恶毒特性，而人体还没有机会对其产生适当的免疫力。

前面我们提出了一些强有力的论点，表明病毒颗粒必须被视为活着的个体。我们现在可以毫不犹豫地断言，这些粒子也是符合物理和化学法则和规定约束的常规化学分子。事实上，对病毒材料的纯化学研究证实了这样一个事实：一个特定的病毒可以被视为一种定义明确的化合物，并且可以与各种复杂的有机（但不是活的）化合物以同样的方式处理，并且它们受到各种类型的置换反应的影响。生物化学家为每一种病毒写一个化学结构式其实似乎只是时间问题，就像他现在为酒精、甘油或食糖写式子一样简单。更异乎寻常的是，一种特定类型的病毒粒子中的所有原子都具有完全相同的规格。

事实上，研究表明，饥饿的病毒颗粒会排列成普通晶体的规则图案。因此，例如，所谓的“番茄丛矮病”病毒以大而漂亮的菱形十二面体的形式结晶！你可以把这种晶体与长石和岩盐一起放在矿物学标本柜里，但只要把它放回番茄植株里，它就会变成一群有生命的个体。

最近加州大学病毒研究所的海因茨·弗伦克尔·康拉德（*Heinz Fraenkel-Conrat*）和罗布利·威廉姆斯（*Robley Williams*）迈出了用非生命物质合成生命体关键的一步。他们使用烟草花叶病毒，成功地将这些病毒颗粒分为两部分，每一部分都是一个非生命体，但是相当复杂的有机分子。人们很早就知道，这种病毒的形状是长棒状的（图版Ⅵ，P285），由一束长而直的组织物质分子（核糖核酸），长蛋白质分子缠绕在其上形成，就像电磁铁的铁芯上缠绕着一圈电线。通过使用各种化学试剂，弗伦克尔·康拉德和威廉姆斯成功地拆开了这些病毒颗粒，将核糖核酸从蛋白质分子中分离出来，而不对它们造成损伤。这样，他们在一个试管中得到核糖核酸的水溶液，在另一个试管中得到蛋白质分子的溶液。电子显微镜照片显示，试管中只含有这两种物质的分子，完全没有任何生命痕迹。

但是，当将两种溶液放在一起时，核糖核酸分子开始组合成每 24 个分子一束，而蛋白质分子开始在它们周围缠绕，形成实验开始时的病毒颗粒的精准复制品。当这些病毒颗粒被应用于烟草植株的叶子上时，这些经过拆分—组合的病毒颗粒在植株中引起了花叶病，就好像它们从未被拆分过一样。当然，在这种情况下，试管中的两种化学成分是通过分解活病毒而获得的。然而，关键是生化学家现在掌握了从普通化学元素合成核糖核酸和蛋白质分子的方法。尽管目前（1960 年）只能合成这两种物质的相对较短的分子，但毫无疑问，随着时间的推移，只要是病毒中的分子，都将由简单的元素制成，把它们放在一起会产生一种人造的病毒粒子。

第四部分

宏观世界

第十章
拓展视线

1. 地球及其近邻

图 104　古人的世界

现在，我们从被分子、原子和原子核统治的世界中返回，回到日常大小的物体上，我们准备再次开始新的旅程，但这次是向着相反的方向，即朝向太阳、恒星、遥远的恒星云和我们宇宙的外缘。在这里，就像微观世界一样，科学的发展使我们越来越远离熟悉的日常事务领域，并逐渐打开了越来越广阔的视野。

在人类文明的早期阶段，我们认知的所谓宇宙小得几乎可笑。地球被认为一个巨大的扁平圆盘，漂浮在环绕它的海洋表面；下面只有深得离谱的水，上面是天空，众神的住所。这个圆盘足够大，可以容纳当时地理所知的所有土地，包括地中海沿岸，以及欧洲的邻近地区、非洲和亚洲的一小块。地球圆盘的北缘受到高耸入云的险峰的影响，太阳在夜间停在世界海洋表面时，就躲在高山后面。图 104 给出了一个相当准确的概念，即古代历史上的人们是如何看待世界的。但在基督诞生前的第三个世纪，有一个人不赞同这个简单而被普遍接受的世界图景。他就是著名的希腊哲学家（当时人们称之为科学家），名叫亚里士多德（Aristotle）。

亚里士多德在他的《论天》一书中表达了这样一种理论：我们的地球实际上是一个球体，一部分被陆地覆盖，一部分被水覆盖，并且被空气包围着。他用许多我们现在所熟悉和似乎微不足道的论点来支持他的观点。他指出，当船只消失在地平线后面的时候，总是船体首先消失，桅杆似乎伸出水面，这种消失的方式证明了海洋表面是弯曲的，而不是平坦的。他认为月食一定是由于地球的影子掠过我们卫星的表面，而且由于这个影子是圆的，地球本身也一定是圆的。但当时只有极少数人相信他。人们无法理解，如果他所说的是真的，那些生活在地球对面（所谓的对跖点；澳大利亚的对跖点在美国[1]）的人如何能够倒立行走而不从地球上坠落，也无法理解为什么世界这些地方的水没有流向他们所称的蓝天（图 105）。

[1] 这是对美国而言，中国的对跖点是南美洲的阿根廷、巴西等国。——译者

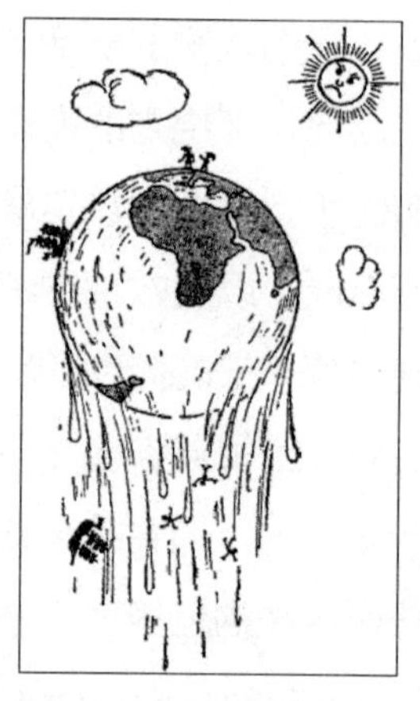

图 105　反对地球球形的论点

当时的人们，你看，并没有意识到这些东西之所以坠落，是因为它们被地球所吸引。对他们来说，“上面”和“下面”是空间的绝对方向，在任何地方都应该是相同的。在他们看来，如果你绕地球旅行半周，“向上”会变成“向下”而“向下”会变成“向上”的想法，就像今天许多人认为爱因斯坦的相对论疯了一样。重物的下落不是用我们现在认为的地球的拉动来解释，而是通过万物向下移动的自然趋势来解释的。因此，如果你跑到地球背面，那你一定坠向蓝天！反对意见如此强烈，对新思想的调整也如此艰难，以至于到十五世纪，亚里士多德之后将近两千年出版的许多书中，人们仍可以找到对跖点居民头朝下站在地球的“下面”的照片，嘲笑地球是球形的观点。可能伟大的哥伦布出发去寻找“相反的”通向印度的路的时候，也并不完全确定他的计划是否正确，确切地说，他并没有完成这一计划，因为美洲大陆挡住了他的去路。直到著名的费迪南·德·麦哲伦（Fernando de Magalhães）环球航行之后，人们对地球是球形的怀疑才最终消失。

当人们首次意识到地球具有一个巨大的球形的形状时，很自然地要问这个球体与当时已知的世界相比有多大。但是，对古希腊的哲学家来说进行环球旅行完全不可能，在这种情况下你怎么可能测量地球的大小？

嗯，有一种方法，这是当时著名的科学家埃拉托斯特尼（Eratosthenes）首次发现的，他在公元前三世纪时居住在埃及亚历山大的希腊殖民地。昔兰尼是尼罗河上游的一个城市，在亚历山大港以南约 5000 希腊视距的位置。[1] 埃拉托斯特尼从赛恩的居民那里听说，在春分时，那个城市的正午阳光直射在头顶上方，因此垂直物体不会投下阴影。另一方面，埃拉托斯特尼知道在亚历山大从来没有发生过这样的事情，并且同一天太阳离开天顶（正上方的那一点）7 度，即整个圆周的$\frac{1}{50}$。通过假设地球是圆的，埃拉托斯特尼对这一事实给出了非常简单的解释，观察图 106 可以很容易理解这个解释。事实上，由于地球表面在两个城市之间弯曲，所以垂直射入昔兰尼的太阳光线必然会以一定的角度照射到位于较北的亚历山大。我们还可以从该图中看到，如果从地心画两条直线，一条穿过亚历山大，一条穿过昔兰尼，它们会聚时的角度将与从地心到亚历山大（即亚历山大的天顶方向）的直线和太阳正好在昔兰尼正上方时的太阳光会聚的角度完全相同。

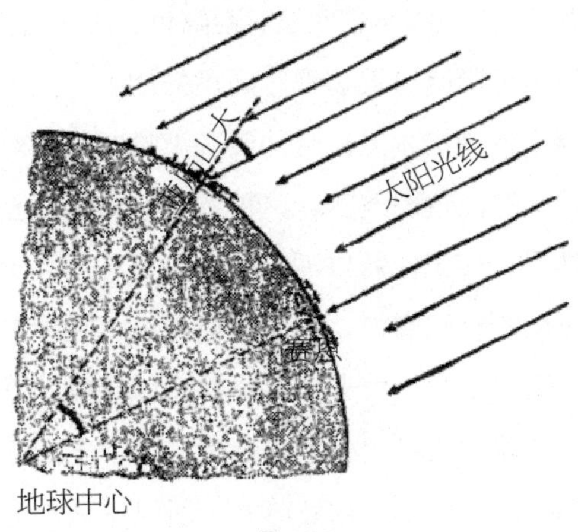

图 106

[1] 阿斯旺大坝的当前位置附近。

由于该角度是整个圆的$\frac{1}{50}$，地球的总周长应该是两个城市之间距离的50倍，即250,000视距。一个希腊视距大约$\frac{1}{10}$英里，因此埃拉托斯特尼计算的结果相当于25,000英里，或40,000千米；这确实非常接近现代最佳测算值。

然而，对地球的首次测量重点不是所获数字的准确性，而是要认识到地球是如此之大。为什么它的总表面积必定比所有已知土地的面积大数百倍！这可能是真的吗？如果是真的，那么已知边界之外是什么呢？

说到天文距离，我们必须首先熟悉所谓的视差位移或简称视差。这个词听起来可能有点吓人，但事实上，视差是一个既简单又有用的东西。

我们可以通过尝试将线插入针眼来了解视差。试着闭上一只眼睛，你会很快发现线插入不了针眼；你不是把线的末端带到针后面太远，就是在针前面停得太近。只用一只眼睛你无法判断针和线的距离。但是睁开双眼你可以很容易地做到，或者至少可以很容易地学会怎么做。当你用两只眼睛看物体时，你会自动把眼睛都聚焦在物体上。物体靠得越近，你的眼球就向对侧转得越多，这种调整产生的肌肉感觉使你对距离有了很好的了解。

现在，如果你不是用两只眼睛看，而是先闭上一只眼睛，然后再闭上另一只眼睛，你会注意到物体（在这种情况下是针）相对于远处背景（比如房间对面的窗户）的位置已改变。这种效应被称为视差位移，并且每个人对此肯定都很熟悉；如果你从未听说过，尝试一下，或查看图107，该图显示了左右眼所见的针和窗口。物体距离越远，其视差位移就越小，所以我们可以用它来测量距离。由于视差位移可以精确地以弧度来测量，所以这种方法比基于眼球中的肌肉感觉对距离的简单判断更为精确。但是由于两只眼睛在我们的头上仅相隔约三英寸，所以这估计对超过几英尺的距离不利；在看更远的物体的情况下，两只眼睛的光轴几乎平行，视差位移变得极其小。为了判断更大的距离，我们应该将两只眼睛分开更大，从而增加视差位移的角度。

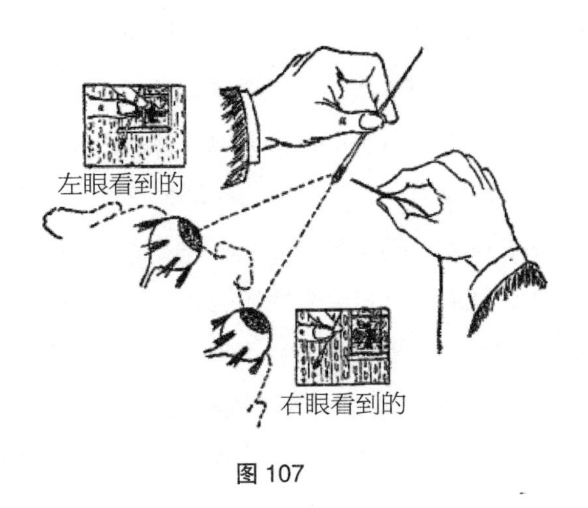

图 107

在图 108 中，我们看到这样一种装置，海军（在雷达发明之前）使用它来测量在战斗中与敌舰的距离。它是一根长管，每只眼睛前面有两个镜子（A，A’），另两个镜子（B，B’）在管的两端。通过这样的测距仪，你实际上一只眼睛从 B 端看，另一只眼睛从 B’端看。你眼睛之间的距离，或所谓的光学基线，实际上显著地增大了，从而可以估算长得多的距离。当然，海军士兵并不仅仅依靠眼球肌肉所赋予的距离感。测距仪配有特殊部件和刻度盘，以最高精度测量视差位移。

图 108　不，不需要外科手术，这个把戏可以用镜子来完成

即使敌舰还没完全驶出海平线，海军的测验仪也能完美地测量到敌舰的距离，但用它测量如月球这样相对较近的天体的距离，也很难成功。实际上，为了观测到月球相对于遥远恒星背景的光学位置的视差位移，那么两只眼睛之间的距离必须至少相隔几百英里。当然，没有必要设置这样的光学系统，让我们一只眼睛，比如说从华盛顿看，而另一只眼睛从纽约看，因为只要同时从这两个城市拍摄星空中的月亮即可。如果将这两张照片放在普通的立体镜中，就会看到月亮悬挂在恒星背景前的太空中。通过测量地球表面上两个不同位置同时拍摄的月亮和周围恒星的照片（图 109），天文学家发现,从地球直径的两个相对点观测到的月球视差位移为1°24′5″。由此得出，到月球的距离等于地球直径的 30.14 倍，即 384,403 千米（或 238,857 英里）。

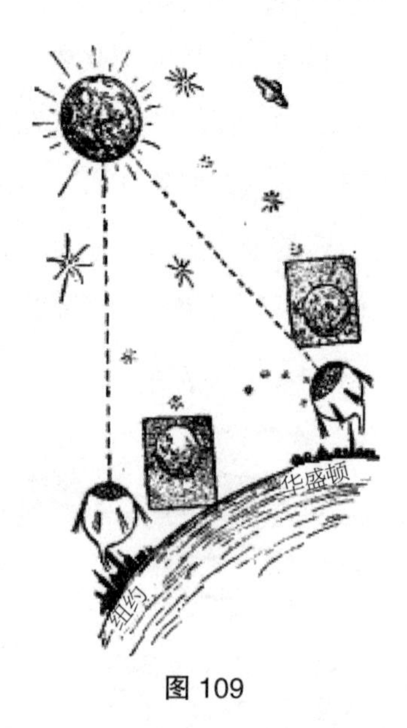

图 109

从这个距离和观测到的角直径，我们发现月球的直径大约是地球直径的$\frac{1}{5}$。它的总表面积只有地球的$\frac{1}{16}$，大约相当于非洲大陆的大小。

用类似的方法可以测量到太阳的距离，不过，由于太阳距离要远得多，测量起来就困难得多。天文学家发现，这个距离是 149,450,000 千米（92,870,000 英里），是距月球距离的 385 倍。正是由于如此遥远的距离，太阳看起来和月亮差不多大；实际上它要大得多，它的直径是地球直径的 109 倍。

如果太阳是一个大南瓜，那么地球将是豌豆，月亮将是一颗罂粟籽，而纽约的帝国大厦，其大小与我们在显微镜下看到的最小细菌一样小。在此值得一提的是，在古希腊时代，一位进步的哲学家，名叫阿那克萨哥拉（Anaxagoras），因教导太阳是一个火球，可能和整个希腊一样大，而受到流放的惩罚和死亡的威胁！

天文学家以类似的方式能够估计我们系统中不同行星的距离。它们中最遥远的直到最近才被发现，被称为冥王星，与太阳的距离是地球的 40 倍。确切地说，其距离是 3,668,000,000 英里。

2.
星辰银河

我们下一段太空的行程将从行星云往恒星，在这里再次使用视差的方法。然而，我们发现，即便是最近的恒星也非常遥远，以至于在地球上最遥远的观测点（地球的相反侧），它们相对于一般的恒星背景也没有显示出任何明显的视差偏移。但我们仍然有办法测量这么远的距离。如果我们用地球的尺寸来测量地球围绕太阳公转轨道的大小，为什么不用这个轨道来计算到恒星的距离呢？换言之，通过从地球轨道的相反两端观察，至少某些恒星的相对位移是可能被注意到的。当然，这意味着我们必须在两次观察之间等待半年，但是为什么不呢？

怀着这一想法，德国天文学家贝塞尔（Bessel）于 1838 年开始对恒星的相对位置进行比较，在相隔半年的两个不同晚上对恒星进行观测。一开始，他运气很差。即便以地球轨道的直径为基线，他选定的恒星显然也相距太远，无法显示任何明显的视差位移。但是瞧，竟有这么一颗恒星，在天文学目录中被列为 61 天鹅座（天鹅星座的第 61 颗暗星），似乎在半年前已经稍微偏离了位置（图 110）。

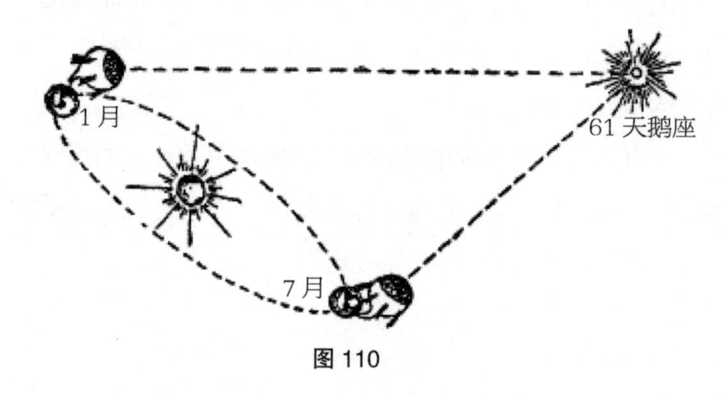

图 110

又过了半年，星星又回到了原来的位置。所以这无疑是视差效应，贝塞尔成了第一个拿着尺子步入星际空间，超越我们旧行星系统界限的人。

观测到的 61 天鹅座的年位移确实很小，只有 0.6 角秒 [1]，也就是说，你在 500 英里外看到一个人的角度，如果你能看得那么远的话！但是天文仪器非常精密，即使是这样的角度也可以高度精确地测量。根据观测到的视差和地球轨道的已知直径，贝塞尔计算出这颗恒星距离地球 103,000,000,000,000 千米，也就是说，比太阳远 690,000 倍！很难

[1] 更准确的数值是 0.600″ ± 0.06″。

理解那个数字的意义。在我们以前的例子中，太阳是一个南瓜，地球是一颗豌豆，地球绕着太阳在距离 200 英尺处旋转，而这颗恒星在 30,000 英里之外！

在天文学中，习惯上将非常遥远的距离表示成光以每秒 3,000,000 千米的速度走过该距离所需的时间。光绕地球一圈只需要$\frac{1}{7}$秒，从月球到这里大约需要 1 秒多一点，从太阳过来大约需要 8 分钟。从我们最近的宇宙邻居之一——恒星天鹅座 61 出发，光传播到地球大约需要 11 年。如果由于某种宇宙灾难，来自天鹅座 61 的光被熄灭了，或者（这在恒星中经常发生）在突然的剧烈燃烧中爆炸，我们将不得不等待 11 年之久，直到爆炸的闪光高速穿越星际空间，其最后一束即将熄灭的光线将一颗恒星已经不复存在的新闻带到地球上。

通过测量我们与天鹅座 61 之间的距离，贝塞尔计算出，在我们看来，这颗在夜空的黑暗背景下悄然闪烁，看似微小的恒星，实际上是一个巨大的发光体，它仅比我们美丽的太阳小 30%，亮度略低。这是哥白尼首次提出的革命性观点的第一个直接证据，他认为宇宙无限的空间中散布着无数相距很远的恒星，太阳只是其中的一颗。

自贝塞尔的发现以后，人们测量了许多恒星的视差，发现有几颗恒星比天鹅座 61 离我们更近，最近的是半人马座 α 星（半人马座最亮的恒星），距离我们只有 4.3 光年。它的大小和光度与我们的太阳非常相似。大多数恒星离地球很远，甚至地球公转轨道的直径也因太小，无法作为距离测量的基线。

此外，人们还发现这些恒星的大小和光度有很大的不同，就像参宿四（300 光年远）这样的恒星，它比我们的太阳大 400 倍，亮 3600 倍。也有一些像范马南星（13 光年远）这样的小恒星，它比我们的地球小（直径是地球的 75%），亮度是太阳的万分之一。

现在我们来讨论现存恒星的数量这一重要问题。有一个你可能也会赞同的流行看法，那就是没有人可以数清天上的星星。然而，正如许多流行的想法一样，这一观点也大错特错，对于肉眼可见的恒星而言是如此。因为，在两个半球中可以看到的恒星总数只有六七千颗，而且由于在任何时候只有一半的恒星在地平线上，并且大气吸收大大降低了接近地平线的恒星的能见度，所以通常肉眼可以看到的恒星的数量即使在晴朗无月的夜晚也只有 2000 颗左右。因此，只要勤快地计数，比如说以每秒 1 星的速度，你应该能够在大约半小时内数完所有的星星！

然而，如果你使用视场双目望远镜，你将能够看到大约 50,000 颗恒星，一个 2.5 英寸的望远镜将还能再看到 1,000,000 颗。使用加州威尔逊山天文台著名的 100 英寸望远镜，你应该可以看到大约 5 亿颗恒星。每天从黄昏到黎明，以每秒 1 颗恒星的速度来数，天文学家不得不花费大约一个世纪来统计它们！

但是，当然，从来没有人尝试通过大型望远镜逐一统计所有恒星。总数是通过计算在天空不同部分的多个区域中可见的实际恒星，并将平均值应用于总面积来计算的。

一个多世纪前，英国著名天文学家威廉 · 赫歇尔（William Herschel），用他自制的大型望远镜观测恒星时惊讶地发现，大多数平常肉眼看不见的恒星都出现在横跨夜空、被称为银河系的微弱发光带内。对他来说，天文学应该承认，银河不是一个普通的星云，也不仅仅是一条在太空中扩散的气体云带，而是由大量恒星形成的，这些恒星离我们太远，因此非常暗弱，以至于我们的眼睛无法识别它们。

使用越来越强大的望远镜，我们已经能够将银河系视为越来越多的独立恒星，但它们的主要部分仍然留在朦胧的背景中。然而，如果认为银河系中的恒星比天空中的任何其他部分都更密集，那将是错误的。事实上，不是恒星的分布密度，而是恒星在这个方向上更大的分布深度，使得我们看到特定空间比其他地方的恒星都多。在银河系的方向上，恒星一直延伸到目力所及之处（包括望远镜），而在任何其他方向上，恒星的分布都不会延伸到能见度的尽头，在它们之外，我们看到的大多是空旷的宇宙。

往银河系的方向看，我们仿佛是在穿过一片深邃的森林，在那里，无数树木的枝干相互重叠，绵延不绝，而向其他方向我们只看到恒星之间空旷的宇宙，就像我们透过头顶的树叶看到一片片蓝天一样。

因此，太阳作为其一个微不足道的成员在宇宙空间中，而群星占据了一个扁平的区域，它们在银河系的平面上延伸了很长的距离，而垂直于平面的方向相对较薄。一代又一代天文学家进行了更详细的研究，得出结论：我们的恒星系统包括大约 40,000,000,000 颗单独的恒星，分布在直径约 100,000 光年，厚度约 5,000 ~ 10,000 光年的透镜形状区域内。这项研究的结果之一是给了人类自尊心一记耳光：我们的太阳根本就不是这个巨大恒星社会的中心，而它实际位于银河系的边缘。

在图 111 中，我们试图向读者传达这个巨大的恒星星系真实的外观。顺便说一下，我们还没有提到，在更科学的语言中，银河的学名叫 Galaxy，当然是拉丁语！图中银河系的大小只有实际的 1 万亿分之一，代表不同恒星的点的数量远远少于 400 亿，正如人们所说，这是印刷的原因。

图 111　一位天文学家在观察缩小到只有实际尺寸 1/000 000 000 000 000 000 大小的银河系。太阳大约位于天文学家的头部的位置

形成银河系的巨大恒星群的一个最显著的特征是，它处于一种快速旋转的状态，类似于移动我们行星系统的状态。就像金星、地球、木星和其他行星沿着近乎圆形的轨道运动一样，形成银河系的数十亿颗恒星围绕着我们所知的银河系做圆周运动。这个星系旋转的中心位于射手座（弓箭手）的方向，事实上，如果你沿着银河的雾状形状穿过天空，你会注意到越靠近半人马星座银河就会变得更宽，表明你正朝着透镜状物质的中心较厚的部分看。（图 111 中的天文学家正朝这个方向看。）

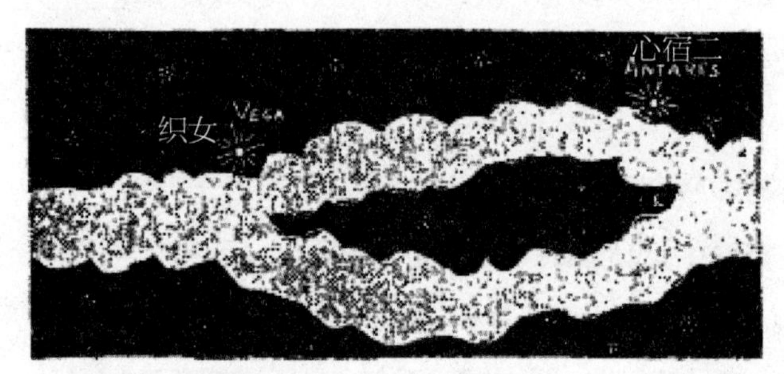

图 112　如果我们看向银河系中心，我们首先会发现神话中的天路分岔成了两条“单行道”

银河系中心是什么样子的？我们不知道这一点，因为不幸的是，它被悬挂在太空中的星际云团遮住了。事实上，看着半人马座[1]地区银河系的加宽部分，你会首先想到，神话中的天路在这里分岔成两条“单行道”。但它并不是真正的分岔，这种印象仅仅是由一团星际尘埃和气体挡住了银河系中心。所以，尽管银河系两侧的黑暗是由于黑暗的空旷背景造成的，但中间的黑暗是由不透明的暗云产生的。黑暗的中央斑块中的几颗恒星实际上位于我们与云团前方（图 112）。

[1] 在初夏晴朗的夜晚可以观察到。

当然，遗憾的是，我们看不到太阳绕着其旋转的神秘银河中心以及数十亿颗其他恒星。但是从某种意义上说，通过观察银河系外浩渺宇宙空间的其他星系或银河，就可以知道它的外观。这里没有超级恒星主宰本星系所有天体，如同太阳统治着整个行星家族那样。对其他银河系中心部分的研究（我们将在稍后进行讨论）表明，它们也由大量恒星组成，唯一的区别在于，这里的恒星比太阳所属的外围更密集。如果我们把行星系统看作太阳统治着行星的专制国家，那么星辰银河就可以比作一种民主类的状态，其中一些成员占据有影响力的中心位置，而另一些成员则处于卑微的位置。

如上所述，所有恒星，包括我们的太阳，都围绕银河系的中心旋转。如何证明这一点？这些恒星轨道的半径有多大？绕上完整一圈要花费多长时间？

几十年前，荷兰天文学家奥尔特（Oort）回答了所有这些问题，他观察恒星系统，与哥白尼在观察行星系统时所做的观测非常相似。

让我们首先记住哥白尼的论点。古人，包括巴比伦人、埃及人和其他文明古人观察到，像土星或木星这样的大行星似乎以一种相当奇特的方式在天空中移动。他们似乎像太阳一样沿着椭圆形前进，然后突然停下来，向后退，在第二次反向运动之后，继续沿原来的方向前进。在图113的下部，我们看到土星在大约两年的时间内的运行轨迹。（土星完整绕行的周期为29.5年。）出于宗教偏见，当时的人们认定我们的地球是宇宙的中心，所有行星和太阳都绕地球运动，因此上述运动的特殊性必须通过假设来解释，即假设行星轨道具有非常特殊的形状，其内部有许多环。

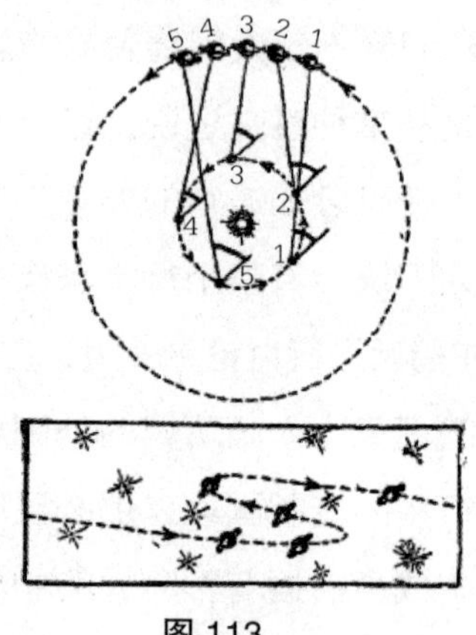

图 113

但是哥白尼认为土星之所以出现奇怪的运动轨迹，是因为地球和其他行星一起绕太阳进行圆周运动。在研究了图 113 之后，可以很容易地理解对循环效应的这种解释。

太阳位于中心，地球（小球体）绕着它转小圈，土星（有环球体）做较大圈运动，与地球方向相同。数字 1、2、3、4、5 代表一年中地球和土星的不同位置，而土星的相应位置，正如你所记得的，土星比地球移动得慢得多。来自地球不同位置的垂直线部分代表了某颗固定恒星的方向。通过从地球各个位置到相应的土星位置画线，我们看到两个方向（相对于土星和固定恒星）形成的夹角先增大，然后减小，然后又增大。因此，看似成环的现象并不代表土星运动有任何特殊性，而是由于我们在运动的地球上从不同的角度观察而得。

图 114 可以帮助我们理解奥尔特有关星系公转的论点。在图片的下部，我们看到了银河系中心（包括暗云之类的！），并且周围有很多恒星贯穿整个图。这三个圆圈代表距中心不同距离的恒星轨道，中间的圆圈是太阳的轨道。

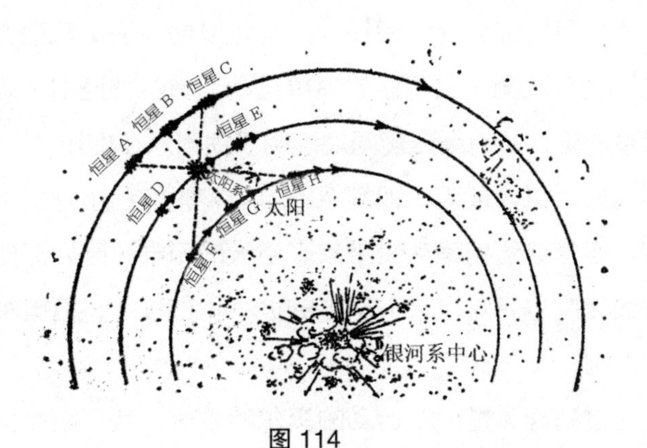

图 114

让我们设想 8 颗恒星（用射线显示以将其与其他点区分开），其中两颗与太阳的运动轨道相同，但是一颗略微位于其前方，另一颗位于其后方，其他则位于如图所示稍大和稍小的轨道上。我们必须记住，由于引力定律（请参阅第 5 章），外恒星的速度比太阳轨道上的恒星低，内恒星的速度比太阳轨道上的恒星高（在图中用不同长度的箭头表示）。

如果从太阳观察，或者，当然是一样的，从地球观察，这 8 颗恒星的运动轨迹怎么看？我们在这里谈论的是沿着视线的运动，可以通过所谓的多普勒效应很方便地观察到恒星的运动轨迹。很明显，首先，对于太阳（或地面）观测者来说，两颗恒星（标记为 D 和 E）沿着与太阳相同的轨道以相同的速度运动，看似静止的。沿半径分布的其他两颗恒星（B 和 G）也是如此，因为它们平行于太阳移动，所以沿视线没有速度分量。

现在外圈的恒星 A 和 C 呢？如图所示，由于它们的移动都比太阳慢，因此我们得出结论，恒星 A 落后于恒星 C，而恒星 C 正被太阳超越。恒星 A 距我们的距离将增加，而恒星 C 距我们的距离将减小，并且来自两颗恒星的光会分别显示红移和紫移多普勒效应。对于内圈上的恒星 F 和 H，情况正相反，对于 F，会显示出紫移的多普勒效应，对于 H 是红移。

假设刚刚描述的现象仅是由恒星的圆周运动引起的，并且圆周运动的存在使我们不仅可以证明这一假设，而且可以估算恒星轨道的半径和恒星运动的速度。通过观测天空明显的恒星运动，奥尔特证明了确实存在预期的红移和紫移现象，从而毫无疑问地证明了银河系在旋转。

以类似的方式可以证明，银河系的自转将影响恒星垂直于观测者视线的运动速度。尽管这给精确测量带来了更大的困难（因为即使遥远恒星具有极大的视线速度也只对应于天球上的极小角位移），但奥尔特等人也观测到了这种影响。

现在，通过精确测量恒星运动的奥尔特效应，就可以测量恒星的轨道并确定公转周期。利用这种计算方法，我们得知以半人马座为中心的太阳轨道半径为 30,000 光年，即整个银河系最外层轨道半径的$\frac{2}{3}$。太阳围绕银河系中心运行一个完整圆周所需的时间约为 2 亿年。当然，这是很长的一段时间，但是请记住我们的恒星系统已有 50 亿年的历史，我们发现在其整个生命周期中，太阳及其行星家族已经完成了大约 20 次完整的旋转。如果按照地球年的定义，将太阳旋转周期称为太阳年，那么我们可以说我们的宇宙只有 20 年的历史。确实，恒星世界中所有一切发生缓慢，而太阳年对于宇宙历史中的时间测量来说是相当方便的单位！

3.
迈向未知的极限

正如我们前面已经提到的，我们的银河系并不是漂浮在宇宙广阔空间的唯一孤立的恒星社会。通过望远镜揭示了在遥远的太空中许多其他巨大的恒星群的存在，它们与我们的太阳所属的银河系非常相似。其中最接近我们的著名仙女座星云，即使用肉眼也可以看到。在我们看来，它似乎是一个很小的、模糊的、拉长的星系。图版 VII A 和 B 中显示的照片就是大型天文望远镜拍摄的两个天体。分别是后发座星云的侧视图和大熊座星云的俯视图。我们注意到，作为我们银河系特有的透镜形状的一部分，这些星系具有典型的螺旋结构，因此它们被命名为螺旋星系。有许多迹象表明，我们自己的恒星系结构也是螺旋形的，但是当你位于其中时，确定结构的形状非常困难。事实上，我们的太阳很可能位于银河系大星云某旋臂的末端。

很长一段时间以来，天文学家没有意识到螺旋星系是类似于我们银河系的巨大恒星系统，因此将它们与普通的弥散星系相混淆，就像猎户星座中的星系一样，后者代表了在我们银河系内部恒星之间漂浮的大型星际尘埃云。但是，人们后来发现这些雾状的螺旋形物体根本不是雾，而是由单独的恒星形成，通过最大的放大倍率看，这些恒星像微小的单个点。但是它们距离太远，以至于视差位移无法测量出它们的实际距离。

因此，乍一看我们似乎在测量天体距离上只能止步于此了。不！在科学上，当我们遇到无法克服的难题时，困难通常只是暂时的；总会发生一些事情，使我们能够想出办法。在这种情况下，哈佛天文学家哈洛·夏普利（Harlow Shapley）在所谓的脉动恒星或造父变星[1]中发现了一种全新的“测量杆”。

恒星之多，数不胜数。虽然它们中的大多数在天空中静静地发光，但也有少数在有规律的间隔周期中不断地从亮变暗，从暗变亮。这些恒星的巨大星体像心脏跳动一样有规律地脉动，伴随着这种脉动，它们的亮度也

[1] 在仙王座 β 变星之后这么称呼，在其中首次发现了脉动现象。仙王座 β 型变星，也称为大犬座 β 星型变星，此类恒星变光快速但幅度很小，通常是光谱为 B 型的蓝白色高温恒星。不要与造父变星混淆，后者以造父变星（仙王座 δ）为原型命名，是亮超巨星。——译者

会发生周期性的变化[1]。恒星越大，其脉动周期就越长，就像长摆比短摆完成摆动所需的时间更长一样。真正的小恒星（就恒星而论的小）在几个小时内完成其周期，而真正的巨无霸则需要几年的时间来经历一次脉动。既然，由于较大的恒星更亮，恒星的脉动周期与恒星的平均亮度之间存在明显的相关性。这种关系可以通过观察造父变星来建立，这些造父变星离我们足够近，因此它们的距离和实际亮度可以直接测量。

如果现在发现一颗脉动恒星超出了视差测量的距离范围，那么你要做的就是观察其脉动周期所消耗的时间。知道了这个周期，你就会知道它的实际亮度，并将其与它的实际亮度进行比较，就可以立即知道它离我们有多远。沙普利（Shapley）用此法成功地测量了银河系中遥远的距离，这个方法在估算我们恒星系统的总体尺寸方面最有用。

当沙普利用同样的方法测量仙女座星系中的几颗脉动恒星与我们的距离时，他大吃一惊。当然，从地球到这些恒星的距离必定与从仙女座星系到地球的距离一样，为 170 万光年，也就是说，比银河系恒星系统的估计直径大得多。而且仙女座星系的大小只比我们整个银河系的尺寸小一点。图版（VII）中显示的两个螺旋状星云距离我们更远，它们的直径与仙女座的直径相当。

这一发现推翻了早先的假设——螺旋星云是位于银河系内的相对的“小东西”，确立了螺旋星云是与我们的银河系非常相似的独立恒星星系的认知。现在，没有天文学家会怀疑，对于一个位于围绕形成仙女座大星云的数十亿颗恒星之一的小行星上的观察者来说，他看到的银河系就跟我们看到的仙女座星云一样。

对这些遥远恒星社群的进一步研究，主要归功于威尔逊山天文台著名的星系观测者哈勃博士（Dr. E. Hubble），这些研究揭示了许多非常有趣

[1] 一定不要将这些脉动恒星与所谓的食变星相混淆，后者实际上代表了两颗恒星相互绕转并周期性地彼此掩食的系统。

和重要的事实。通过一台强大的望远镜，哈勃发现了比肉眼能观察到的恒星多得多的星系，它们不一定具有螺旋形，而是呈现各种不同类型。有球状星系，它看起来像有扩散边界的规则圆盘；有不同程度的延伸率的椭圆星系。螺旋本身的不同之处在于“它们缠绕的紧密程度”。还有一些非常奇特的形状被称为“棒旋星系”。

一个极端重要的事实是，观测到的所有不同的星系形状都可以按照规则的顺序排列（图 115），它们可能对应着这些巨型恒星社群的不同进化阶段。

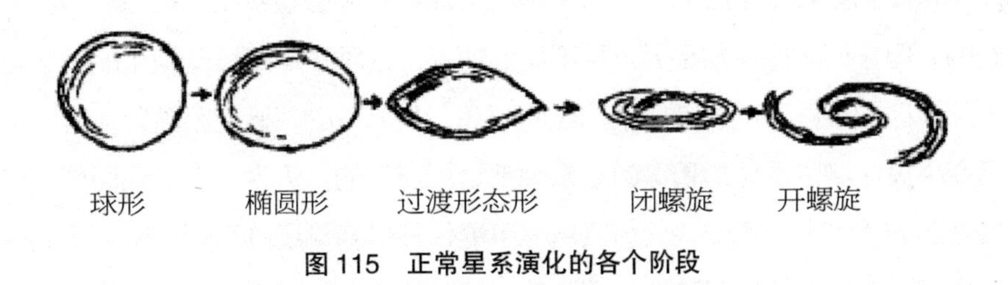

图 115　正常星系演化的各个阶段

虽然我们还远未了解银河系演化的细节，但它很可能是由于逐渐收缩的过程所致。众所周知，当缓慢旋转的气体球体经历稳定的收缩时，它的旋转速度会加快，并且它的形状会变成一个扁平的椭球体。在收缩的某个阶段，当球体极半径与赤道半径之比等于 7 : 10 时，旋转体必定呈透镜状，且有一个沿赤道方向的锐边。更进一步的收缩使这个透镜状的形状保持完整，但形成旋转体的气体开始沿着锐利的赤道边缘流入周围的空间，导致在赤道平面上形成一层薄薄的气态面纱。

上述过程已由著名的英国物理学家兼天文学家詹姆斯·金斯爵士（Sir James Jeans）对旋转气团进行了数学证明，但它们也可以原封不动地应用到我们称为星系的巨大恒星气团上。实际上，我们可以将数十亿颗恒星组成的星系视为气团，单个恒星就扮演了分子的角色。

通过将詹姆斯的理论计算与哈勃经验分类进行比较，我们发现这些巨型的恒星社群正好遵循该理论所描述的演化过程。特别是，我们发现椭圆形星系极半径与赤道半径比率是 7∶10（E7），并且这是我们第一次注意到一个明显的赤道棱边出现。在演化的后期阶段形成的旋满星系是由快速旋转所喷射出的物质形成的，尽管到目前为止，我们还没法圆满解释这些螺旋结构是什么，它们是如何形成的，以及是什么导致了简单螺旋和棒形螺旋之间的差异。

我们还要进行更广泛的研究，比如：星系的结构、运动和恒星成分。几年前威尔逊山天文台的天文学家巴德（W. Baade）发现了一个有趣的现象：即尽管旋涡星云的中心体（内核）是由与球状和椭圆星系相同类型的恒星形成的，但它们的旋臂却是另一种不同的恒星。这种“螺旋臂”类型的恒星与中部地区的族群不同，其恒星灼热而明亮，是所谓的“蓝色巨星”，这些巨星在中央区域以及球形和椭圆星系中都是不存在的。因为，正如我们稍后将要看到的（第十一章），蓝色巨星很可能代表最新形成的恒星，所以我们有理由假设旋臂是新恒星种群的繁殖地。可以想象，从一个收缩的椭圆星系赤道隆起处喷射出来的物质是原始气体，这些气体进入寒冷的星系际空间，凝结成单独的大块物质，通过随后的收缩，形成炽热明亮的恒星。

在第十一章中，我们将再次回到恒星诞生和生命的问题，但是现在我们必须考虑单独的星系在浩瀚宇宙中的大致分布。

在这里，我们首先要说明的是，基于脉动恒星的距离测量方法虽然成功地测量了银河系附近大量星系的距离，但是当我们进入到太空深处时，这个方法却不灵了。因为那么远的距离，即使最强的望远镜也无法区分单独的恒星，而星系看起来像微小的细长星云。到了这个程度，我们只能依靠尺寸的大小来判断距离，因为相当确定的是，不同于恒星，特定类型的所有星系都具有相同的大小。如果你知道所有人的身高都一样，没有巨人或侏儒，你就可以通过观察一个人的身高来判断他离你有多远。

通过使用这种方法估算遥远星系的距离，哈勃博士证明了，星系在整个太空的可见范围内（在最强大望远镜的帮助下）或多或少均匀地分散在整个空间。我们说“或多或少”，是因为在许多情况下，星系在星系团中聚集，有时包含数千个成员，就像单独的星团在星系中聚集一样。

我们自己的星系，银河系，显然是一个相对较小的星系团中的一员，该星系的成员包括三个旋涡星系（包括我们的星系和仙女座星云），六个椭圆形星系和四个不规则星系（其中两个是麦哲伦星云）。

然而，除了偶尔出现的星系聚集外，根据 200 英寸的帕洛玛山天文台望远镜看到的，星系在整个空间分布相当均匀，一直蔓延到十亿光年的距离。两个相邻星系之间的平均距离约为 500 万光年，并且宇宙可见的边界包含了几十亿个独立星系！

借用之前的比喻，帝国大厦相当于细菌，地球相当于豌豆，太阳相当于南瓜，星系就像数十亿个南瓜，大致分布在木星轨道之内，分散的南瓜团散布在一个球形体中，其半径仅比到最近的恒星的距离小一点。是的，很难在宇宙距离中找到合适的比例，因此即使我们将地球标度为豌豆，已知宇宙的大小也会以天文数得出！ 在图 116 中，我们试图让你了解天文学家如何逐步探索宇宙距离：从地球到月球，再到太阳，再到星星，再到遥远的星系，再到未知之境。

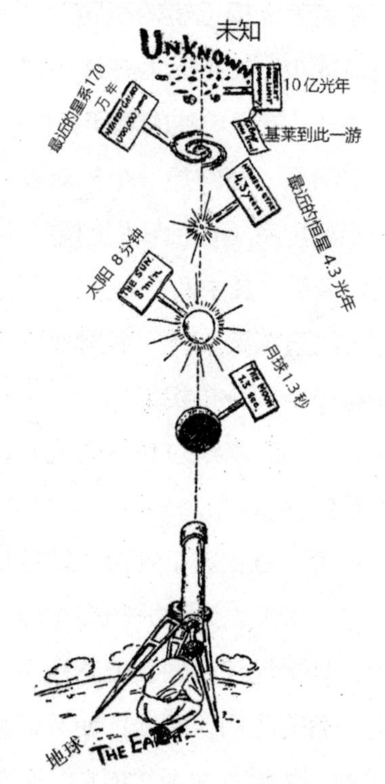

图116　宇宙探索的里程碑，以光年表示的距离

我们现在准备回答有关宇宙大小的基本问题。我们是否应该把宇宙看作无限延伸的空间，随着望远镜技术的不断进步，总能让求知若渴的天文学家发现全新的处女地？或者，与此相反，我们是否应该想象宇宙虽大但终归有误，至少原则上我们迟早能探索到最后一颗星星？

谈到我们的宇宙是“有限”的，当然，我们的意思并不是说，在距离数十亿光年的某个地方，太空探险家会遇到一面空白的墙，墙上贴着“禁止通行”的告示。

实际上，我们在第三章中已经看到，空间可以是有限的，而不必受边界的限制。它可以简单地绕行并“自行关闭”，因此，假设有一位太空探险家，开着火箭飞船尽可能笔直前行，那么他最后很可能回到原地。

当然，这就像一位古希腊探险家，他从自己的故乡雅典向西跋涉，经过一段漫长的旅程，发现自己进入了这座城市东边的城门。

正如无需周游世界就可以确定地球表面的曲率一样，我们只需使用现有望远镜，借助类似的方法来研究其中较小部分的几何形状，就能确立宇宙三维空间曲率的问题。我们已经在第 5 章中看到，必须区分两种曲率：正曲率对应于有限体积的封闭空间，负曲率对应于鞍状的开放无限空间（参见图 42）。这两种类型的空间的差异在于，在封闭空间中，观察者周围一定距离内均匀分布的物体数量增长的速度小于该距离的三次方，而在开放空间中则相反。

在我们的宇宙中，“均匀分散的物体”的角色是由独立的星系扮演的，因此，为了解决普遍曲率问题，我们要做的就是统计与我们不同距离的单个星系的数量。

哈勃博士实际上已经完成了这种计数，他发现星系的数量的增长似乎比距离的立方慢一些，从而表明了正曲率和空间的有限性。然而，必须注意的是，哈勃望远镜观测到这种效应非常小，仅在可以通过 100 英寸威尔逊山望远镜观测到的距离的极限附近才变得明显。而最近在帕洛马山上使用新的 200 英寸反射器进行的观测也无助于解决这一问题。

导致无法准确回答宇宙有限性的另一个原因在于，我们必须完全基于星系的亮度（平方反比定律）来计算它们的距离。该方法假定所有星系均具有相同的平均光度，但是，如果各个星系的光度随时间变化，则可能导致错误的结果，从而表明光度取决于年龄。必须记住，实际上，通过帕洛马山望远镜观测到的最遥远的星系距离我们十亿光年，现在我们看到的是它们在十亿年前的状况。如果星系随着年龄的增长而逐渐变暗（可能是由于单个成员消亡后恒星体的数量减少），那么哈勃得出的结论必须加以修正。实际上，在十亿年间（仅占其总年龄的$\frac{1}{7}$），银河系光度的变化只有很小的百分比，这将推翻目前宇宙有限的结论。

因此，我们看到，在确定我们的宇宙“是否有限”之前，还有很多工作要做。

第十一章
创世日

1.
行星的诞生

对于我们这些生活在世界七大洲的人们（包括南极洲伯德海军上将考察站）来说，“坚实的土地”一词实际上是稳定和持久的观念的同义词。就我们所知，地球表面所有熟悉的特征，它的大陆和海洋，山脉和河流在时间之初可能就已经存在。诚然，历史地质学的数据表明，地球的表面正在逐渐变化，大陆可能会被海洋的水大面积淹没，而曾经淹没的区域可能会浮出水面。

我们也知道，古老的山脉正逐渐被雨水冲刷，新的山脊由于构造活动而不时升起，但所有这些变化仍然只是我们地球固体地壳的变化。

然而，不难发现，肯定有这样一个时期，当时根本没有这样的固体地壳，而我们的地球则是一个炽热的熔岩星球。实际上，对地球内部的研究表明，它的大部分仍然处于熔融状态，而我们如此随意地谈论的“固体地面”实际上只是漂浮在熔融岩浆表面的一片相对较薄的薄片。要证明这一事实，在地球表面以下不同深度测得的温度以每公里深度约 30 摄氏度（或每千英尺 16 华氏度）的速度增加，因此，例如，在世界上最深的矿山（南非罗宾逊深海的一座金矿）中，墙壁是如此之热，为了防止矿工被活活烤死，必须安装空调设备。

以这样的速度增长，地球的温度在地表以下仅 50 km 的深度达到岩石的熔点（1200℃至 1800℃），这个深度不到距中心总距离的 1%，再往下的所有物质，它们占地球总质量的 97% 以上，都必定处于完全熔融状态。

很明显，这种情况不可能永远存在，我们现在看到的地球的面貌，只不过是它在从最初完全熔化的状态一直冷却的过程中的一个阶段，而且在遥远的将来，地球终有一天会完全固化。对固体地壳的冷却速率和生长速率的粗略估计表明，冷却过程一定是在数十亿年前开始的。

通过估计形成地球地壳的岩石的年龄，我们可以获得相同的数字。尽管乍一看岩石没有展现出任何可变的特征，因此产生了“坚如磐石”的说法，但其中许多岩石实际上都包含一种自然“时钟”，经验丰富的地质学家可以推算出，自它们从原来的熔融状态凝固以来经过的时间长度。

这个泄露年龄的地质时钟是由微量的铀和钍元素组成的，从地表和地球内部不同深度采集的各种岩石中都含有铀和钍。正如我们在第七章所看到的，这些元素的原子会发生缓慢自发的放射性衰变，最终形成稳定的元素铅。

为了确定含有这些放射性元素的岩石的年龄，我们只需要测量几个世纪以来由于放射性衰变而积累的铅的量。

事实上，只要岩石材料处于熔融状态，放射性衰变的产物就可以通过在熔融物质中的扩散和对流过程，不断地从其来源地移走。但是，一旦这种物质凝固成岩石，放射性元素一旁的铅的累积就开始了，它的含量可以让我们确切地知道它持续了多长时间，就像两个太平洋岛屿上散布散落的空啤酒罐的相对数量，可以给敌方间谍提供一个比较，从而推算出海军陆战队驻军在每个岛上停留了多长时间。

从最近的调查中，利用改进的技术来精确测量铅同位素和其他不稳定化学同位素的衰变产物，如铷 87 和钾 40，在岩石中的积累，人们估计最古老的岩石的最大年龄约为 45 亿年。由此，我们得出结论，地球的固体地壳一定是由大约 50 亿年前的熔融物质形成的。

因此，我们可以推测五十亿年前的地球是一个完全熔融的球体，周围被浓厚的空气，水蒸气和其他极易挥发物质包围。

这团炽热的宇宙物质是怎么来的，是什么力量导致了它的形成，以及谁为它的建造提供材料？这些与地球起源以及太阳系其他行星起源有关的问题，一直是科学宇宙起源（宇宙起源理论）的基本问题，这些谜团困扰天文学家已有多个世纪了。

著名的法国博物学家布丰伯爵（Comte de Buffon）于 1749 年首次尝试用科学手段回答这些问题，在其《自然历史》的四十卷之一。布丰认为行星系统的起源是太阳与来自星际空间深处的彗星碰撞的结果。他用想象力描绘了一幅生动的画面：带着一条明亮长尾巴的“致命彗星”拂过我们那时孤独的太阳表面，从它巨大的身体上扯下许多小“水滴”，这些水滴在撞击力的作用下旋转进入太空（图 117a）。

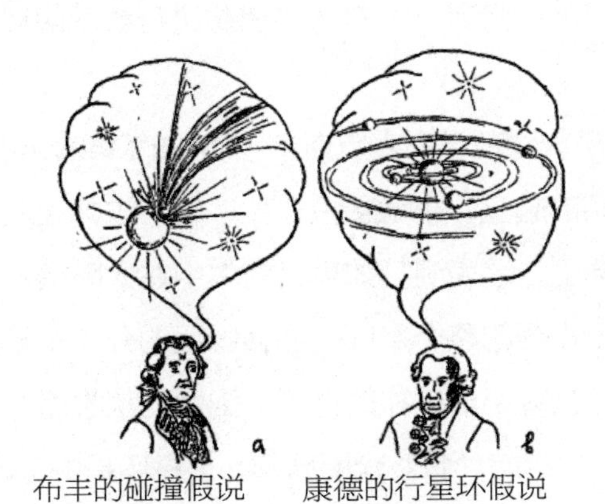

布丰的碰撞假说　　康德的行星环假说

图 117　宇宙论的两个学派

几十年后，德国著名哲学家伊曼努尔·康德（Immanuel Kant）对我们行星系统的起源提出了完全不同的观点，他更倾向于认为太阳是在不受任何其他天体干预的情况下自行构成行星系统的。按照康德的想法，太阳在最初阶段是由巨大的相对较冷的气体构成，它们占据当前整个行星系统并绕着它的轴缓慢旋转。球体的热量不断辐射到周围空旷空间，使其逐渐收缩，转速不断增加。这种旋转所产生的离心力的增加必然导致原始太阳的气态形状逐渐扁平化，并导致一系列气态环沿其扩展的赤道向外喷射（图117b）。这种由旋转物质形成的环状物可以通过典型的普拉托（Joseph Plateau[1]）实验来证明，在这个实验中，一个大的油球（并不像太阳的情况那样是气态的）悬浮在其他密度相等的液体中，并通过一些辅助机械装置促使其快速旋转，当旋转速度超过某个极限时，油滴在其周围形成油环。以这种方式形成的环在晚些时候会破裂收缩，并凝聚成以不同距离围绕太阳旋转的各个行星。

这些观点后来被法国著名数学家拉普拉斯侯爵（Marquis de Laplace）采纳和发展，他在1796年出版的《宇宙体系论》（Exposition du systeme du monde）一书中将它们呈现给公众。虽然拉普拉斯是一位伟大的数学家，但他并没有试图对这些思想进行数学解释，而是做了通俗的定性讨论。

60年后，当英国物理学家麦克斯韦（Clerk Maxwell）首次尝试用数学方法解释太阳系的起源，康德和拉普拉斯的宇宙起源观点存在一个不可调和的矛盾：实际上，这表明，如果目前集中在太阳系各个行星上的物质均匀地分布在它所占据的整个空间，那么物质的分布将是如此之薄，以至于引力绝对无法将其凝聚成单独的行星。因此，从收缩的太阳中抛出的环将永远像土星环一样保持环状。众所周知，土星环是由无数小颗粒形成的，这些小颗粒绕着这颗行星的圆形轨道运行，并且看不出有“凝结”成一颗固体卫星的趋势。

---

[1] 尤瑟夫·普拉托（1801–1883），比利时物理学家，普拉托的实验和理论贡献主要在视觉暂留、表面张力和旋转液滴等方面。

摆脱这种困难的唯一方法是假设太阳的原始包裹层包含的物质比我们现在在行星中发现的要多得多（至少多100倍），并且大部分物质都落回了太阳，只剩下约1%的物质形成行星体。

然而，这种假设将导致另一个同样严重的矛盾：如果有如此多的物质本来必须以与行星相同的速度旋转，结果却落在了太阳上，那么它不可避免地会传递给太阳一个比实际速度大5000倍的自转角速度。如果是这样的话，太阳将以每小时7圈的速度旋转，而不是大约4周转一圈。

这些结论似乎推翻了康德－拉普拉斯的观点，随着天文学家将希望的目光转向别处，布丰碰撞理论在美国科学家张伯伦（T.C. Chamberlin）和莫尔顿（F.R. Moulton），以及英国著名科学家詹姆斯·金斯爵士（Sir James Jeans）的努力下复活了。当然，布丰的最初观点已经被科学家用后来获得的某些基本知识大大更新了。与太阳相撞的天体是彗星的看法现在被抛弃了，因为那时人们已经知道，即使与月球的质量相比，彗星的质量也微不足道。所以，现在人们认为这个袭击物更像大小和质量都与太阳相当的另一颗恒星。

然而，在当时似乎代表了从康德－拉普拉斯假设困境中解脱出来的唯一办法的再生碰撞理论，同样站不住脚。人们很难理解，被另一颗恒星猛烈撞击后抛出的太阳碎片为什么会沿着几乎是圆形的，被所有行星遵循的轨道移动，而不是更细长的椭圆形。

为了挽救这种局面，有必要假设，经过恒星的撞击形成行星时，太阳被一个均匀旋转的气态包层包围，这有助于将原本细长的行星轨道变成规则的圆。由于目前尚不确信在行星占据的区域中存在这种介质，因此可以假定它后来逐渐消散到星际空间，目前太阳黄道平面上发出的微弱黄道光，就是那辉煌的过往留下的残骸了。但是，这一图景代表了康德－拉普拉斯关于原始气态包层的假设与布丰碰撞假说之间的一种混合，这是非常不能令人满意的。但是，正如谚语所言，必须“两害相权取其轻”，因此人们认为行星系统起源的碰撞假说是正确的，直到最近，所有科学论文，教科书和通俗文学都在使用这个假说。（包括作者的两本书，《太阳的诞生与死亡》1940 年；《地球传记》1941 年首次出版；修订版，1959 年。）

直到 1943 年秋天，年轻的德国物理学家魏茨泽克（C. Weizsacker）才解开了行星理论的戈尔迪俄斯之结[1]。利用最近天体物理学研究的成果，他解决了困扰康德－拉普拉斯假说的那些难题，并且，沿着这些路线，可以建立一个详细的行星起源理论，解释行星系统的许多重要特征，这些特征甚至没有被任何古老的理论触及过。

魏茨泽克工作的要点在于，在过去的几十年中，天体物理学家已经完全改变了他们对宇宙物质的化学组成的看法。以前人们普遍认为，太阳和所有其他恒星的化学元素的组成比例与我们从地球了解到的相同。地球化学分析告诉我们，地球的主体主要由氧（以各种氧化物的形式）、硅、铁和少量其他较重元素组成。轻气体，如氢和氦（以及其他所谓的稀有气体，如氖、氩等）以非常少的数量[2]存在于地球上。

由于缺乏更强有力的证据，天文学家认为这些气体在太阳和其他恒星中也非常稀少。但是，对恒星结构的更详细的理论研究使丹麦天体物理学家斯特龙根（B.Stromgren）得出这样的结论：这种假设是完全错误的，事实上，我们太阳中至少 35％的物质必须是纯氢。后来，这一估计增加到 50% 以上，而且还发现，太阳相当一部分其他成分是纯氦。对太阳内部的

[1] 传说戈尔迪俄斯国王打了一个非常难解的结，宣称解开者会统治亚洲，亚历山大大帝挥剑将结斩断。——译者注

[2] 在我们的星球上，氢主要与水中的氧结合在一起。但是每个人都知道，虽然水覆盖了地球表面的$\frac{3}{4}$，但水的总质量与地球整体的质量相比是非常小的。

理论研究（最近在史瓦西的重要工作中达到巅峰）和对其表面进行更为精细的光谱分析，都使天体物理学家得出了一个惊人的结论：构成地球主体的常见化学元素仅占太阳质量的 1% 左右，其余的几乎被氢和氦均分，前者略占优势。显然，这种分析也符合其他恒星的化学成分构成。

此外，现在已经知道，恒星际空间并非真空，而是装满了气体和细小的尘埃，平均密度约为每 100 万立方英里 1 毫克，而且这种弥散的、高度稀薄的物质显然具有与太阳和其他恒星相同的化学成分。

尽管这种星际物质的密度低得令人难以置信，但它的存在是很容易被证明的，因为从遥远的恒星发出的光，在进入我们的望远镜之前，已在太空中传播数十万光年，星际物质会对它产生明显的选择性吸收。这些“星际吸收线”的强度和位置使我们能够很好地估计出这种扩散物质的密度，它几乎完全由氢和氦组成。实际上，由各种“陆地”物质的小颗粒（直径约 0.001 毫米）形成的尘埃，不超过其总质量的 1%。

回到魏茨泽克理论的基本思想，我们可以说，关于宇宙中物质的化学构成这一新知识，为康德 – 拉普拉斯的假设提供了支持。实际上，如果包裹太阳的原始气体由这种物质形成的，那么只有一小部分气体较重的地球元素，可以用来建造我们的地球和其他行星。它的其余部分，以不凝性的氢和氦气体为代表，一定是以某种方式被移除的，要么是落入太阳，要么是被分散到周围的星际空间。由于第一种可能性将如上文所解释的那样，导致太阳的轴向旋转过快，我们不得不接受另一种选择，即气态“过剩物质”在行星由“陆地”化合物形成之后不久就被分散到太空。

这使我们对行星系统的形成有以下看法。当太阳最初由星际物质凝结而成时（见下一节），它的很大一部分，大约是目前行星总质量的一百倍，留在外面形成一个巨大的旋转包层。（可以从凝结成原始太阳的星际气体，各个部分的旋转状态存在差异来解释这种现象）。这个快速旋转的包层应被视为由不凝性气体（氢、氦，和少量的其他气体）和各种地球物质（例如氧化铁，硅化合物，水滴和冰晶）构成的尘埃颗粒组成，它们漂浮在气体内部并被其旋转运动携带。大块“地球”物质，即我们现在称之为行星的形成，一定是尘埃颗粒之间碰撞的结果，它们逐渐聚合成越来越大的天体。在图 118 中，我们说明了这种相互碰撞的结果，这种碰撞必须在与陨石相当的速度下发生。

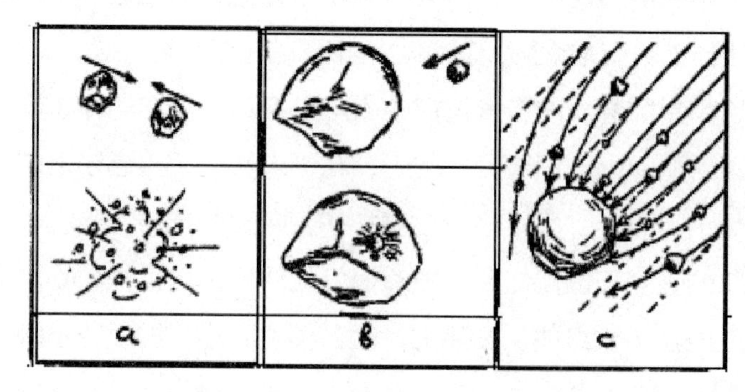

图 118

基于逻辑推理，我们一定能得出这样的结论：在这样的速度下，质量大致相等的两个颗粒的碰撞将导致它们双双粉碎（图 118a），这一过程不是导致较大物质块增大，而是导致它们的破坏。另一方面，当一个小颗粒与一个大得多的颗粒碰撞时（图 118b），它明显会将自己埋入后者的体内，从而形成一个新的，稍大一些的物质块。

显然，这两个过程将导致较小颗粒逐渐消失，并且它们的材料将聚合成较大的物体。在以后的阶段，这一过程将会被加速，这归功于较大的物质块会在引力作用下吸引经过的较小颗粒，并将它们融入自身。如图 118c 所示，在这种情况下大块物质的捕获效能变得相当惊人。

魏茨泽克已经证明，在大约一亿年的时间里，原本散落在现在行星系统所占据的整个区域的细小尘埃，一定会汇聚成几个大团块以形成行星。

只要行星在绕太阳运行的过程中通过吸收宇宙物质而生长，新建筑材料对其表面不断的轰击一定会让它们始终保持灼热，然而，随着恒星尘埃、卵石和更大岩石的供应被耗尽，这会阻止其进一步增长，进入星际空间的辐射必定迅速冷却，形成一层硬壳，并导致固体地壳的形成，随着行星内部冷却持续进行，固体地壳现在甚至变得越来越厚。

行星名称	距太阳距离（以地日距离为单位）	每个行星距太阳的距离与前一颗行星距太阳的距离之比
水星	0.387	-
金星	0.723	1.86
地球	1.000	1.38
火星	1.524	1.52
小行星带	约 2.7	1.77
木星	5.203	1.92
土星	9.539	1.83
天王星	19.191	2.001
海王星	30.07	1.56
冥王星	39.52	1.31

任何行星起源理论亟待解决的下一个重点是，解释支配不同行星与太阳间距离的特殊规则（称为提丢斯－波得规则）。在上面的表格中，列出了太阳系九大行星以及小行星带与太阳的距离，小行星带显然是个例外，在这里，单独的碎片没能成功将自己汇聚成大行星。

最后一栏的数字特别有趣，尽管有些差异，但很明显，没有一个离数字 2 很远，这有利于我们制定近似规则：每个行星轨道的半径大致是太阳方向上最靠近它的轨道半径的两倍大。

卫星名称	以土星半径表示的距离	连续两个距离的增加比率
土卫一（弥玛斯	3.11	-
土卫二（恩赛勒达斯）	3.99	1.28
土卫三（忒堤斯）	4.94	1.24
土卫四（狄俄涅）	6.33	1.28
土卫五（瑞亚）	8.84	1.39

土卫六（泰坦）	20.48	2.31
土卫七（许伯里翁）	24.82	1.21
土卫八（伊阿珀托斯）	59.68	2.40
土卫九（菲比）	216.8	3.63

更有趣的是，注意到类似的规则也适用于单个行星的卫星，例如，可以通过上表给出的土星九颗卫星的相对距离来证明这一事实。

就像行星本身一样，我们在这里遇到了很大的偏差（尤其是菲比！）但同样，毫无疑问，行星与卫星的距离存在同样的规律。

我们如何解释这样一个事实，即围绕太阳的原始尘埃云没有聚集成一个大行星，这几个小团块形成的行星与太阳之间的距离又很有规律，这究竟是为什么？

为了回答这个问题，我们必须对原始尘埃云中发生的运动进行更详细的调查。首先，我们必须记住"任何物质"，不管它是一个微小的尘埃颗粒，一块小陨石，还是一颗大行星，它们在牛顿引力定律下绕太阳运动，必然会以太阳为焦点做椭圆轨道运动。如果形成行星的物质以前是以独立颗粒的形式存在的，比如说，直径0.0001厘米[1]，一定有10^{45}个粒子沿着不同大小和延伸率的椭圆轨道运动。显然，在如此繁忙的交通中，各个粒子之间必然发生了多次碰撞，还有，作为这种碰撞的结果，整个群体的运动一定在某种程度上变得有组织了。事实上，不难理解，这样的碰撞不是有助于粉碎"交通违规者"，就是迫使他们"绕道"进入不太拥挤的"交通车道"。有什么规律可以支配这种"有组织"或至少部分有组织的"交通"？

为了初步回答该问题，让我们选择一组颗粒，所有这些粒子围绕太阳旋转的周期相同。其中一些在相应半径的圆形轨道移动，而另一些则在延伸率不一的椭圆轨道运动（图119a）。现在让我们试着从坐标系（X，Y）的角度来描述这些不同颗粒的运动，这个坐标系围绕着太阳的中心旋转，

[1] 形成星际物质的尘埃颗粒的大致尺寸。

与颗粒的周期相同。

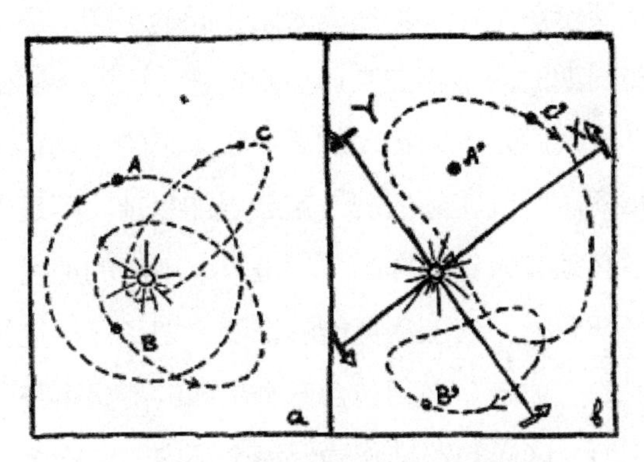

图 119　从静止坐标系（a）和旋转坐标系（b）观察的圆周和椭圆运动

首先，很明显，从这样一个旋转坐标系的角度来看，沿着圆形轨道（A）运动的颗粒在某个点 A’ 处看起来是完全静止的。沿着椭圆轨道绕太阳运动的粒子 B 离太阳或近或远；靠近太阳的时候角速度较大，远离太阳的时候角速度较小；因此，它有时会在均匀旋转的坐标系（X，Y）之前运行，而有时会落后。不难看出，从这个系统的视角来看，粒子会被发现按图 119 中标记为 B’ 的豆荚形轨迹运动。还有另一个粒子 C，它沿着一个更细长的椭圆运动，在系统（X，Y）中将看到它按类似但稍大的豆形轨迹 C’ 运动。

现在很清楚，如果我们要安排整个微粒群的运动，以使它们永不相互碰撞，那么必须以以下方式进行，即这些粒子在均匀旋转的坐标系（X，Y）中描述的豆荚状轨迹互不相交。

记住，公转周期相同的微粒与太阳保持相同的平均距离，我们发现它们轨迹的不相交模式在（X，Y）系统中必定看起来像围绕太阳的“豆荚项链”。

上述分析对读者来说可能有点困难，但原则上代表了一个相当简单的过程，其目的是展示单个粒子群在离太阳相同的平均距离上移动，并因此具有相同的旋转周期时的不相交交通规则模式。因为在原始太阳周围的起初的尘埃云中，围绕原始太阳运动的微粒和太阳的平均距离大小不一，公转周期也各不相同。所以实际情况一定会更加复杂。不是仅仅有一条“豆荚项链”，而是必须有大量这样的“项链”以不同的速度彼此相对旋转。通过对情况的仔细分析，魏茨泽克能够证明，为了保持这样一个系统的稳定性，每个单独的“项链”必须包含五个单独的漩涡系统，整个运动画面必定非常像图 120。这样的安排将确保每个环内的“安全交通”，但是，由于这些环以不同的周期旋转，一定会发生一个环接触另一个环的“交通事故”。在属于一个环的粒子与属于相邻环的粒子之间的这些边界区域，发生的大量相互碰撞，一定是造成物质在特定距离处聚集成越来越大的团块的生长的原因。因此，通过每个环内逐渐变薄的过程，以及通过物质在它们之间边界区域的积累，最终形成了行星。

图 120 原始太阳包层中的交通路线

上面描述的行星系统形成的图给了我们一个关于支配行星轨道半径的旧规则的简单解释。事实上，从几何角度考虑，在图 120 所示类型的图案中，相邻环之间连续边界线的半径形成简单的几何级数，每个环的直径是前一个环的两倍。我们也明白了为什么不能指望这一规则相当精确。实际上，这不是某些严格的定律对原始尘埃云中的粒子运动进行控制的结果，而是必须被看作尘埃云不规则运动过程中的某种特定趋势。

同样的规则也适用于我们系统中不同行星的卫星，这一事实表明卫星的形成过程差不多是沿着相同的路线进行的。当围绕太阳的原始尘埃云被分解成独立的粒子群，形成单个行星时，这一过程在每种情况下都会重复，大部分物质集中在中心，形成行星体，而其余的物质则在周围盘旋，逐渐凝结成若干颗卫星。

在对相互碰撞和尘埃颗粒增长的所有讨论中，我们忘记了交代原始太阳包层的气态部分发生了什么，正如我们可能记得的，它最初约占整个质量的 99%。这个问题的答案相对比较简单。

当尘埃粒子碰撞形成越来越大的物质团时，无法参与这一过程的气体正逐渐消散到星际空间。通过比较简单的计算可以看出，这种消散所需的时间约为 1 亿年，也就是说，大约与行星生长期相同。因此，当行星最终形成时，形成原始太阳包层的大部分氢和氦必定已经从太阳系中逃逸，只留下了上面提到的被认为黄道光的微不足道的痕迹。

魏茨泽克理论的一个重要推论得出这样的结论：行星系统的形成不是一个异常事件，而是一个在几乎所有恒星形成过程中必须发生的事件。这一说法与碰撞理论的结论形成鲜明对比，碰撞理论认为行星形成的过程在宇宙历史上是非常特殊的。事实上，根据计算，本应产生行星系统的恒星碰撞是极为罕见的事件，而在形成我们的银河系恒星系统的 400 亿颗恒星中，在其存在的数十亿年间，这样的碰撞仅仅发生过几次。

如果像现在看到的那样，每颗恒星都拥有一个行星系统，那么单在我们银河系内就一定有数百万颗行星，它们的物理条件与地球上的几乎相同。这些“宜居”世界，即便是其中最优类型，生命也未能在其中发展，那至

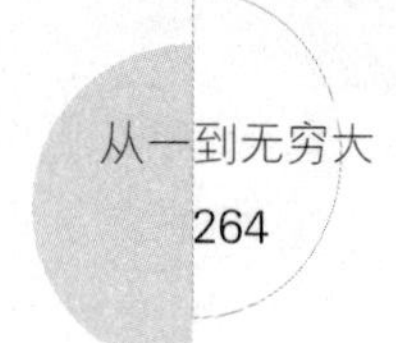

少是奇怪的。

事实上，正如我们在第九章所看到的，最简单的生命形式，如不同种类的病毒，实际上主要由碳、氢、氧和氮原子组成的相当复杂的分子。由于这些元素在新形成的行星的表面上足够多，我们必须相信，在地球固体地壳形成和大气蒸气沉降形成广泛的水藏之后，迟早会出现一些这样的分子，它们由必要的原子，按必要的次序偶然地结合在一起。可以肯定的是，生物活分子的复杂性使得它们偶然形成的概率极其小，我们可以把它与通过摇晃盒子希望盒中的独立小块会意外地以适当的方式自行排列成七巧板的概率进行比较。但另一方面，我们不能忘记，有大量的原子在不断地相互碰撞，也有很多时间来达到必要的结果。地球上的生命出现在地壳形成之后不久，这似乎是不可能的，但这一事实表明，复杂有机分子的意外形成可能只需要几亿年。一旦最简单的生命形式出现在新形成的行星表面，有机生殖的过程，以及逐渐的进化将导致越来越复杂的生物形态[1]的形成。在不同的“宜居”行星上，生命的进化是否走上了与地球相同的轨道，目前还没有定论。对不同世界中生命的研究在本质上将有助于我们对进化过程的理解。

但是，尽管我们可以在不远的将来，通过乘坐“核动力推进的宇宙飞船”对火星和金星（太阳系中最好的“宜居”行星）进行一次冒险之旅，研究它们可能已经形成的生命形式，至于几千光年以外的其他恒星世界中生命存在的可能性和存在形式的问题，可能是个永远无法解决的科学难题。

---

[1] 可以在作者的《地球传记》（纽约，维京出版社，1941 年首次出版；1959 年修订）一书中找到有关地球生命起源和演化的更详细讨论。

2.
恒星的私生活

我们大致了解了单个恒星是如何产生其行星家族的，现在我们可以问问自己恒星本身的情况。

恒星的生命史是什么？它诞生的细节是什么，它在漫长的生命中会经历怎样的变化，它最终的结局是什么？

我们可以首先通过太阳来研究这个问题，太阳是形成银河系的数十亿颗恒星中相当典型的一员。首先，我们的太阳是一颗相当古老的恒星，因为根据古生物学的记载，它几十亿年来一直以不变的强度发光，支持着地球上生命的发展，在这么长的时间段内，没有任何普通的能源可以提供这么多的能量，而太阳辐射问题仍然是科学上最令人费解的谜团之一，直到发现放射性转变和元素的人工转变，我们才揭开了隐藏在原子核深处的巨大能量来源。我们已经在第七章中看到，几乎每一种化学元素都代表一种具有潜在巨大能量输出的炼金术燃料，并且可以通过将这些材料加热到数百万度来释放这种能量。

虽然这样的高温在地球实验室几乎是不可能达到的[1]，但在恒星世界却相当普遍。在太阳上，例如，表面温度只有6000℃，向内逐渐升高，在中心达到两千万度的数值。这个数字可以从太阳表面温度和形成它的气体的已知热传导特性中计算出来。同样地，如果我们知道一个热土豆的表面温度，它的材料的热传导系数是多少，我们可以计算出它内部的温度而无须将其切开。

结合这些关于太阳中心温度的信息，以及关于各种核转变反应速率的

[1] 仅就作者创作的年代而言。——译者注

已知事实，就可以找出哪个特定反应负责太阳中的能量产生。这个重要的核过程 ，即所谓的“碳循环”，是由两位对天体物理问题感兴趣的核物理学家同时发现的：贝特（H. Bethe）和魏茨泽克（C. Weizscker）。

为太阳提供能量热核过程并不局限于一个单一的核转变，而是完整的相关联转变序列，正如我们所说，它们一起形成了一个反应链。该反应序列最有趣的特征之一是：它是一条闭合的环形链，每六步后就又会回到起点。图 121 是这个太阳反应链的结构图，其中我们可以看到序列的主要参与者是碳和氮的原子核，以及与它们碰撞的热质子。

例如，从普通碳（C^{12}）开始，我们看到，与质子碰撞的结果是形成较轻的氮同位素（N^{13}），并以 γ 射线的形式释放一些亚原子能量。这种特殊的反应是核物理学家所熟知的，并且也可以在实验室条件下利用人工加速的高能质子获得。N^{13} 的核是不稳定的，通过发射一个正电子，或正 β 粒子，来自我调节，并变成重碳同位素（C^{13}）的稳定核，我们知道煤中含有少量 C^{13}。由于受到另一个热质子的撞击，这种碳同位素被转变为普通的氮（N^{14}），伴随着额外的强烈 γ 射线。现在，N^{14} 的原子核（我们的描述也可以从 N^{14} 开始）再次与另一个（第三个）热质子碰撞，产生一个不稳定的氧同位素（0^{15}），它通过发射一个正电子非常迅速地过渡到稳定的 N^{15}。最后，N^{15} 吸收第四个质子，分裂成两个不相等的部分，一个是我们开始使用的 C^{12} 核，另一个是氦核，或 α 粒子。

因此，我们看到碳原子核和氮原子核在我们的循环反应链中永远是再生的，起到化学家们所说的催化剂的作用。反应链的最终结果是由四个相继进入循环的质子形成一个氦原子核；因此，我们可以将整个过程描述为：由高温诱导并借助碳和氮的催化作用将氢转化为氦。

贝特成功证明了，在 2000 万度的高温下，他的反应链的能量释放与太阳辐射的实际能量总额相符。由于其他可能的反应均会导致与天体物理学证据不一致的结果，因此碳氮循环代表了主要负责太阳能量产生的过程，我们必须接受这一点。在此我们还应注意的是，在太阳内部温度下，图121所示的完整循环需要大约500万年，因此在这一周期结束时，最初进入反应的每个碳（或氮）核将再次以最初的样子重新出现。

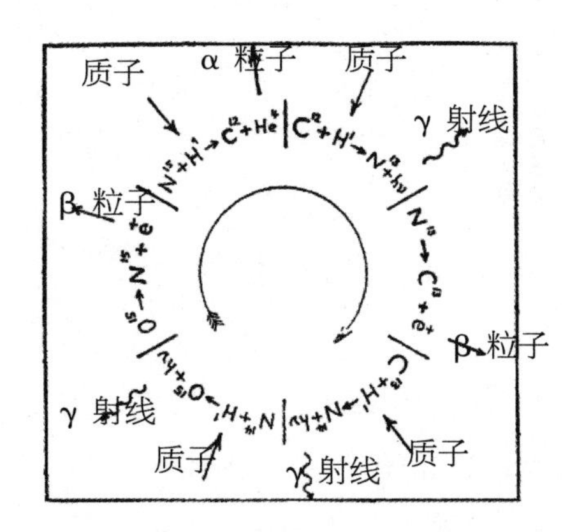

图121　循环核反应链负责在太阳中产生能量

鉴于碳在此过程中所起的基本作用，太阳的热量来自煤炭这一古老观点，似乎依然成立的；只是现在我们知道，“煤”并不是真正的燃料，而是扮演着传说中浴火重生的凤凰的角色。

这里必须特别注意，虽然太阳中释放能量的核反应速率基本上取决于中心区域的温度和密度，但在某种程度上由形成太阳的物质中氢、碳和氮的含量决定。这一推论如果放在实验中，可以通过调整所涉及的反应物（即反应物质）的配比来分析太阳气体的构成，以便准确地拟合观测到的太阳亮度。基于这种方法的计算是最近由史瓦西利进行的，结果发现超过一半的太阳物质是由纯氢构成的，略微小于一半是由纯氦构成的，只有非常少的剩余物是由所有其他元素构成的。

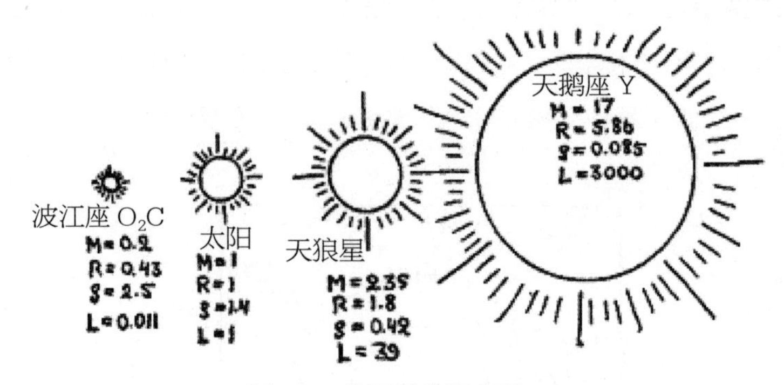

图 122　恒星的主要序列

对太阳能量产生的解释可以推广到其他恒星，其结论是不同质量的恒星具有不同的中心温度，从而导致不同的能量产生速率。因此，被称为波江座 O_2C（O_2 Eridani C）的恒星相当于太阳的 1/5，相应地，其发光强度仅为太阳的 1% 左右。另一方面，大犬座 α 星（X Canis Majoris A）俗称天狼星，比太阳重 2.5 倍，比太阳亮 40 倍。还有一些这样的巨大恒星，例如天鹅座 Y380（Y 380 Cygni），它比太阳重 40 倍，亮几十万倍。在这些情况下，更大的恒星质量与其更高的发光度之间的关系可以解释为：由较高的中心温度引起的“碳循环”反应速率的增加。在这个所谓的恒星“主序列”之后，我们还发现质量的增加导致恒星半径的增加（从波江座 O_2C 的半径是太阳的 0.43 倍，到天鹅座 Y380 的半径是太阳的 29 倍）和平均密度的减少（从波江座 O_2C 的密度是 2.5，太阳的密度是 1.4，天鹅座 Y380 的密度是 0.002）。在图 122 所示的图中收集了关于主序列恒星的一些数据。

“正常”恒星的半径、密度和光度由它们的质量决定，除此之外，天文学家在天空中发现了某些恒星并不遵守这些简单规则。

首先是所谓的“红巨星”和“超巨星”，尽管它们与相同光度的“正常”恒星具有同样数量的物质，然而，它们具有大得多的尺寸。在图 123 中，我们给出了这组异常恒星的示意图，其中包括诸如御夫座 ε，飞马座 β，金牛座 α，猎户座 α，武仙座 α 等著名的恒星。

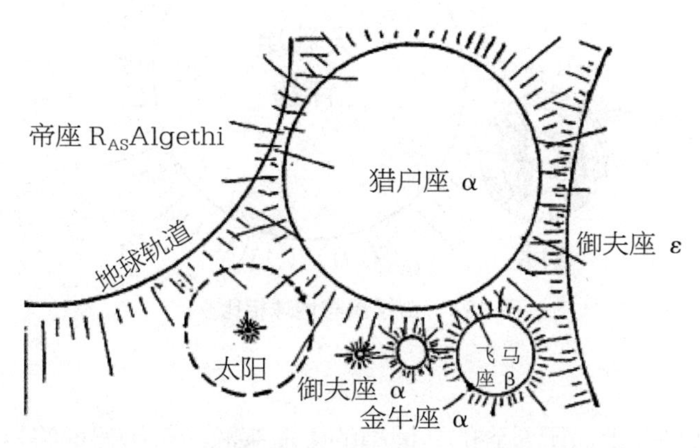

图 123　巨星和超巨星，与我们的行星系统的尺寸相比

显然，这些恒星被我们还无法解释的内部力量放大到几乎难以置信的大尺寸，导致它们的平均密度远低于任何正常恒星的密度。

与这些“膨胀”的恒星相比，有另一组直径缩小到非常小的恒星，被称为“白矮星”[1]，图 124 显示了这类恒星中的一颗，并附有与地球的对比图。“天狼星伴星”由几乎等同于太阳的质量构成，但其直径只比地球大 3 倍；因此它的平均密度一定比水的密度大 50 万倍左右！毫无疑问，白矮星代表了恒星演化的后期阶段，对应于恒星耗尽所有可用氢燃料的阶段。

[1]“红巨星”和“白矮星”这两个术语的由来在于它们的光度与其表面的关系。由于稀薄恒星的表面非常大，可以辐射其内部产生的能量，因此它们的表面温度相对较低，呈现红色。另一方面，高压缩度的恒星表面必定非常热，或者说是白热的。

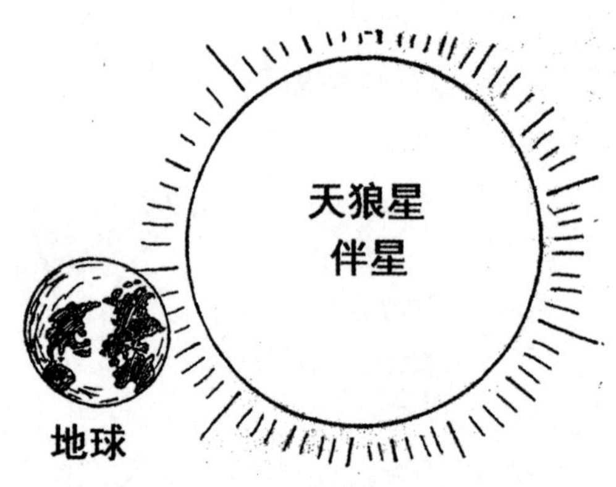

图 124　白矮星与地球相比

正如我们在上面所看到的，恒星的生命来源在于缓慢地将氢转化为氦的炼金术反应。一颗年轻恒星由扩散的星际物质凝结而成，其中氢的含量超过了它整个质量的 50%，我们可以预料恒星的寿命是极其长的。因此，例如，有人根据观测到的太阳光度，计算出它每秒消耗大约 6.6 亿吨氢。由于太阳的总质量是 2×10^{27} 吨，其中一半是氢，我们发现太阳的寿命是 15×10^{18} 秒，或者大约 500 亿年！记住我们的太阳现在只有大约三四十亿岁[1]，我们看到它仍然必须被认为非常年轻的，在未来的数十亿年里，它将继续以目前的亮度普照。

但质量越大亮度越高的恒星，其原始氢储备的消耗速率就越高得多。例如，天狼星是太阳的 2.3 倍重，因此它最初包含的氢燃料是太阳的 2.3 倍，亮度是太阳的 39 倍。天狼星在一段时间内消耗的燃料是太阳的 39 倍，而最初的燃料储备量只有 2.3 倍那么多，因此它只需 30 亿年就可以全部用完。在更明亮的恒星中，例如天鹅座 Y（它的质量是太阳质量的 17 倍，亮度是太阳的 30,000 倍），最初的氢储备不会持续超过 1 亿年。

[1] 因为根据魏茨泽克的理论，太阳是在行星系统形成之前不太久形成的，而且我们地球的估计年龄也在这个数量级。

当一颗恒星的氢储备最终耗尽时会发生什么?

由于在恒星漫长的生命周期中或多或少维持现状的核能源已经消失，恒星必定开始收缩，密度越来越大。

天文观测揭示了大量这样的“萎缩恒星”的存在，其平均密度是水的密度的几十万倍。这些恒星仍然很热，由于它们的表面温度很高，会发出明亮的白光，与主星序中普通的黄色或红色恒星形成鲜明对比。然而，由于这些恒星的体积非常小，它们的总光度相当低，是太阳光度的几千分之一。天文学家称这些恒星演化的后期阶段为“白矮星”，这个术语既指其几何尺寸，也指其总亮度。随着时间的推移，白炽的白矮星将逐渐失去其光辉，它们最终将变成“黑矮星”，这是普通天文观测无法触及的巨大冷物质团。

然而，这里必须注意的是，那些耗尽了所有必不可少的氢燃料的老恒星的萎缩和逐渐冷却的过程，并不总是以一种平静和有序的方式进行，而且，在走完它们的“最后一英里”时，这些垂死的恒星经常发生猛烈的爆炸，仿佛是在反抗它们的命运。

这些灾难性事件被称为“新星”和“超新星爆发”，代表了恒星研究中最令人兴奋的课题之一。几天之内，一颗恒星的光度增加了几十万倍，表面显然变得极度灼热，而这颗恒星以前似乎与天空中的任何其他恒星都没有太大区别。对伴随着亮度突然增加的光谱变化的研究表明，星体正在迅速膨胀，其外层正在以每秒 2000 公里的速度膨胀。然而，亮度的增加只是暂时的，达到最大值之后，恒星开始缓慢地平静下来。爆炸恒星的亮度通常需要一年左右才能恢复到原来的数值，虽然在相当长的一段时间后恒星辐射会有微小变化。尽管恒星的光度又恢复正常了，但其他性质就难以一概而论。恒星大气的一部分，参与了爆炸阶段的快速膨胀，继续向外运动，而恒星被直径逐渐增大的发光气体外壳包围。目前还没有关于恒星自身永久性变化的确凿证据，因为我们只有一张恒星光谱实例是在爆炸前拍摄的。（御夫座新星，1918 年。）但即使这张照片看起来也很不完美，因此关于爆前阶段的表面温度和半径的结论被认为非常不确定的。

从所谓的超新星爆发的观测中，可以得到关于恒星内部爆炸结果的更有力的证据。这些巨大的恒星爆炸，在我们的恒星系统中，几个世纪才发生一次（与普通的新星相比，以每年大约 40 次的速度出现），比普通新星的光度高出几千倍。在最大值期间，这种爆炸恒星发出的光比得上整个恒星系统发出的光。第谷·布拉赫（Tycho Brahe）于 1572 年观测到的恒星，在明亮的日光下依然可见，中国天文学家于 1054 年记载的恒星，可能还有伯利恒之星（Stax of Bethlehem）[1]，代表了我们银河系中这类超新星的典型例子。

1885 年在邻近的被称为仙女座大星云的恒星系统中观测到了第一颗河外超新星，它的光度比这个星系中所有其他新星都高一千倍。尽管这些巨大的爆炸比较罕见，但由于巴德（Walter Baade）和茨威基（Fritz Zwicky）的观察，近年来对其性质的研究取得了相当大的进展，他们是首先认识到这两种爆炸之间巨大差异的人，并开始系统研究各种遥远恒星系统中出现的超新星。

尽管在光度上有巨大的差异，但是超新星爆发的现象显示出许多与普通新星相似的特征。光度的快速上升和随后的缓慢下降，这两种情况都用几乎相同的曲线表示（除了比例）。就像普通新星一样，超新星爆炸产生一个迅速膨胀的气壳，然而，它占据恒星质量的分数要大得多。事实上，当新星发射的气体外壳变得越来越薄，并在周围空间迅速消散时，超新星散发的气体团块在包括其爆炸处等位置上形成广阔的发光星云。例如，可以确认，1054 年在超新星所在位置看到的所谓“蟹状星云”是由爆炸过程中排出的气体形成的（见图版 VIII）。

对于这种特殊的超新星，我们还找到了它爆炸后剩下的恒星。实际上，在蟹状星云的正中心，观测表明存在一颗黯淡的恒星，根据其被观测到的

[1] 也称圣诞星，耶稣诞生时被认为出现在伯利恒上空的一颗星星，出自《马太福音》。——译者注

特性，必须将其归类为密度非常高的白矮星。

所有这些都表明，尽管一切都是在一个大得多的规模上发生的，但超新星爆发的物理过程肯定与普通新星的类似。

假设新星和超新星的“坍缩理论”时，我们首先必须问问自己，能导致整个恒星如此迅速收缩的原因。目前已经证实，恒星代表巨大的热气体团，在平衡状态下，恒星的本体完全由其内部热物质的高气压支撑。只要上述的“碳循环”是在恒星的中心进行的，从表面辐射的能量就会被内部产生的亚原子能量补充，并且恒星的状态变化很小。然而，一旦氢含量完全耗尽，就没有更多的亚原子能量可用，恒星必须开始收缩，从而将其重力势能转化为辐射。然而，这种引力收缩的过程将非常缓慢，因为由于恒星物质的高不透明度，从内部到表面的热传输非常缓慢。例如，据估计，为了缩小到目前半径的一半，我们的太阳将需要一千万年以上的时间。任何比这更快的收缩企图都会立即导致它对释放额外的重力能，从而增加内部的温度和气压，减缓收缩。从上面的考虑可以看出，要加速恒星的收缩，并像在新星和超新星中所观察到的情况那样，把它变成一个快速的坍缩，唯一的方法就是设计某种机制，从内部移除在收缩中释放的能量。例如，如果恒星物质的热传导提升十亿倍，那么收缩将以同样的比例加速，一颗收缩的恒星将在几天内坍塌。然而，这种可能性被完全排除，因为目前的辐射理论明确地表明，恒星物质的不透明度绝对是其密度和温度的函数，哪怕降低到原来的十分之一或百分之一都很难。

最近，作者和他的同事修罕伯格博士（Dr. Schenberg）提出，恒星崩塌的真正原因是中微子的大量形成，这些微小的核粒子在本书第 7 章中详细讨论过。从对中微子的描述中可以清楚地看出，它正是从收缩恒星内部移除多余能量的合适媒介，因为整个恒星体对中微子的透明程度与窗玻璃对普通光的透明程度一样。中微子是否会产生，以及在一颗收缩恒星的炽热内部是否能产生足够数量的中微子，还有待观察。

各种元素的原子核捕获高速移动电子时发生的反应一定会释放出中微子。当一个快电子进入原子核内部时，一个高能中微子立即被发射出来，电子被保留下来，把原来的原子核变成一个原子量相同的不稳定核。由于不稳定，这个新形成的核只能存在一段时间，随后衰变，一起发射电子和另一个中微子。然后这个过程从头重新开始，并导致新的中微子产生……（图 125）

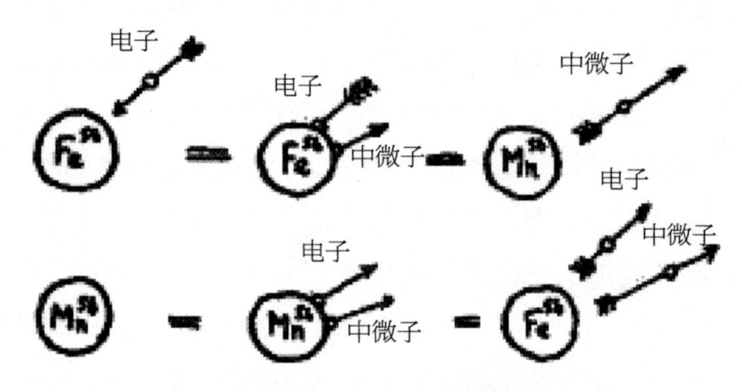

图 125　铁核中的尤卡过程导致产生无数中微子

如果温度和密度足够高，就像在收缩恒星的内部一样，通过中微子释放产生的能量损失将极其巨大。因此，例如，铁原子核对电子的俘获和再释放过程中转移到中微子的能量高达每克每秒 10^{11} 尔格。但如果成分为氧（不稳定的产物是衰变期为 9 秒的放射性氮），恒星物质损失的能量甚至高达每秒每克 10^{17} 尔格。在后一种情况下，氧原子能量损失是如此之高，以至于恒星完全崩塌只需 25 分钟。

因此，我们看到，从收缩恒星的高温中心区域开始的中微子辐射，为我们提供了恒星坍塌的完整解释。

然而，必须指出，虽然中微子发射的能量损失率可以相对容易地估计出来，但对坍缩过程本身的研究存在许多困难，因此目前只能对这些事件进行定性的解释。

不难设想，由于恒星内部气压不足，在重力的驱动下，形成其巨大星体外围的质量开始向中心下落。然而，由于每颗恒星通常处于或大或小的快速旋转的状态，崩塌的过程不对称地进行，两极区域的物质（即位于旋转轴附近的）首先下落，将赤道区域的物质向外推（图 126）。

图 126　超新星爆发的早期和晚期

这就带出了先前隐藏在恒星内部深处的物质，并且它们被加热到数十亿度的温度，这个温度解释了恒星亮度的突然增加。随着这一过程的进行，原恒星的崩塌物质在中心凝结成一颗致密的白矮星，而喷出的质量逐渐冷却并持续膨胀，形成在蟹状星云中观察到的那种朦胧之物。

3.
原始混沌与膨胀的宇宙

如果把宇宙看作一个整体，我们立刻面临着关于其可能随时间演化的重要问题。我们必须假定它一直是，并且将永远保持在与我们现在观察到的大致相同的状态吗？还是宇宙在不断变化，经历不同的演化阶段？

根据从广泛的不同科学分支收集的经验事实来研究这个问题，我们得到了一个相当明确的答案。是的，我们的宇宙正在逐渐变化；已被遗忘的过去，它在现在的状态，以及遥远的未来，是三种非常不同的存在状态。此外，各门学科收集的大量事实表明，我们的宇宙有一个确定的开端，它从这个开端通过逐渐演化的过程发展到现在的状态。正如我们在上面所看到的，我们的行星系统的年龄可以估计为几十亿年，这个数字固执地出现在从几个方向对这个问题进行的许多独立研究中。月球的形成也一定是在几十亿年前，它显然是被太阳强大的引力从地球上扯下来的。

对单个恒星演化的研究（见上一节）表明，我们现在在天空中看到的绝大多数恒星也都有几十亿年的历史。对一般恒星运动的研究，特别是双星系统和三恒星系统的相对运动，以及对更复杂的被称为星系团的恒星群，导致天文学家们得出这样的结论：这些结构不可能存在超过几十亿年。

考虑到各种化学元素的相对丰度，特别是钍和铀等已知会逐渐衰变的放射性元素的量，我们就拥有了相当独立的证据。尽管这些元素在逐渐衰变，但如果这些元素仍然存在于宇宙中，我们就必须假设它们要么是由其他较轻的原子核持续产生的，即使在目前该过程仍在持续，要么它们是由自然界在遥远的过去留下的产物。

我们目前对核转变过程的认识迫使我们放弃第一种可能性，因为即使在最热的恒星内部，温度也不会上升到“烹制”出重放射性核所必需的巨大高度。事实上，正如我们在前一节所看到的，恒星内部的温度是以千万度来测量的，而从较轻元素的核中“烹制”出放射性核则需要几十亿度。

因此，我们必须假定，重元素的核是在宇宙演化的某个过去的时代形成的，在那个特定的时代，所有的物质都遭受了某种极度的高温和相应的高压。

我们也可以得出宇宙的“炼狱”阶段的大致日期的估计。我们知道，钍和铀 238 的平均寿命分别为 180 亿年和 45 亿年，它们自形成以来并没有发生实质性的衰变，因为它们目前几乎与其他一些稳定的重元素一样丰富。另一方面，铀 235 的平均寿命只有 5 亿年左右，是铀 238 的$\frac{1}{140}$。目前铀 238 和钍的大量丰度表明，元素的形成不可能发生在超过几十亿年之前，而铀 235 的少量存在使估计更精确。事实上，如果这一元素的数量每 5 亿年减少一半，那么它必须经历 7 个这样的时期，即 30 亿年才减少到$\frac{1}{140}$（因为$\frac{1}{2}\times\frac{1}{2}\times\frac{1}{2}\times\frac{1}{2}\times\frac{1}{2}\times\frac{1}{2}\times\frac{1}{2}=\frac{1}{128}$）也就是 35 亿年。

这个化学元素年龄的估计，完全是从核物理的数据中获得的，与从纯天文数据中获得的行星、恒星和恒星群的结论完美吻合！

但是，在数十亿年前万物伊始之时，宇宙是什么状态？到底宇宙在成为当前状态之前经历了哪些变化？

对上述问题的最完整的回答可以从对“普遍膨胀”现象的研究中获得，我们在前一章已经看到宇宙的广阔空间被大量的巨大恒星系统或星系填满了，而我们的太阳仅仅是银河系的数十亿颗恒星中的一颗。我们还看到，这些星系或多或少地均匀地散布在太空中，直到眼睛（当然，借助于 200 英寸望远镜）可以看到的最远的地方。

研究来自这些遥远星系的光的光谱，威尔逊山天文学家哈勃发现光谱线轻微地向光谱的红色端移动，并且这种所谓的“红移”在越远的星系中越大。事实上，人们发现在不同的星系中观测到的“红移”大小与它们离我们的距离成正比。

解释这一现象最自然的方式是假设所有星系从我们身边逐渐远离，速度随着距离的增加而增加。这种解释是基于所谓的“多普勒效应”，即来自向我们接近的光源的光会向光谱的紫色端改变颜色，而来自远离光源的光则会向红色方向改变。当然，要获得明显的偏移，光源相对于观察者位置的相对速度必须相当大。当伍德教授（Prof. R.W.Wood）因在巴尔的摩闯红灯而被拘留时，他告诉法官，由于这一现象，他所看到的灯在他看来是绿色的，因为他正开车接近红绿灯，教授只是在跟法官开玩笑。如果法官对物理学有更多的了解，他就会要求伍德教授计算出他为了在红灯时看到绿灯必需的速度驾驶，然后为超速而对其罚款。

回到在星系中观测到的“红移”的问题上，我们会得到一个乍一看颇为尴尬的结论。看起来好像宇宙中所有的星系都在逃离我们的银河系，就好像里面有一头弗兰肯斯坦怪物！那么，我们的恒星系统有哪些可怕的特性呢？为什么银河系如此不受欢迎呢？如果你稍微思考一下这个问题，就能得出结论：我们的银河系没有什么特别的问题，事实上，其他的星系并不是仅远离它，而是所有的星系都在互相远离。想象一个表面绘有圆点图案的橡胶气球（图 127）。如果你开始给它充气，逐渐地将它的表面拉伸到更大的尺寸，单个点之间的距离就会不断增加，这样坐在任何一个点上的昆虫就会得到这样的印象：所有其他的点都在“逃离”它。此外，膨胀气球上不同点的后退速度与它们到昆虫观察点的距离成正比。

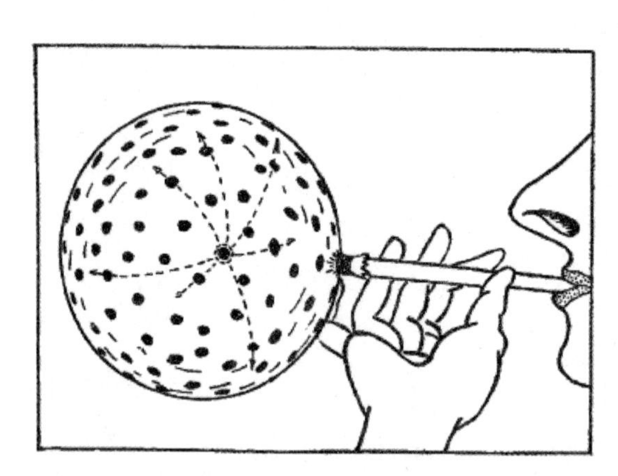

图 127　当橡胶气球膨胀时，这些点彼此远离

这个例子很清楚地表明，哈勃观测到的星系的退行与我们自身星系的特殊性质或位置无关，而被解释为由于散布着星系的宇宙空间系统的普遍均匀膨胀。

从观测到的膨胀速度和相邻星系之间的当前距离，很容易计算出这种膨胀一定是在五十亿年前开始的。[1]

在那时之前，我们现在称之为星系的独立的恒星云在整个宇宙空间形成了恒星均匀分布的部分，而在更早的时候，恒星本身被挤压在一起，使宇宙充满了连续分布的热气体。再往前回溯，我们发现这种气体的密度更大，温度更高，这显然是一个不同化学元素（尤其是放射性元素）形成的时代。再往后退一步，我们就会发现宇宙的物质被挤进了第七章所讨论的超密度、超热的“原子核汤”中。

现在，我们可以把这些观测数据集合起来，以正确的顺序看到标志着宇宙演化发展的事件。

这个故事开始于宇宙的萌芽阶段，那时，所有我们现在所能看到的，散布在空间，直到威尔逊山望远镜视野极限（即半径在 5 亿光年内）范围内的物质，都被挤压进一个半径只有 8 个太阳半径[2] 的球体。然而，这种超稠密状态并没有持续很长时间，因为快速膨胀必然使宇宙的密度在前两秒内下降到水密度的一百万倍，并在数小时内下降到水的密度。大约在这个时候，先前连续的气体必定被分解成单独的气态球体，现在它们构成了单个恒星。这些恒星在不断膨胀的过程中被拉开，随后分裂成独立的恒星云，我们称之为星系，它们仍在彼此远离，进入未知的宇宙深处。

现在我们可以问问自己，是什么力量引起了宇宙的膨胀，这种膨胀是否

---

[1] 根据哈勃的原始数据，两个相邻星系之间的平均距离约为 170 万光年（或 1.6×10^{19} 千米），而它们的相互退行的速度约为每秒 300 千米。膨胀率是均匀的，膨胀时间为 $\frac{1.6\times10^{19}}{300}=5\times10^{16}$ 秒 $=1.8\times10^{9}$ 年。然而，新获得的信息导致计算值更大。

[2] 由于原子核汤的密度为 $10^{14}\frac{gm}{cm^3}$，而当前空间中的平均物质密度为 $10^{-80}\frac{gm}{cm^3}$，因此线性收缩为 $\sqrt[3]{\frac{10^{14}}{10^{-30}}}\approx5\times10^{14}$。因此，当时的 5×10^{8} 光年的距离只有 $\frac{5\times10^{8}}{5\times10^{14}}=10^{-6}$ 光年 = 10000000 千米。

会停止甚至变成收缩。宇宙中不断膨胀的质量有没有可能反过来，把我们的恒星系统、银河系、太阳、地球和地球上的人类挤压成具有核密度的浆状物?

根据现有最佳信息得出的结论，这种情况永远不会发生。很久以前，在宇宙演化的早期阶段，膨胀的宇宙打破了所有可能把它维系在一起的束缚，现在正按照简单的惯性定律膨胀到无限大。我们刚才提到的束缚是由引力形成的，引力的作用是防止宇宙的质量相互分离。

为了构建一个简单例子来阐述该情况，让我们假设我们试图将一枚火箭从地球表面发射到行星际空间。我们知道，现有的火箭，甚至是著名的V2，都没有足够的推进力逃逸到自由空间，他们总是在重力的作用下停止上升，回到地球。然而，如果我们能够为火箭提供动力，使它以超过每秒11 千米的初始速度离开地球（这似乎是发展原子喷气推进火箭的一个可能实现的目标），它将能够脱离地球引力的牵引，逃逸到自由空间，在那里它将继续毫无阻碍地移动。每秒 11 千米的速度通常被称为地球引力的“逃逸速度”。

想象一下现在一枚炮弹在半空中爆炸，向四面八方发射碎片（图128a）。爆炸力抛出的碎片逆着引力飞散，而引力倾向于把它们拉回共同中心。显而易见，就炮弹碎片而言，这些相互吸引的力是微不足道的，也就是说，它们是如此的微弱，以至于根本不影响碎片在空间中的运动。然而，如果这些力更大，它们将能够阻止碎片飞行，并使它们回落到共同的重心（图128b）。碎片是否会返回或飞向远方，取决于它们的运动动能的相对值和它们之间的重力势能。

图 128

如果把炮弹碎片和独立的星系替换，你就会得到一张宇宙膨胀的图片，就像前面几页描述的那样。然而，在这里，由于单个碎片星系的质量非常大，引力的势能与它们的动能[1]相比变得相当重要，因此，只有仔细研究这两个相关的量才能决定膨胀的未来。

根据有关星系质量的最可靠信息，现在看来，退行星系的动能比它们相互的引力势能大几倍，从这我们可以看出宇宙正在膨胀到无穷大，永远没有任何机会被重力再次拉得更接近。然而，我们必须记住，大多数与宇宙整体有关的数值数据并不十分准确，未来的研究可能会推翻这一结论。但是，即使膨胀的宇宙真的突然停下来，开始收缩，还要过几十亿年，我们才会看到黑人灵歌中所描绘的可怕的一幕——“当星星开始陨落的时候”，我们将在坍塌星系的重量下被压碎！

是什么高速爆炸物质使宇宙碎片以如此惊人的速度飞散？答案可能有点令人失望：根本不存在所谓的爆炸。宇宙之所以现在正在膨胀，是因为在它的历史上的某个时期（当然，还没有留下任何记录），它从无限收缩到一个非常致密的状态，然后在压缩物质固有的强大弹力的推动下反弹。如果你进入一个游戏室，刚好看到一个乒乓球从地板上高高地升到空中，你会得出结论（没有真正思考这个问题），在你进入房间前的一瞬间，球

[1] 尽管运动粒子的动能与质量成正比，但它们相互的势能却随质量的平方增加。

从相当的高度掉到了地板上，由于它的弹性，又跳起来了。

现在，我们让想象力飞越任何极限，并问自己，在宇宙的预压缩阶段，现在正在发生的一切是否会以相反的顺序发生？

八十亿或一百亿年前你会将本书从最后一页一直读到第一页吗？而那个时候的人们会不会从嘴里吐出炸鸡，在厨房里给它们注入生命，然后把它们送到农场，在那里它们从成年长成婴儿，最后爬进蛋壳里，并且几周后变成了新鲜的鸡蛋？尽管这些问题很有趣，但从纯科学的角度来看，这些问题是无法回答的，因为宇宙的压缩阶段，也就是把所有的物质压缩成统一的原子汤，一定已经完全抹去了早期压缩阶段的所有记录。

图版Ⅰ　放大一亿七千五百倍的甲基苯分子（图片由 M. L. Huggins 哈金斯博士提供。伊士曼柯达实验室。）

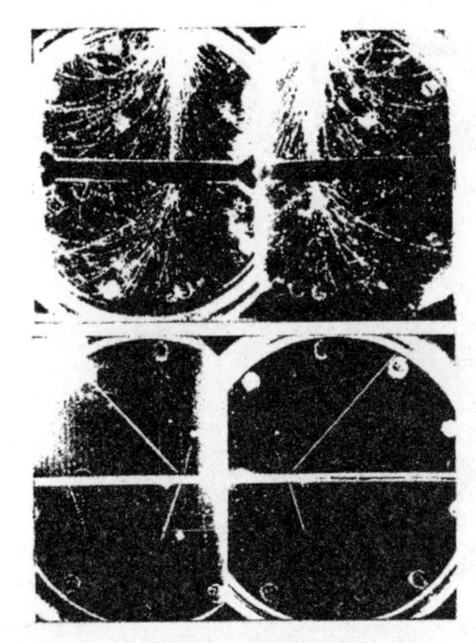

图版 II　（图片由加利福尼亚理工学院的卡尔·安德森摄。）

A. 宇宙射线簇射起源于云室的外壁，并再次起于中间的铅板。形成簇射的正负电子被磁场偏转到相反的方向。

B. 宇宙射线粒子在中间板块产生的核分裂。

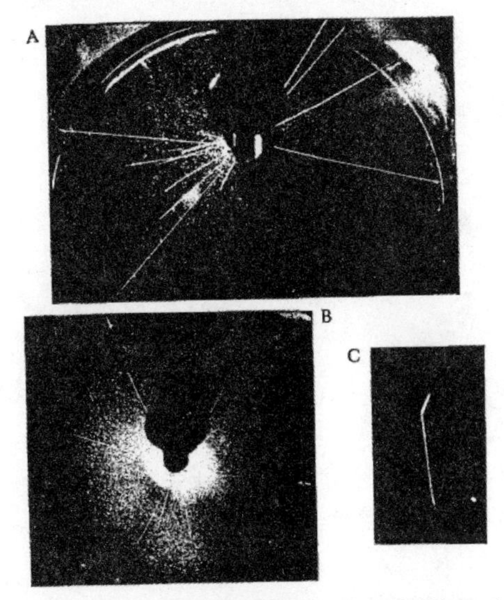

图版 III　（照片由迪博士和费瑟博士在剑桥拍摄。）

人工加速粒子引起的原子核转变。

A. 一个快氘核撞击云室重氢气体中的另一个氘核，产生氚和普通氢原子核（${}_1D^2+{}_1D^2 \rightarrow {}_1T3+{}_1H^1$）。

B. 一个快质子击中硼原子核，把它分成三个相等的部分（${}_5B^{11}+{}_1H^1=3\ {}_1He^4$）。

C. 一个从左边来的中子，在图中看不见，把氮原子核分裂成一个硼原子核（轨迹向上）和一个氦原子核（轨迹向下）。（${}_7N^{14}+{}_0n^1 \rightarrow {}_5B^{11}+{}_2He^4$）。

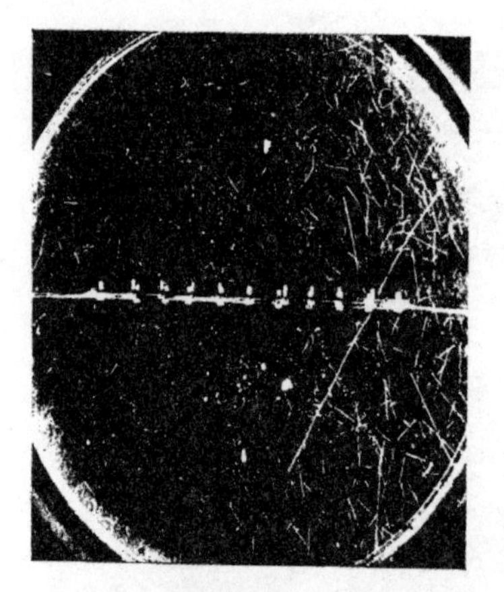

图版 IV （由哥本哈根理论物理研究所的伯吉尔德，布置斯托姆，汤姆、劳里特森，K.T.Brostrom 和 Tom Lauritsen 拍摄）

铀核裂变的云室照片。一个中子（当然，图中看不到）击中横跨云室的薄片中的一个铀核。两条轨道对应于两个裂变碎片，每个裂变碎片携带大约 100 光电子伏的能量向外飞散。

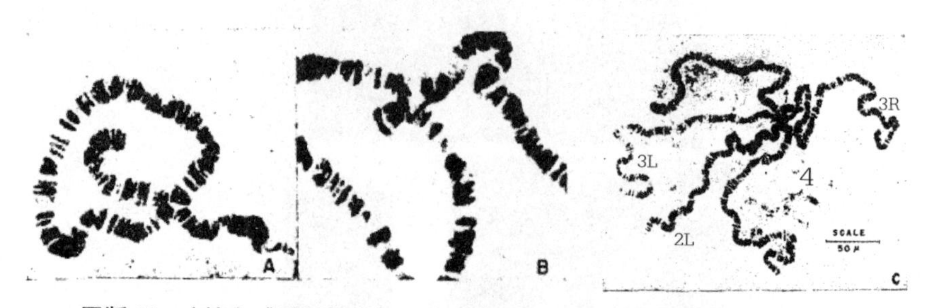

图版 V （摘自《果蝇指南》，德莫里克和卡无蔓著。华盛顿，华盛顿卡内基基金会，1945 年。经德莫里克先生许可使用。）

A 和 B 是黑腹果蝇唾液腺染色体的显微照片，显示倒位和相互易位。

C 是黑腹果蝇雌性幼虫的显微照片。标记 X 的是一对紧挨在一起的 X 染色体，并排紧密配对；2L 和 2R 是第二条染色体；3L 和 3R 是第三对染色体；标记为 4 的是第四对染色体。

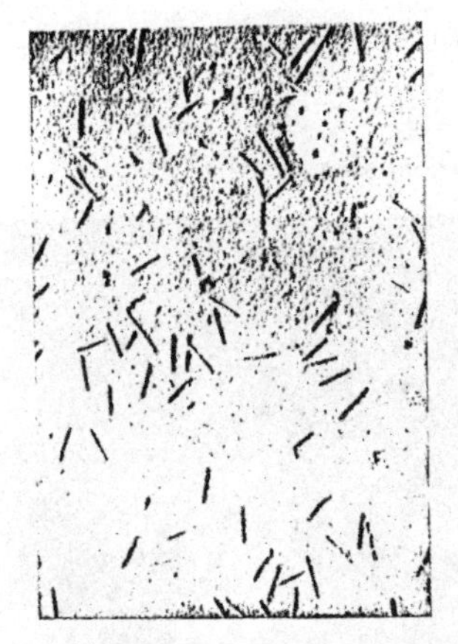

图版 VI　（由 G.Oster 博士和 W.M.Stanley 博士拍摄）

活分子？烟草花叶病毒颗粒放大 34,800 倍。这张照片是用电子显微镜拍摄的。

A

B

A. 大熊座的螺旋星系，一个遥远的岛屿宇宙，正视图。

B. 后发座旋涡星系，另一个遥远的岛屿宇宙，侧视图。

图版 VIII

蟹状星云。1054 年，中国天文学家在天空的这个地方观察到超新星爆炸向外抛出的膨胀气体层。

索引

A

B

C

D

E

F

G

H

I

K

L

M

N

O

P

Q

R

S

T

W

X

Y

Z